信息同化融合技术
在旱情评估预警中的应用

顾　颖　戚建国　李国文　倪深海　金君良　等　编著

黄河水利出版社
·郑州·

内 容 提 要

我国干旱的易发性、持续性、广泛性和危害性的特点,决定了抗旱工作的复杂性和艰巨性。缓解旱情、减少干旱造成的损失是我国当前乃至今后很长一段时间必须面对的艰巨任务。本书通过开发旱情多源信息同化融合技术,提出了利用多种信源进行旱情监视评估的方法,并通过分析和判断旱情发生发展过程,提出了干旱预警判别模式,通过建立旱情预测预警机制,实现了对旱情进行全面监控。研究的技术和方法在示范区进行了实例应用研究,取得了较好成果。本书所提供的技术和方法可为旱情的监测评估、预测预警提供有效的技术途径,对我国实行主动防御干旱、减轻干旱灾害带来的经济损失、提高社会应对严重干旱、防御干旱的能力、保障粮食生产安全等方面有着广泛的实用价值。

本书适合从事旱情监测评估、预测预警系统建设和干旱研究的技术人员阅读参考。

图书在版编目(CIP)数据

信息同化融合技术在旱情评估预警中的应用/顾颖等编著.—郑州:黄河水利出版社,2015.1
ISBN 978 – 7 – 5509 – 1015 – 7

Ⅰ.①信…　Ⅱ.①顾…　Ⅲ.①信息融合 – 应用 – 旱情 – 评估 – 研究 – 中国②信息融合 – 应用 – 旱情 – 预警系统 – 研究 – 中国　Ⅳ.①S423

中国版本图书馆 CIP 数据核字(2015)第 021954 号

组稿编辑:王志宽　电话:0371 – 66024331　E-mail:wangzhikuan83@126.com

出　版　社:黄河水利出版社
　　　　地址:河南省郑州市顺河路黄委会综合楼 14 层　　　邮政编码:450003
发行单位:黄河水利出版社
　　　　发行部电话:0371 – 66026940、66020550、66028024、66022620(传真)
　　　　E-mail:hhslcbs@126.com
承印单位:河南省瑞光印务股份有限公司
开本:787 mm×1 092 mm　1/16
印张:17.75
字数:410 千字　　　　　　　　　　　　印数:1—1 000
版次:2015 年 1 月第 1 版　　　　　　　　印次:2015 年 1 月第 1 次印刷
定价:120.00 元

本书由水利部交通运输部国家能源局南京水利科学研究院出版基金资助和水利部公益性行业科研专项经费项目(项目编号:201001042)经费资助

《信息同化融合技术在旱情评估预警中的应用》
主要编著人员及分工

第 1 章　　顾　　颖　　戚建国　　李国文　　赵　　凯　　倪深海
第 2 章　　顾　　颖　　刘静楠　　张　　东
第 3 章　　金君良　　常　　胜　　顾　　颖
第 4 章　　倪深海　　常　　胜　　闫娜娜
第 5 章　　徐金涛　　顾　　颖　　刘静楠　　张　　东
第 6 章　　顾　　颖　　刘艳丽
第 7 章　　倪深海　　金君良
第 8 章　　顾　　颖　　倪深海　　张　　东
第 9 章　　戚建国　　戴　　星　　王　　琳　　郑　　文　　谢自银　　牛　　帅
第 10 章　　顾　　颖　　李国文　　刘静楠　　冻芳芳　　申　　瑜　　徐金涛

前　言

干旱灾害是我国最主要的自然灾害之一,给城乡居民生活和工农业生产造成不同程度的影响,严重制约我国经济社会的可持续发展。20世纪90年代以来,干旱灾害表现出频次增高、范围扩大、持续时间延长和灾害损失加重等特点。据统计,1949~1979年的31年间,我国有8年发生了特大干旱,发生频次为25.8%。而1980~2013年的34年间,全国共有17年发生重大干旱,发生频次增高到50%。干旱发生的范围也在不断地扩大,过去旱灾高发区域主要是在干旱的北方地区,近年来,我国南方和东部湿润半湿润地区的旱情也在扩展和加重,目前旱灾发生的范围已经遍及全国。同时,旱灾影响范围已由农业为主扩展到工业、城市、生态等领域,工农业争水、城乡争水和国民经济挤占生态用水现象越来越严重。许多地区还经常出现春夏连旱或夏秋连旱,有时是春夏秋三季连旱,严重的甚至出现全年干旱乃至连年干旱的趋势,造成重大的损失和影响。明确我国抗旱工作的重点和方向,加强实时旱情监测预测预警研究,提高我国综合抗旱减灾能力,预防和减少我国干旱灾害损失,已成为当前十分迫切的重要工作。

开展旱情实时监测预测预警研究,为政府部门正确判断旱情发生地点、范围、强度、时间提供准确信息,为抗旱指挥部门决策提供科学依据,是抗旱减灾工作中非常重要且不可或缺的。充分利用现代科技手段和通信技术,基于现代观测手段进行大气—地表—地下的立体旱情信息监测,对与旱情密切相关的雨情、水情、墒情、工情数据进行动态分析,可定量描述旱情的动态变化过程,快速、准确地捕捉旱情分布及其演变趋势,准确分析受旱程度和旱情发展,科学评估旱情严重程度,根据不同的旱情等级发布相应的旱情预警并提供实时背景资料,为决策部门及时、准确地提供旱情及旱灾信息,为防旱抗旱、减灾决策提供科学支撑。

本书通过开发旱情多源信息同化融合技术,监视、分析和判断旱情发生发展过程,建立旱情预测和预警机制,对两个示范区的旱情进行监控和评估,在以下四个方面取得创新性突破:

(1)开发了旱情多源信息同化融合技术。充分利用气象、水文、农情和遥感等多个信息源的信息,建立旱情评价指标体系,根据信息特征和属性进行数据同化及信息融合处理,达到对旱情的全面综合分析目的,克服了只用单项指标评估旱情的片面性,实现了利用多源信息对综合旱情全方位的监控和评估,提高了综合旱情评估的合理性和准确性,是国内首次将信息同化融合理论应用于综合旱情的评估。

(2)构建了区域土壤墒情综合监测体系。应用数据同化技术,根据实测数据和遥感资料对水文数值模型拟合结果相融合,更新系统状态与参数,进行水文模型参数的优化控制和调整,从而提高分布式水文模型对墒情的模拟精度,实现了土壤墒情点—面关系的转化,由此建立的区域土壤墒情综合监测体系,充分利用了土壤墒情的多源信息,解决了以墒情实测点信息替代面信息误差较大的问题,达到了对区域土壤墒情的多方位监控和模拟。

（3）构建了基于信息融合的综合旱情评估模型系统。利用气象、水文、农情的多源信息，根据信息的物理属性及其时空特征，对信息进行分级处理和融合，建立了由综合旱情评估指标体系、分布式水文模型、农作物生长模拟模型、旱情指标分析模型、旱情评估模型等组成的综合旱情评估模型系统，实现了对区域旱情的综合评估，克服了只用单项指标评估旱情的片面性，达到了对旱情综合评估的目的。

（4）建立了基于信息挖掘的旱情预警分析模式。该模式通过建立旱情预警指标体系，对当前旱情、抗旱水量、未来旱情以及旱灾潜在损失等信息进行逐层递进深入、分层叠加组合的分析，全面考虑相关预警影响因素，提高了对区域旱情预警信息发布的合理性和针对性，改变了以往只凭当前旱情严重程度来决定预警信号可能存在的偏差，为区域旱情预警信号分析提供了新的思路。所开发的示范区旱情评估预测预警业务应用系统，可为防旱减灾决策提供技术支撑。

本书参加编著人员还有江西省有关单位的谭国良、刘登平、朱建平、周志刚、殷勇，山西省有关单位的卫中平、杨平、杨军生、梁存峰、邢晓东。

本书得到了国家防汛抗旱总指挥部办公室、水利部水文局领导和同行专家的指导，在示范基地考察调研、资料收集和研究过程中，得到了江西省水文局、山西省水文水资源勘测局以及各有关单位的大力协助和帮助，在此一并表示感谢！

编著者

2014 年 10 月

目　录

第 1 章　概　述

1.1　研究背景及意义

1.1.1　研究背景

干旱灾害是我国最主要的自然灾害之一,每年都给城乡居民生活和工农业生产造成不同程度的影响,严重制约我国社会经济的正常运行。特别是 20 世纪 90 年代以来,干旱灾害表现出频次增高、范围扩大、持续时间延长和灾害损失加重等特点。据统计,我国在 1949～1979 年的 31 年间,有 8 年发生了特大干旱,发生频次为 25.8%;而 1980～2013 年 34 年间,全国共有 17 年发生重大干旱,发生频次提高到 50%。干旱发生的范围也在不断扩大,过去旱灾高发区域主要是干旱的北方地区,近些年来,我国南方和东部湿润半湿润地区的旱情也在扩展和加重,目前旱灾发生的范围已经遍及全国。同时,旱灾影响范围已由农业为主扩展到工业、城市、生态等领域,工农业争水、城乡争水和国民经济挤占生态用水现象越来越严重。许多地区还经常出现春夏连旱或夏秋连旱,有时是春夏秋三季连旱,严重的甚至出现全年干旱乃至连年干旱的趋势,造成重大的损失和影响。如我国 2000 年和 2001 年连续两年发生全国性特大干旱,2003 年南方地区发生严重夏伏旱,2006 年四川、重庆发生百年一遇特大干旱,2009 年夏末至 2010 年春的西南地区五省区发生特大干旱。统计分析,自 20 世纪 90 年代以来,因干旱造成的粮食减产量占各种自然灾害造成粮食减产总量的 60% 以上;平均每年因干旱造成工业产值减少 2 300 多亿元;年均有 2 880 万人、2 275 万头牲畜因旱发生临时性饮水困难。干旱灾害对我国国民经济造成的损失,一般干旱年约占 GDP 的 1.1%,遇严重干旱年占 GDP 的 2.5%～3.5%。2008 年入冬到 2009 年春的气象干旱波及我国 15 个省、市,全国耕地受旱面积 2.99 亿亩❶,比常年同期多 1.10 亿亩,其中作物受旱面积 1.53 亿亩,重旱 4 996 万亩,干枯 394 万亩,有 442 万人、222 万头大牲畜因旱发生饮水困难。

随着我国经济社会的快速发展、城市化进程加快和社会主义新农村建设,人口的增长和人民生活水平的不断提高,全球气候变化导致极端气候事件发生概率增加,特大和严重干旱发生越加频繁,因此未来旱灾造成的影响和损失将更加严重,经济损失绝对值及风险程度将呈明显增大的趋势,严重影响社会公共安全、国民经济发展和人民的生存环境。

我国干旱的易发性、持续性、广泛性和危害性的特点,决定了抗旱工作的复杂性和艰巨性。缓解旱情、减少干旱造成的损失是我国当前乃至今后很长一段时间必须面对的艰巨任务。

---

❶　1 亩 = 1/15 hm²。

1.1.2　研究意义

对抗旱减灾关键技术进行广泛而深入研究,尤其是开展对旱情实时监测、评估与预测工作,为政府部门正确判断旱情发生地点、范围、强度、时间提供准确信息,为抗旱部门制定抗旱决策及时提供科学依据,这是抗旱减灾工作中非常重要和不可缺少的内容。充分利用现代科技和通信技术,基于现代观测手段进行地下—地表—大气的立体旱情信息监测,对与旱情密切相关的墒情、雨情、水情、工情数据进行动态监测,可定量描述旱情的动态变化过程;快速、准确地捕捉旱情分布及其演变信息,为准确分析受旱程度和旱情发展趋势、科学地评估旱情的严重程度、根据不同的旱情等级发布相应的旱情预警提供实时背景资料,为决策部门及时、准确地提供旱情及旱灾信息,为防旱抗旱、减灾决策提供科学支撑。

因此,明确我国抗旱工作的重点和方向,提高我国综合抗旱减灾能力,预防和减少我国干旱灾害损失,已成为当前一项十分迫切的重要工作。本书通过开发土壤墒情等多源信息综合分析技术,监视、分析和判断旱情发生、发展过程,建立旱情预测和预警模型,对旱情进行全面监控,并通过示范区试点达到向全国推广的目的,可为及时主动防御干旱灾害提供技术支撑。

1.2　国内外研究现状

1.2.1　旱情监测与评估

1.2.1.1　旱情监测

干旱是一种缓变的自然现象。干旱的实时监测,是指通过实时观测到的降水、蒸发、土壤含水量、河道径流量等水文气象要素,计算相关的干旱指标,通过对干旱指标的分析,评估当前干旱等级。干旱的严重程度是逐渐积累的结果,这为干旱的监测和早期预警带来了可能。

目前,许多国家的不同部门已经针对各国国情和不同行业需求,开始实现干旱实时监测的业务化。国外现已形成地面、航空、航天、多星的立体干旱监测格局。20世纪末,为了加强和集中干旱监测活动,美国国家海洋和大气管理局(NOAA)、农业部(USDA)和国家干旱减灾中心(NDMC)联合研发了一个周干旱监测产品(DM)(SvobodaMark,2002),它提供了一个综合客观的国家干旱指数,旨在提供全美国干旱现状的总体评估。DM是依据对几个关键指数和来自不同部门的辅助指标的分析,研制出最终的分析图。采用的干旱指标包括PDI、CMI(Crop Moisture Index)、土壤水分模式百分位数、日流量百分位数、正常降水百分比、顶层土壤水分(USDA提供)和基于卫星的植被健康指数(VHI)。我国国家气象局气候中心研制的旱涝监测系统,是利用降水量、气温等常规观测要素,依托气象指标计算,实现对全国干旱范围和程度的实时监测和影响评估,发布的产品包括旱涝监测公报、综合气象干旱指数、降水距平百分率图和土壤相对湿度图(20 mm土壤墒情图)等。我国水利部开发了天眼防汛抗旱水文气象综合业务应用系统,发布的产品包括帕尔默指数图、降水距平指数图、降水百分位数指数图,以逐日定时计算的方式自动获得全国旱情分布图,但目前还仅限于对气象要素的实时动态监视。

旱情监测各种主要参数有:①大气参数:降水量、湿度、气温、风向、风速、积雪及云量等;②农业相关参数:土壤温度、蒸散量、不同深度土壤含水量、作物种类与长势、不同作物种植面积与空间分布等;③水文有关参数:水系分布、径流量、地下水位、江河湖水位、水库蓄水量等;④社会经济参数:灾情资料(如受灾面积、生命财产损失和直接经济损失等)、经济指标(如耕地面积、种植结构、作物产量等)、人口等;⑤遥感参数:地表温度、植被覆盖状况、作物长势、土壤水分状况、农田蒸散、水系分布、各种植被指数等。

当前国内传统旱情监测方法为台站网络监测。它的主要任务是对上述提及的与干旱相关的参数进行监测。观测的台站包括气象站、农业生态站、水文站等,即利用现有的观测台站网进行观测,然后针对不同类型的干旱经统计分析,确定出适合本地区或全国的干旱指标,以确定干旱发生的起止时间、范围及严重程度等。这方面的工作开展的比较多,例如气象局、农气科学研究的科学家利用全国各台站观测到的土壤湿度数据来分析全国旱情的分布。

干旱的发生具有分布范围广、过程缓变以及周期相对较长的特点。对于旱情的实时监测和评价只依靠以人工为主的传统方法显然力不从心,难以满足抗旱工作的需要。目前,随着遥感和地理信息系统技术的发展,遥感具有观测范围广、获取信息量大、速度快、实时性好、动态性强等优点,最适合于灾害的实时监测与预报,而GIS提供的空间定位以及定性、定量分析的功能,与遥感技术相结合可实现动态监测、模拟、分析,为防灾减灾辅助决策提供有效的工具。

1.2.1.2 旱情评估

旱情评估是对已经发生的干旱情势进行分析,根据干旱指标等对旱情严重程度进行评价。旱情评估分为历史旱情评估和实时旱情评估。前者主要关注于对干旱的形成条件、原因和灾害的区域性、多发性等特点以及时空演变规律等,通过对历史干旱的评估分析,可以宏观透视旱灾的变化趋势和地域差异,了解干旱发生的起因,掌握我国历史旱情的发生、发展过程以及旱情的时空分布规律,是进行干旱实时评估和预测的基础。干旱实时监测和评估对开展抗旱减灾工作则有着直接的指导作用,但不同的干旱指标往往得出不同的干旱监测产品,反映的干旱区域、干旱等级及灾害严重程度不尽相同,如何正确判断和评估旱情,干旱指标的选用十分关键。

目前,根据研究基础的不同,我国对旱情的评估大致可分为两种不同的研究方法。一是基于我国旱灾的历史统计基础资料,如历史重大旱灾年表的建立、全国灾情系列图的编制。潘耀忠等基于中国省级报刊自然灾害数据库、省级报刊信息源等数据源,借助GIS技术和数字地图技术,重建我国不同时期的旱灾时空格局,对干旱及灾害的特点及时空分布进行了讨论。二是根据干旱指标评估结果,恢复不同时段旱灾的时空格局。王劲峰等分别利用干旱频率、降水距平百分率等干旱指数(王劲峰,1995;陈菊英,1991;李克让,1996),建立了中国干旱的时空格局,分析了我国不同地区的旱情发展趋势。历史干旱的评估,不仅可以透视宏观旱灾的变化趋势和地域差异,也是进行干旱实时监测和预测的基础,通过历史统计数据与干旱指数的长期比较分析,互为验证,可以建立更加准确的、基于干旱指数的干旱研究模型。提高数据共享度,以及比较分析不同源数据的可信度是进行历史干旱评估的前期必要工作。

旱情评价指标是表示干旱程度的特征量,是旱情评估的基础。它是旱情描述的数值表达,在干旱分析中起着度量、对比和综合等重要作用。D. G. Friedman 指出干旱指数应符合 4 个基本标准:①时间尺度应与所考虑问题匹配;②指数应是大尺度长期持续干旱的定量度量;③指数应对所研究的问题有使用价值;④指数应具有或能计算出长期精确的历史记录。干旱指数应能反映干旱的成因、程度、开始、结束和持续时间。不同地点、季节的干旱指标应具有可比性,识别它的过程中所需资料易于获得。根据干旱信息来源,将旱情评价指标分为气象干旱指标、农业干旱指标、水文干旱指标、遥感干旱指标几类。

在气象干旱方面,刘昌明等采用降水距平指标识别和分析了海河流域的水旱灾害情况。徐尔灏在假定年降水量服从正态分布的基础上,提出用降水量的标准差来划分旱涝等级。H. N. Bhalme 和 Mooley 于 1980 年提出 BMDI 指标,其采用的是 n 个月的降水量资料,考虑到了降水量的年内分配,因而采用年降水量的指标较合理。Z 指标是我国使用最为广泛的气象干旱指标之一,它是在假定降水量服从 P - Ⅲ 型分布的基础上提出的,通过对降水量进行频率分析来确定干旱的程度。SPI 是基于过去 3、6、9、12、24 或 48 个月降水总量而建立的,是近 30 年来被广泛接受的一种气象干旱指数,其最大优点是能够在不同时间尺度上计算,可以提供干旱早期预警。SPI 计算简单,资料容易获取,而且计算结果与 Z 指标有极好的一致性。

农业干旱研究主要针对作物的供需水关系。1965 年,Palmer 将前期降水、水分供给和水分需求结合在水文计算系统中,提出了基于水平衡的干旱指数(PDSI),它是对监测长期干旱状况的一个非常有用的指标,其在干旱事件的分析、干旱序列重建以及干旱的监测中被广泛应用。安顺清等对 PDSI 指数进行了修正,使之更适应我国的实际情况。考虑到农作物在关键生长季节对短期的水分亏缺十分敏感的现实,W. C. Palmer 在 PDSI 的基础上开发了作物水分指数 CMI 作为监测短期农业干旱的指标,CMI 主要是基于区域内每周或旬的平均温度和总降水来计算,能快速反映农作物的土壤水分状况。另外,还有直接以农作物生长期供水量与同期需水量的比例关系,或用农作物根系层实际土壤含水率与作物适宜生长含水率的关系作为干旱指标等。

在水文干旱方面,一般用由于降水的长期短缺而造成某地区某时段内地表水或地下水收支不平衡,出现水分短缺,使江河流量、水库蓄水等减少的现象来表述水文干旱。Linsley 等(1982)把水文干旱定义为:某一给定的水资源管理系统下,河川径流在一定时期内满足不了供水需要。Yevjevich 应用过程统计理论分析干旱事件,指出大陆尺度的水文干旱应该用持续时间、面积范围、强度、再现概率、开始或结束的时间来描述。地表供水指数(SWSI)是 1981 年为克罗拉多州开发的经验水文指数,作为地表水状况的度量,SWSI 弥补了 PDSI 未考虑降雪、水库蓄水、流量以及高地形降水情况的不足,SWSI 对评估和预测地表供水状况的作用已被很多学者认同。

水文系统的多功能、多目标性,使得降水量与地表水、地下水供给之间的关系异常复杂,因而地表水和地下水的短缺相对于降水偏少有明显的滞后。面向河道流量和地下水水位等,一般采用能反映地表径流偏少和地下水位偏低造成水分短缺情势的水文干旱指标来描述缺水历时和时段缺水量等水文干旱特征。如利用多年平均径流量、月径流量、水位等小于某阈值作为干旱指标进行研究。目前,国内外常用的水文干旱指标有水文干旱强度、水文干湿指数、作物水分供需指数、地表水供给指数、区域水量最大供需比指数、水资源总量短缺指数、河道径流距平百分率、水库水位距平百分率、palmer 水文干旱指数等。当前,水利部门往往依据河道径流距平值来评估水文干旱。由于现在大多数河流上都建有水库大坝,水文站对于河道流量的观测值已不能体现流域天然状况下的水文响应,因此该指标的适用性问题值得进一步探讨。

此外,水文干旱频率分析问题也备受关注。干旱历时和干旱烈度频率分布的类型筛选是需要解决的关键问题。冯国章将 Sen 推导出的最大正游程长概率密度函数转换为最大负游程长概率密度函数,并作为极限水文干旱历时的概率密度函数。Guven 推导了一定时期内极限水文干旱历时的概率分布,周振民和袁超等将其应用到对数正态分布的水库来水量和 P-III 型分布的 Markove 过程的年径流序列的水文干旱分析中。近年来,多变量的干旱频率分析方法,包括条件概率法、非参数方法和 Coupula 函数方法等应用较广。区域水文干旱频率的分析研究,主要采用等高线图、网格图干旱特征频率分析以及划分干旱一致区等方法,但总体来说,理论、方法和应用尚不成熟,需深入研究。

在干旱研究方面,基于分布式水文模型和遥感监测等,依靠多源信息对水文干旱发展趋势进行实时评估也已成为国内外众多学者研究的重点和热点。采用具有一定物理机制的分布式水文模型,从流域水循环的角度出发,模拟流域水文过程的各个环节,从而得到各种水文要素在流域的时空分布,为流域旱情特征规律研究提供信息。流域分布式水文模拟可以解决实测资料缺失、可信度偏低等问题,使流域旱情信息在时空上得以连续和完善。

在旱情综合评估方面,张波等根据降雨量、流量和蒸发量的资料,确定其各自影响旱情严重程度的权重系数,构造出综合干旱指标,以指标函数值对旱情进行分级,以等级来反映旱情的严重程度。

1.2.2 旱情预测预警

1.2.2.1 旱情预测

频繁发生的干旱灾害已经促使人们去关注如何更加准确地预测干旱的发生、发展、衰亡及消退的动态过程,以尽可能采取有效及时的措施来减轻或缓解所造成的损失。与洪水、风暴以及地震等自然灾害不同,干旱灾害是一个受天气、水文、地理等因素综合影响的结果,也是一个逐步积累的动态过程,这无疑会给干旱预测的研究工作带来很多的麻烦。以目前的预测研究来看,人们对水文干旱和经济干旱的预测研究相对比较少,只建立了少量的预测模型,其研究主要还是集中在与生活、生产关系比较密切的气象干旱和农业干旱,或者是将两者进行耦合而形成的干旱集成预测方法方面。

总的来说,干旱预测可分为数值预测法和统计预测法。数值预测法是指根据气象学的原理建立预报模型,即一系列的偏微分方程,然后根据初始场求得方程的解,再得出预测结果,其本质是以天气的数值预测作为模型基础的。在气象数值预测中,应用最广的预测产品是模式输出统计量(Model Output Statistics,MOS);近年来,为了解决 MOS 预测模型过于依赖数值模式性能的缺点,开展了大量关于将 Kalman 滤波技术引入 MOS 预测的研究;同时对中长期气象数值预测的研究,也有了长足的进步,相继推出了海气耦合模式、简化的动力模式等。

数值预测法的最大优点是客观化和定量化,但是大气运动异常复杂。在目前计算机容量和速度有限的情况下,需要对预测方程组适当简化,而简化的方程组的预测结果与实际情况往往呈现一些差距,不可能预测得十分精确,而且只能反映大尺度系统的主要活动和演变,对中小尺度系统的活动和一些次要的过程预测不出来。数值预测的时间不能外延太长,延续时间越长,预测的结果与实际出入就越大。随着计算机技术的普及和天气预测技术的提高,数值预测法已经越来越多地被应用在气象干旱的预测中,是目前气象干旱预测中比较成熟的一种手段。相对气象干旱而言,农业干旱有着更为复杂的发生和发展机理,因为不同的作物有不同的需水量,即使同一作物,在不同发育期、不同地区,其需水量也都不一样。总的来说,农业干旱是气象条件、水文环境、土壤基质、水利设施、作物品种及生长状况、农作物布局以及耕作方式等因素的综合作用结果。因此,与气象干旱预测不同,农业干旱的预测必然要涉及与大气、作物以及土壤等相关的因子。最常见的是对土壤含水量变化进行预测,以反映农业干旱变化。

土壤含水量是农业干旱中应用比较成熟的一种指标,由于土壤含水量指标可以利用农田水量平衡关系,方便地建立起土壤—大气—植物三者之间的水分交换关系或土壤水分预测模型,因此在农业干旱预测中也被广泛地采用。目前,以土壤含水量为指标建立的干旱预测模型通常可以分成两种:一是以作物不同生长状态下土壤墒情的实测数据作为判定指标而建立的预测模型;二是利用土壤消退模式来拟定旱情指标,根据农田水量平衡原理,计算出各时段末的土壤含水量,以此来预测农业的干旱程度。范德新于 1998 年在江苏南通市建立的"农业区夏季土壤湿度预测模式"、王振龙于 2000 年在安徽进行的"土壤墒情预测模型"研究等都是基于土壤含水量指标所建立的干旱预测模型。以农田水量平衡原理建立预测模型是土壤含水量预测的另一种方法。在 1982 年,鹿洁忠就开展了关于"农田水分平衡和干旱的计算预测"的研究;李保国于 1991 年又在鹿洁忠等研究的基础上建立了二维空间的"区域土壤水贮量预测模型";此后,辽宁黄旭晴利用土壤水平衡方法建立了"农业干旱预测模型";熊见红在长沙市、陈木兵在湘中采用三层蒸散发模型和蓄满产流原理,建立了"土壤含水量干旱预测模型"。以土壤含水量为指标建立的预测模型往往参数计算复杂,具有明显的区域特征。

国内在研究土壤墒情预报方面的成果主要有土壤水动力学模型、水量平衡模型、时间序列分析方法、神经网络方法和数理统计模型等。周良臣等利用多年实测气象资料和土壤水分资料,建立了 BP 人工神经网络模型来研究多个因素对土壤墒情的影响。杨绍辉采用 ARIMA 模型进行土壤水分时间序列的拟合与趋势预测。刘才良结合根系吸水层深度、灌溉条件以及相关气象要素,根据土壤水分运动基本方程,以水绕地为研究对象,来预报土壤剖面中含水量的变化。康绍忠综合考虑了土壤、大气和作物连续系统中的水分传输进程,提出了玉米农田土壤水分动态预报模型。舒素芳等综合考虑农田土壤水分的收支条件,建立了旱地农田土壤水分动态平衡模式,并模拟了旱地农田土壤水分动态平衡模式。姚奎元结合卫星监测的数据、各地区气候特点、土壤类型及不同阶段的地面植被分布情况,建立了七种不同的土壤含水量预报模式。

农业干旱的发生是一个综合因素影响的结果,采用单指标开展干旱预测,如降水量指标和土壤含水量指标虽然可以在一定程度上大致反映出农业干旱的发生趋势,但却忽视了对作物光合作用、干物质产量以及籽粒产量的动态变化的描述。大量试验证明,这与作物的蒸腾量以及水分亏缺情况有密切的关系。吴厚水、安顺清等最早开展了以蒸发力和相对蒸散量计算作物水分亏缺情况的研究工作,建立了作物缺水指标。此后,康绍忠、熊运章和张正斌等分别采用了"气孔阻力法""叶温法"及"土壤含水量法"来计算作物的实际耗水量,并将它作为一种综合指标对作物的水分亏缺状况进行监测和预测。余生虎等也在高寒草甸区以作物蒸散能力和土壤干湿程度相结合的综合指标建立了类似的干旱预测方程。由于作物实际耗水量综合反映了土壤、植物本身因素和气象条件的综合影响,因此以此建立的干旱预测模型比其他指标的预测模型更加的宏观实用。

除作物实际耗水量外,作物供需水关系是农业干旱预测中采用的第二个综合性旱情指标,采用该指标进行农业干旱预测的有:朱自玺在 1987 年建立的"冬小麦水分动态分析和干旱预测模型",胡彦华和熊运章等于 1993 年建立的"作物需水量优化预测模型",以及王密侠和胡彦华在 1996 年建立的"陕西省作物旱情预测系统"等。该类模型的优点是其涉及的参数全部可以用气象资料、土壤水分资料以及天气预测数据进行计算获得,更为精确实用且代表性强,可以很方便地在不同的区域内推广使用。

统计预测法是用数理统计方法分析预测因子和预测量之间的数量关系,通过建立数学模式来预测未来的干旱程度。目前,使用较多的方法就是以各种干旱指标为基础,应用时间序列分析、多元回归分析、周期分析、谱分析等数理统计方法来建立预测模型,进行干旱预测。在气象干旱预测中,非线性预测方法有很多,其中比较常见的有安顺清(1986)、王良健(1995)以及程桂福(2001)等采用的灰色系统预测方法,李翠华(1990)、周琐铨(1994)、王革丽(2003)运用的时间序列分析方法,李祚泳(1997)、朱晓华(2000)采用的分形理论以及普布卓玛(2002)、张学成(1998)等采用的均生函数预测方法等。

国外在这方面的研究比国内相对更成熟。20 世纪 80 年代末美国就开始用 NOAA 极轨气象卫星进行干旱监测,在全国建立了干旱监测系统网络。从 2000 年开始意大利就应用干旱预测系统来预测其南部水分的空间变化。该系统是以一个嵌入式的地理信息系统和一个与数据接收系统相连接的模型为基础。随着计算机技术的迅速发展和普及,以及人们对干旱预测精确性和实用性提出了更为严格的要求,一种以计算机为硬件支持,结合多种类型、多种指标以及多种数学方法的干旱集成预测方法逐渐成了学者们研究的重点。干旱的集成预测方法以计算机为硬件支持,同时又集合了多种预测方法的优点,与单类型和单指标的预测模型相比,具有更高的精确性和实用性,因此集成预测方法的研究可以促使干旱预测进入大面积的实际应用阶段,代表着未来干旱预测研究的一个发展趋势。

1.2.2.2 干旱预警

干旱灾害预警是干旱风险管理的关键环节。及时准确的预警信息是有效防旱和应急响应的前提。根据联合国减灾战略秘书处的定义,"预警就是通过确定的预案,向处于风险中的人们提供及时准确信息,以便采取有效措施进行规避风险,并做好灾害应急准备"。2005 年世界减灾大会通过了《2005～2015 年兵库行动纲领》(Hyogo Framework for

Action），明确提到了预警的重要性，鼓励开发应对灾害的早期预警系统，提高减灾能力，降低灾后重建阶段的风险。作为对实施《2005～2015年兵库行动纲领》预警内容的支持，2006年在德国波恩召开的第三届国际预警大会编写了《发展灾害预警系统》会议文件，讨论了自然危害和风险，以及如何通过预警将危害影响减至最小。2011年11月世界气象组织（WMO）和全球水伙伴（GWP）联合发布了干旱综合管理计划（Integrated Drought Management Programme），建议通过开展干旱监测、风险评估和预测预警，促进被动的危机管理转变为主动的风险管理，为全球范围的干旱管理提供科学基础。

　　由于干旱发生的隐蔽性和发展的长期性，对干旱灾害进行有效的监控显得十分重要。"预警"作为干旱监控的一种有效手段，已在世界一些国家取得了较好的应用效果。所谓干旱预警（Drought Early Warning），是通过对一系列相关的监控指标实现的，因而干旱预警指标体系是干旱强度和灾情程度的综合反映，是进行干旱监测、预测预警、灾害评估和预警应急响应的重要依据。目前，国际上公认的干旱预警指标体系主要包括以下一些监控指标：降水量百分率或降水量距平百分率指标、降水量分位数指标、标准化降雨指数指标、湿润度和干燥度指标、土壤水分平衡为基础导出的干旱指标以及综合气象指标等。从世界各国干旱预警的实际发展来看，预警指标的选择并没有一个确定的体系，主要是从本国的实际出发，有针对性地选择相应指标进行监控。

　　美国干旱监测预警系统的建设始于20世纪末，至今走过了十多年的发展历程。长期以来，美国对干旱采取了大量的防护措施，特别是从20世纪80年代开始至今的国家干旱预警监测，取得了理想的成效。美国干旱监测等级划分采用了百分位数方法，用于确定干旱级别的所有数据都考虑了它们在该地点、该时间出现的历史频次等。美国干旱预警系统的建设和发展，为美国提高干旱预警的水平、进而全面提升防范和应对干旱灾害的能力起到了积极的作用。

　　欧盟同样面临着较为严峻的干旱灾害威胁，于近年启动了规模宏大的"欧洲干旱观察"（European Drought Observatory，EDO）项目的建设，以便积极有效地防范干旱灾害的侵袭。"欧洲干旱观察"项目的主要目标就是为欧洲提供一个基于互联网的干旱监测与预测的平台，为欧洲干旱的发生和演进提供及时权威的信息。"欧洲干旱观察"把干旱管理分成四个阶段，不同阶段的管理活动如下：①干旱发生前的正常时期，重点进行干旱监测与预警准备工作；②干旱预警发布后，一系列相应的措施会被商讨和采纳；③干旱期间，各种应急处置方法会用于减灾；④干旱后期，在监测到干旱减缓的数据后停止行动。"欧洲干旱观察"的监测指标包括标准化降雨指数、土壤湿度、降雨量指数和遥感指标等四大类。每类指标下都有更细的指标。

　　面对干旱灾害的威胁，印度为了有效地对干旱进行监测和预警，印度空间部和农业部早在1989年就联合开发完成了国家农业旱情评估和管理系统，这一系统可以为全国的邦及县的农业干旱提供近似实时的危害程度、持续时间和地域分布的干旱监测与预警信息。印度国家干旱预警系统由干旱预测和干旱监测两部分组成，干旱预测功能由跨部门国家农业气象监测小组（Inter – Ministerial National Crop Weather Watch Group，CWWG）负责，一旦发现降水不足并达到一定的界限并可能产生大范围的干旱危害时，就会立即发布干旱监测预警公告，从而触发干旱应急计划以应对干旱。

干旱灾害的防范和应对是我国抗御自然灾害的一项重大任务,积极推进干旱预警系统的建设和应用已成为当务之急。目前,我国对于干旱预警预报主要侧重于气象干旱层面,缺乏对不同类型干旱相互作用、相互影响后干旱事件进行预警预报。由于干旱演进过程的缓慢性和判断发生时间的困难性,准确和及时的干旱预测预警仍然是广大科技工作者面临的严峻挑战,干旱预警预测技术亟待提高。对旱情发展趋势的概率描述和干旱预警预测的不确定性分析成为众多学者面临的难题。随着科技的发展,依靠强大的信息技术,利用历史和实时的气象、水文、墒情等多源信息进行集合预报已成为众多学者研究的热点。集合预报能够描述预报过程的不确定性,并给出预报结果的概率分布状况,描述方法比传统的预报方法更合理。集合预报方法在干旱预警预测技术中的应用,也代表着未来干旱预警预测研究的一个发展趋势。

从国际干旱预警系统的发展实践来看,值得我们借鉴的有:①把干旱预警作为降低干旱损失的有效措施,要扩大预警的传播面和辐射面,充分发挥信息通信技术在干旱预警中的作用,切实提升干旱预警的管理能力和服务水平。②干旱预警作为干旱灾害防御的一项基础性工程,其成效很大程度上取决于它的管理能力和服务水平。③健全的组织体系、完善的管理制度和可靠的服务保障,是发挥干旱预警系统作用的重要条件。④我国在干旱预警的组织体系、管理制度和服务措施的落实等方面还存在着较大差距,需要通过多种方式和手段加以推进,以弥补这方面的不足。

1.2.3 遥感技术应用

传统的干旱监测依赖观测农业气象站的数据来监测干旱的程度和发生干旱地区的分布,常规的土钻取土称重法和中子仪法不仅费时、费力,而且观测点少、代表性差,难以实现大面积土壤水分的实时动态监测。随着遥感技术的发展,遥感卫星的多时相、多光谱、高光谱数据在反映大面积地区的地面信息的实时性方面有了一定程度的飞跃,这些信息定位、定量地反映了土壤水分状况,为实现大面积地区的土壤水分(土壤湿度)实时、动态监测创造了良好的条件。遥感技术的优点是可以提供不同空间、时间、光谱分辨率的地表信息,为获取复杂环境下的孕灾环境、致灾因子提供了丰富的信息,干旱信息的遥感定量反演已经成为了国际前沿研究领域的一个热点。张春桂等利用 MODIS 卫星数据,采用基于 NDVI – LST(陆地表面温度)VTCI 模型,对 2001 ~ 2002 年福建省发生的严重秋冬春连续干旱灾害进行了监测验证。郑宁等基于 2001 ~ 2006 年 NOAA/AVHRR 遥感影像资料和农业气象观测站的旬土壤墒情资料,同时根据安徽省淮北地区干旱特点,利用距平植被指数与 20 cm 土壤墒情建立了干旱监测模型。热红外遥感方法依据水分平衡与能量平衡的基本原理,通过土壤表面发射率(比辐射率)和地表温度之间的关系估算土壤水分。田国良等利用遥感方法建立试验区土壤表观热惯量与土壤水分的经验统计关系,然后根据冬小麦需水规律和土壤有效水分含量来定义干旱指数模型。

几十年来,旱情遥感监测技术的发展经历了从光学、热红外、微波到联合多波段旱情监测模型反演的研究历程。光学旱情遥感是根据植被指数及其变化过程分析,基于实际发生的旱情资料或土壤墒情观测资料,确定旱情指数的形式。代表性的指数有归一化植被指数 NDVI、距平植被指数 SPI、植被状态指数 VCI、垂直干旱指数 PDI 等。Lozana – Garcia 等利用 NDVI 对美国印第安纳州 1988 年的重旱进行分析监测,表明 NDVI 能对极旱有较好的反映。Ji 和 Peters(2003)对得克萨斯州草场与耕地中 NDVI 和 SPI 分析,发现其平均相关性在 0.76 和 0.82,但是在生长期的前期与后期其相关较低,而在植被的生长期 NDVI 与 SPI 和降水量有很高的正相关性。居为民等利用 NOAA/AVHRR 采用距平植被指数与 NDVI 均值比值进行江苏省干旱监测。冯强等对 NDVI、VCI 在中国区的时空变化进行研究。VCI 计算的关键是 NDVI 最值参数的提取,闫娜娜等(2005)提出了基于日序列的 VCI 指数参数构建方法。Qin 等应用 PDI 指数进行了宁夏地区的旱情监测,因此在干旱监测中得到广泛应用,国内外运行系统中大多采用该方法。

热红外旱情遥感是对植被冠层或地表温度的遥感监测。地表温度算法的成熟使得该类模型迅速发展。该类模型可以适用于植被和裸土区,构建方法简单,容易被理解,可追溯。Price(1977,1985)等通过系统的研究,阐述了热惯量的遥感成像原理,提出了表观热惯量(ATI)的概念;马蔼乃等(1990)从不同角度、在不同的区域利用 NOAA/AVHRR 资料进行热惯量法遥感土壤水分的监测试验。刘良民等(1999)对热惯量方法与土壤水分之间关系的指数、对数、线性模型分别进行了分析讨论。余涛等(1997)研究了地表能量平衡方程的一种新的简化方法,进而能从遥感图像上直接得到真实热惯量和土壤水分含量分布。该类模型的缺点对遥感数据的依赖性较大,地温变化快,由于遥感数据的缺失,一段时间的合成方法对监测结果的影响大于基于植被指数的模型。

基于微波的旱情遥感,模型监测对象是土壤含水量,目前探测土壤含水量的深度集中在表层,各种消除植被影响的方法使得模型复杂度增大,应用受到限制,但是该类模型可以直接获取土壤墒情信息,这也使得基于微波的模型研究仍然是旱情监测的一个发展方向。Bindlish 等(2003)采用 TMI 估测美国南部大平原的土壤湿度,结果发现估测值和实测值吻合良好(标准误差为 2.5%)。Njoku 等(1982,1996)利用 AMSR,发展了土壤湿度的反演方法。Tansey 等(1999)利用 IEM 模型反演土壤湿度。施建成等(2002)利用目标分解技术和重轨极化雷达数据对植被覆盖下的土壤水分反演。熊文成和劭芸(2006)根据 SAR 影像,基于 IEM 模型采用干湿季的 σ° 差值反演土壤湿度。

联合多光谱信息的综合监测法,是近些年文献中提到最多的。从植被供水指数、温度植被旱情指数、植被健康指数、条件温度植被指数到基于冠气温差的作物缺水指数再到基于能量衡原理构建的干旱强度指数(Carlson,1990;刘丽等,2003;齐述华,2003;牟伶俐等,2006;Unganai 和 Kogan,1998;Sandholta,2002;王鹏新,2003;Idso,1981;Jackson,1981,1988;隋洪智等,1997;蔡焕杰等,1994;武晓波等,1998;申广荣等,2003)。该类模型考虑的因子更加全面,机理性更强,同时复杂性增大,数据输入要求增多,应用这类模型的关键在于模型适用范围、数据源可获取性、监测时效性等问题。

综上所述,各种方法都有其各自的优势,地面观测资料是水文模型和作物模型的必需基础数据,然而受限于观测资料的空间代表性,在刻画这些参数的空间异质性上存在弊端,而遥感的监测指标需要地面观测数据进行模型标定。

国内外逐渐重视对主动微波遥感的研究,这种方法是利用合成孔径雷达数据资料来反演土壤水分,在建立土壤水分反演模型中解决问题的关键是如何处理不同植被指数条件的影响和表面粗糙度的影响。被动微波遥感监测地表土壤水分含量相对于主动微波遥感监测,时间更长,技术更纯熟。被动微波遥感监测与主动微波遥感监测同样具有全天时和全天候的特点,并且被动监测不需要专门的能源装置,所以仪器更为轻便、简单,卫星轨道较高、受地表粗糙程度和地形地貌影响较小、重返周期短和适合实时动态监测大面积地区。

目前,遥感技术在干旱监测研究上的应用已成为当前研究的热点和前沿。干旱的监测和对土壤水分反演方法大都是基于地表温度,或者基于植被指数反演土壤水分。有学者研究了归一化植被指数(NDVI)和温度(TS)的关系,并结合归一化植被指数和温度进行了对土壤水分反演及干旱监测的研究。有学者在对植被覆盖度和土壤湿度变化范围较大的区域进行的研究发现,根据遥感数据得到的以归一化植被指数为横轴和以地表温度为纵轴的散点图呈三角形,并利用土壤—植被—大气传输模型(SVAT)进行了验证;Moran等从理论的角度对温度和植被指数的关系进行分析,认为归一化植被指数和温度之间呈梯形的关系;Sandholt 等基于归一化植被指数和温度之间的关系,提出了温度植被干旱指数(TVDI)来监测土壤表层水分。基于特征空间的干旱遥感监测方法各有优缺点,TS - NDVI 特征空间法是对归一化温度指数的简化处理,并且相关理论与方法较为成熟,具有一定的推广应用前景。根据王正兴等的研究,增强植被指数(EVI)比归一化植被指数(NDVI)更适合进行定量遥感监测的研究与应用。卢远等用增强型植被指数取代归一化植被指数对 TVDI 进行了改进,并得到了较好效果,精度可提高至 85% 左右。用 EVI 取代NDVI 对 TVDI 进行改进,已经得到公认,尤其是高植被覆盖区效果更好。

1.3 研究目标和研究内容

1.3.1 研究目标

通过对典型示范区的土壤墒情多源信息的分析,研究土壤墒情点和面综合观测体系以及旱情多源信息同化融合技术,开发示范区旱情评估、预测和预警技术,建立研究区域旱情预测预警示范系统,为主动防御干旱、减轻干旱灾害损失、提高抗旱能力提供技术支撑,为防旱抗旱指挥提供决策支持。

1.3.2 研究内容

1.3.2.1 区域土壤墒情点—面综合观测分析研究

选择江西省、山西省典型示范区,针对典型示范区的土壤、地形、植被等特点,研究示范区土壤墒情的点—面关系转换方法;利用示范区内土壤墒情监测数据,分析土壤墒情地面监测点数据与区域面上墒情的相关关系,提出研究区域土壤墒情点、面综合观测方法。

1.3.2.2 土壤墒情多源信息同化融合技术研究

旱情多源信息包括土壤墒情实测数据,卫星旱情遥感数据,水文、气象数据和农情数据等。在对各种来源旱情信息的时间、空间特征分析基础上,分析多源信息之间的内在联系,进行多源信息的同化融合研究,生成时间、空间连续的旱情信息场,进而完成区域旱情信息时空特征的统计和分析,通过综合分析对比、开发土壤墒情多源信息同化融合技术,实现对区域旱情的全面监测。

1.3.2.3　示范区旱情监测及评估模型研发

根据江西省、山西省典型示范区的气候条件和地理环境,考虑示范区土地利用、作物种植类型和生长状况,分析旱情的主要影响因素,建立旱情评估指标体系,对旱情各影响要素的进行监测;进行各类旱情指数计算和分析,研究旱情评估方法,研发旱情实时监测及评估模型,确定旱情评估标准,评估示范区的旱情等级。

1.3.2.4　示范区旱情预测技术研究

在对示范区旱情评估的基础上,研究旱情预测技术,依据农田水量平衡原理,应用水文仿真技术,根据气象预报数据对研究区的农作物生长、土壤墒情变化过程进行模拟,对未来的旱情进行预测,建立示范区旱情预测模型,为旱情预警提供信息。

1.3.2.5　示范区旱情预警技术及模型研究

在旱情评估、预测的基础上,分析示范区的工情和农作物受旱情况,进行旱灾预估研究,建立典型示范区旱情预警等级及划分标准,研发示范区旱情预警技术及预警响应机制。

1.3.2.6　示范区旱情评估、预测预警系统集成

基于 GIS 和可视化技术,开发数据库管理模块、模型管理模块及人机交互界面,建立典型示范区旱情评估、预测和预警系统及应用平台,为防旱减灾指挥和决策支持提供支撑。

1.3.3　研究技术路线

本书的研究技术路线为:在开展对基本情况进行调研、核对基础资料收集的基础上,针对不同研究区作物种植特点,分析多种来源旱情信息的特征和不同类型干旱相互间的联系,开发旱情信息同化融合技术,研究旱情综合评价方法,并根据研究区的水情、雨情和作物受旱情况,进行潜在旱灾估算、抗旱水量分析,建立旱情预警指标体系,研制旱情预测预警模型,建立示范区旱情评估、预测预警系统,见图1-1。

1.3.3.1　基本情况调研和基础资料收集

对国内外相关研究领域的研究成果进行调研、整理。明确江西省、山西省的典型示范区并进行基本情况调研。收集南、北示范区的水文、气象基本资料,下垫面基本资料,历年农业旱情及遥感信息的数据资料,建立旱情基本资料数据库。

1.3.3.2　区域土壤墒情点、面立体综合观测分析研究

根据示范区土壤墒情监测站网布设情况,以及土壤墒情系列监测数据,参考同期农业旱情资料,分析监测站点与面的关系,建立分布式水文模型模拟土壤墒情的变化。

1.3.3.3　土壤墒情多源信息同化融合技术研究

采用概率统计(最大似然法、贝叶斯方法等)、不确定性方法(D－S证据推理方法等)和模糊数学方法,结合智能理论(人工智能、专家系统、人工神经网络等),随机集与关系代数等技术方法,在对各种来源的旱情信息的时间、空间特征分析基础上,分析多源信息之间的内在联系,进行土壤墒情多源信息的同化融合研究,生成时间、空间连续的旱情信息场,进而完成区域旱情信息时空特征的统计和分析,通过综合分析对比、开发土壤墒情

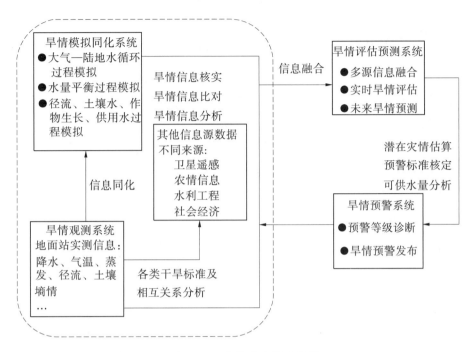

图 1-1　研究技术路线示意图

多源信息同化融合技术,实现对区域旱情的全面监测和评估。

1.3.3.4　示范区旱情监测及评估模型研制

在江西省、山西省选择典型干旱示范区,应用上述多源旱情信息同化融合技术研究成果,结合南北方典型干旱示范区的不同特点,建立旱情影响要素实时监测体系,并进行各类旱情指数计算和分析。采用特尔菲层次分析、主成分分析、BP 神经网络、综合指数评价和聚类分析等方法,建立旱情评估指标体系和评估标准,研究区域旱情评估方法,确定旱情等级划分和标准,开发旱情实时监测及评估模型。

1.3.3.5　示范区旱情预测技术研究

在对典型示范区土壤墒情监测评估模型和土壤墒情多源旱情信息同化研究成果的基础上,根据农田水量平衡原理、农作物生长水分函数,应用控制理论和水文数字仿真技术、图形处理技术和计算机网络技术,对研究区的农作物生长过程、土壤墒情变化过程进行模拟,利用气象预报数据对未来的旱情发展趋势进行预测,建立南、北方典型示范区旱情发展趋势预测的数字仿真模型,为及早发现旱情、主动采取防御干旱灾害措施提供依据。

1.3.3.6　示范区旱情评估、预测预警系统构建

在所研制的旱情评估模型和旱情预测模型基础上,研究开发旱情预警技术,根据典型示范区的农作物受旱情况等实际情况,进行可能灾情预估,提出不同典型示范区旱情严重程度的预警级别划分和预警标准;建立预警响应机制,利用 MAPINFO 或 ARCGIS 等地理信息系统技术作为开发平台,建立基于 GIS 系统和可视化技术的典型示范区旱情预测预警集成系统,开发系统应用平台,为防旱减灾指挥和决策支持提供支撑。

1.4　研究示范区简介

考虑到我国地域广阔,南、北方地区自然背景条件不同,旱情形成特点存在差异,对旱情的评估指标会有所不同。因此,在北方地区和南方地区各选择了一个旱情评估研究的典型示范区,这两个示范区分别位于山西省和江西省,包括山西省的吕梁、太原和晋中三个地区,江西省的宜春、吉安、新余三个地区,两个示范区面积共约 72 527 km²。北方示范区农业以旱作物为主要作物,南方示范区农业以水稻为主要作物。示范区的情况介绍如下。

1.4.1　山西示范区

1.4.1.1　山西示范区自然地理

山西省位于华北地区的西部,黄河的中游,黄土高原的东缘。全省国土总面积 15.63 万 km²,呈南北狭长的平行四边形,四周几乎都为山河所环绕。地理坐标为东经 110°14′~114°33′,北纬 34°34′~40°43′。

山西示范区位于山西省的中部,地理位置为东经 110°21′~113°26′,北纬 36°44′~44°38′。它包括了 3 个地级市的 24 个县级区。山西示范区面积为 35 570 km²,其中太原市面积为 6 988 km²,晋中市面积为 7 342 km²,吕梁市面积为 21 240 km²。山西示范区范围见表 1-1。

表 1-1　山西示范区范围

市名	县(市、区)名称
太原市	太原市市辖区、古交市、阳曲县、清徐县、娄烦县
晋中市	寿阳县、榆次区、太谷县、祁县、平遥县、介休市
吕梁市	兴县、岚县、临县、方山县、交城县、离石区、柳林县、文水县、汾阳市、中阳县、孝义市、石楼县、交口县

示范区在山西省所处的地理位置及范围(蓝色线所圈范围)见图 1-2,示范区河流分布见图 1-3,示范区地形图见图 1-4。

示范区内太原市的地理位置处于山西高原中部,晋中盆地(也称太原盆地)北端,汾河中上游地带。北纬 37°27′~38°25′,东经 110°30′~113°09′。北邻忻州,西靠吕梁,东、南与晋中接壤。东西长 144 km,南北宽 107 km,疆界周长 563 km,其平面图略呈一倒三角形。太原市占山西省总面积的 4.5%,山地、丘陵、平川的比例大体是 5∶3∶2。在总土地面积中,耕地面积 15.75 万 hm²,占 23%;园地 1.65 万 hm²,占 2%;林地 17.2 万 hm²,占 25%;牧草地 4.19 万 hm²,占 6%;水域面积 1.9 万 hm²,占 3%。

太原市北、西、东三面环山,地势较高,中部陷落,南部低平,呈典型簸箕状倾斜。丘陵山区约占总土地面积的 80%,盆地平川占 20%。海拔从 2 659.8 m 到 753 m,平均 800 m 左右。汾河自西北向东南纵贯全市 100 km。

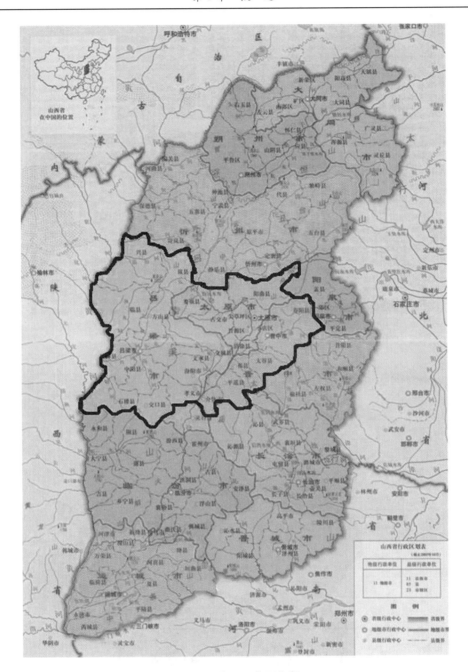

图 1-2　山西示范区位置

山西示范区内的晋中市地处黄土高原东部边缘,地理坐标为东经 111°23′~114°28′,北纬 36°39′~38°06′,地势东高西低,山地、丘陵、平川呈阶梯状分布,大部分地区海拔在 1 000 m 以上。东部和中部地形以山地、丘陵为主。

晋中全市占山西省土地总面积的 10.5%,居山西省 11 个地(市)第 4 位。其中,耕地面积 585.4 万亩,园地 47.38 万亩,林地 533.44 万亩,牧草地 161.92 万亩,水域面积 51.54 万亩。

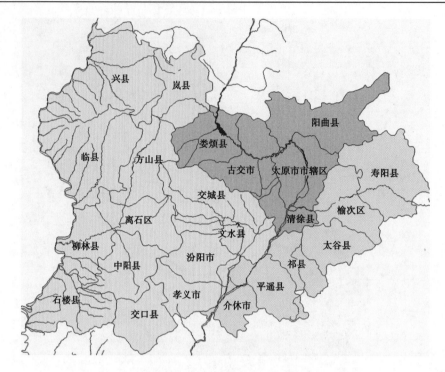

图1-3　山西示范区河流分布

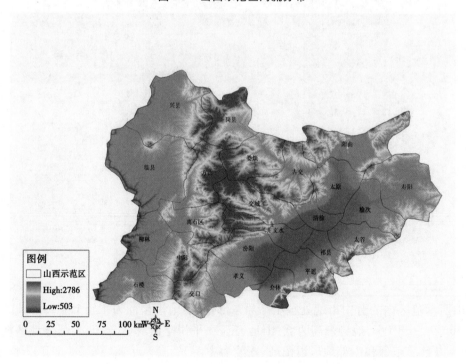

图1-4　山西示范区地形图

山西示范区内吕梁市地理位置为北纬 36°43′~38°43′ 和东经 110°22′~112°19′。地势由东向西、自北向南倾斜。境内的吕梁山脉纵贯全境、呈北东—南西向延伸,并构成本市的地貌主干。其中:东部平川区是吕梁山地向汾河谷地的延伸部分,属晋中盆地边缘,地面平坦,耕作精细,土壤肥沃;西部黄土丘陵区是吕梁山地向黄河峡谷的延伸部分,除少数高大山体外,整个地表均为深厚黄土覆盖,地面切割支离破碎,梁、峁、丘状地相间,沟壑广布,水土流失严重;吕梁山地区一般海拔 1 000 ~ 2 000 m。东西宽约 142.16 km,南北长约 200 km。

1.4.1.2 山西示范区社会经济情况

山西示范区内 2009 年总人口 949.7 万人,农村人口 446.7 万人,农村人口占总人口的 47%。地区生产总值 2 455.4 亿元,粮食产量 226.8 万 t。

山西示范区太原市、晋中市和吕梁市地区的人口、土地面积、地区生产总值和粮食总产量等社会经济情况见表 1-2。

表 1-2 示范区社会经济情况

序号	地区	县名	总人口（万人）	农村人口（万人）	土地面积（km²）	地区生产总值(亿元)	粮食总产量(t)
1		太原市区	285.2	46.7	1 460	1 237.8	115 491.3
2		清徐县	30.9	25.7	609	71	117 937.5
3	太原市	阳曲县	14.5	11.4	2 059	17.5	64 233
4		娄烦县	12.5	9.9	1 276	8	11 828
5		古交市	22	7.7	1 584	26	9 046
	太原市合计		365.1	101.4	6 988	1 360.3	318 535.8
6		榆次区	55.7	15.1	1 327	135.5	178 676
7		寿阳县	21.5	15.6	2 110	52.3	213 260
8	晋中市	太谷县	30	18.8	1 034	39.6	175 840
9		祁县	26.6	17.2	854	36.1	180 248
10		平遥县	49.8	34	1 260	57.2	212 720
11		介休市	39.1	15.2	757	140	94 521
	晋中市合计		222.7	115.9	7 342	460.7	1 055 265

续表 1-2

序号	地区	县名	总人口（万人）	农村人口（万人）	土地面积（km²）	地区生产总值（亿元）	粮食总产量（t）
12		离石区	25.2	4.7	1 339	49.2	20 024.3
13		文水县	42.9	32.4	1 068	33.4	233 476.9
14		交城县	22.1	12.6	1 822	39.6	42 793.2
15		兴县	27.9	21	3 165	18.2	66 015.8
16		临县	59.3	45	2 979	21.3	90 872.9
17		柳林县	30.3	21.4	1 289	130.1	29 996.5
18	吕梁市	石楼县	10.9	7.5	1 808	3.7	27 334.9
19		岚县	17.5	13.4	1 514	9.5	50 702.1
20		方山县	14.6	11.1	1 434	16.2	23 884.6
21		中阳县	14.2	8.4	1 441	33.4	19 824.6
22		交口县	11.6	7.9	1 260	12.4	27 067.7
23		孝义市	44.1	19.6	946	200.5	94 586.2
24		汾阳市	41.3	24.3	1 175	66.9	167 579.7
	吕梁市合计		361.9	229.4	21 240	634.4	894 159.4
	示范区合计		949.7	446.7	35 570	2 455.4	2 267 960.2

注:资料来源于《太原统计年鉴 2010》《晋中统计年鉴 2010》和《吕梁统计年鉴 2010》。

1.4.1.3 山西示范区水文气象

太原市属于暖温带大陆性季风气候,四季分明。冬季干冷严寒;春季回暖迅速;夏季雨量集中,日温差较大;秋季天高气爽,气温稳定少变。光热资源丰富,年平均温度 7.6 ~ 10.2 ℃。1 月最冷,平均气温 6.8 ℃;7 月最热,平均气温 23.5 ℃。全年日照时数 2 808 h。无霜期 163 ~ 184 d。年均降水量 420 ~ 460 mm。降水年均总量基本满足作物生长需求,但因降水量年度变化大,季节分配又不均匀,造成十年九旱和水土流失严重。灾害性天气以干旱为主,雹、洪、风、冻等时有发生。

太原市东、西、北三面环山,中部为冲积平原,地形复杂,大气垂直变化大,地形气候明显。在同一时间内,境内海拔最高处和最低处的温差可达 12 ℃。根据日平均气温稳定大于或等于 22 ℃ 为夏季、小于等于 10 ℃ 为冬季、10 ~ 22 ℃ 为春秋季节的划分原则,太原地区可划分为以下四个类型:①四季分明的温暖区,包括南城区、北城区、河西区、南郊区、北郊区和清徐县等海拔为 760 ~ 900 m 的盆地平川地区。这些地区春季长 71 d,夏季长 56 d,秋季长 61 d,冬季长 177 d。②冬长夏短温和区,包括东山和西山丘陵区、阳曲县丘陵区、古交市和娄烦县的河谷地区,其海拔为 600 ~ 1 200 m。这些地区春季长 71 d,夏季长 51 d,秋季长 61 d,冬季长 180 d 以上。③夏季不明显的温凉区,包括东山、西山、阳曲县、古交市和娄烦县海拔为 1 200 ~ 1 500 m 的山区。这些地区春季长 71 d,秋季长 56 d,

冬季长达 202 d,夏季的气候很凉爽,气温在 22 ℃以上的天气只有 30 d 左右。④冬长无夏的凉爽区,该区为海拔 1 500 m 以上的山地,这些地方没有夏天,春秋两季在 140 d 左右,冬季长达 220 d,气候相当寒冷。

晋中地区属暖温带大陆性季风气候,季节变化明显。总的特征为春季干燥多风,夏季炎热多雨,秋季天高气爽,冬季寒冷少雪。全年太阳日照时数平均为 2 530.8 h。年平均气温 9.4 ℃,其中平川区平均为 10.4 ℃,东山区平均为 8.1 ℃。年平均无霜期 151 d,其中平川区为 160 d,东山区为 140 d。降水主要集中在夏季 6 ~ 8 月,年平均降水量 479.6 mm,其中平川区为 437.4 mm,东山区为 530.3 mm,东山区比平川区偏多 92.9 mm。年平均蒸发量为 1 718.4 mm,一般平川区大于东山区。

受境内复杂的地形影响,气候带的垂直分布和东西差异比较明显,总体表现为热量从东向西递增,降水则自东向西递减,即气温西部平川高于东部山区,年较差为 28.2 ~ 30.4 ℃,降水东部山区多于西部平川,一年最多相差 160 mm。极端最高气温出现在平遥县,达 39.6℃(1999 年 7 月 30 日),为全市最高值。

吕梁市属温带大陆性季风气候。春季干燥多风、降水稀少,夏季炎热、雨量丰沛,秋季凉爽,冬季寒冷、雨雪少。全年日照时数达 2 476 ~ 2 871 h,年平均气温 6.7 ~ 10.4 ℃,无霜期 133 ~ 178 d,年降水量为 464 ~ 607 mm(多年平均降水量为 506 mm,折合降水量 106.7亿 m³),且大部分集中在 6 ~ 8 三个月降落。气象灾害频繁,主要有干旱、洪涝、冰雹、霜冻和大风。

吕梁市地形复杂,气候各异,根据农业气候资源和气候条件,全市可分为四个不同的气候区域。①晋西。丘陵,春轻旱,夏微旱农业气候区,主要包括吕梁山西坡临县以南的离石、柳林、石楼等地区。光热资源在全市趋于中等状况,降水多集中在 7 ~ 9 月,降水强度大,多大雨、暴雨。由于坡陡沟多,垦殖过度,易发生洪涝灾害。春季温高雨少,土地裸露,多大风扬沙天气,春旱时有发生,直接影响春播工作。②兴县。丘陵温和,春干旱,夏轻旱农业气候区,包括兴县和紫金山以北的黄河沿岸地区。主要气候灾害:一是干旱严重,春季干旱明显;二是降水集中,强度大,多暴雨天气,水土肥流失严重;三是秋霜冻来得早,常因霜冻造成大秋作物减产。③吕梁山区。高寒,春微旱,夏不旱农业气候区,本区包括吕梁山主体山脉,汾河上游河谷间山小盆地及部分高原、垣地等,北至岚县、南至交口。地势较高,气候寒冷,生长期短,气候垂直变化明显。水热资源分布不协调,中高山区降水少,水土流失严重,农作物产量很低。④盆地。温暖,春干旱,夏轻旱农业气候区,包括交城、文水、汾阳、孝义四县平川的半山区。本区光热资源丰富,平川地区生长期长,灌溉条件好。

1.4.2 江西示范区

1.4.2.1 江西示范区自然地理

江西省位于长江中下游交接处的南岸,地处东经 113°34′ ~ 118°28′,北纬 24°29′ ~ 30°04′,东邻浙江、福建,南连广东,西接湖南,北毗湖北、安徽。北控长江,上接武汉三镇,下通南京、上海,东南与沿海开放城市相邻。江西省地形复杂,南高北低,边缘群山环绕,中部丘陵起伏,北部平原坦荡,周边渐次向鄱阳湖区倾斜,形成南窄北宽以鄱阳湖为底部的盆地状地形。

江西示范区位于江西的中西部,地理位置为东经 113°49′~113°26′,北纬 26°08′~28°51′。示范区包括宜春、吉安和新余 3 个地级市的 19 个县级区,总面积为 36 957 km²,宜春、吉安和新余 3 个地级市面积分别为 12 899 km²、20 893 km² 和 3 165 km²。江西示范区范围见表 1-3。

表 1-3　江西示范区范围

地级市	县(市、区)名称
宜春市	袁州区、樟树市、高安市、奉新县、万载县、上高县、宜丰县
吉安市	吉安市区、吉安县、吉水县、峡江县、新干县、永丰县、泰和县、万安县、安福县、永新县
新余市	渝水区、分宜县

示范区在江西省所处位置及范围(蓝色线所圈范围)见图 1-5,示范区内河流分布见图 1-6,示范区地形图见图 1-7。

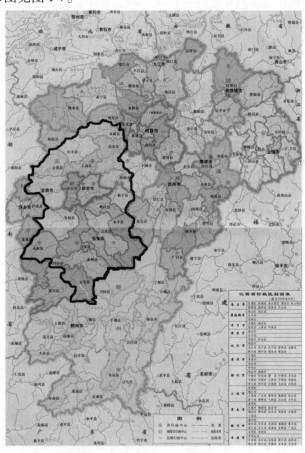

图 1-5　江西示范区位置及范围

图1-6 江西示范区河流分布

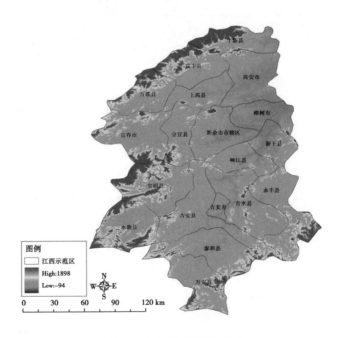

图1-7 江西示范区地形图

示范区内的宜春市位于东经113°54′~116°27′,北纬27°33′~29°06′。境内以丘陵、山地为主,全境地形由北向南、由西向东倾斜。全市东西长约 222.75 km,南北宽约 174 km。耕地面积 48.22 万 hm²,人均占有耕地 0.09 hm²,耕地中有效灌溉水田地 32.17 万 hm²。水域面积 7.14 万 hm²,其中河流水面 2.04 万 hm²,湖泊水面 0.06 万 hm²,水库水面 2.28 万 hm²,坑塘水面 2.76 万 hm²。未利用土地 10.01 万 hm²。

示范区内的吉安市地处江西省的中西部,罗霄山脉中段,地理位置为东经 113°46′ ~ 115°56′,北纬 25°58′ ~ 27°57′。地势自西南向北,由边缘及里徐徐倾斜,逐级降低,中间形成吉泰盆地,地貌以山地和丘陵居多。全市约占江西省国土总面积的 15.16%,其中山地面积约为 7 270 km²,丘陵面积为 11 563 km²,两项占全市总面积的 74.52%,平原、岗台及盆谷地面积为 6 438 km²,占全市总面积的 25.48%。

示范区内的新余市位于北纬 27°33′ ~ 28°05′,东经 114°29′ ~ 115°24′,地处江西省中部偏西,浙赣铁路西段,全境东西最长处 101.9 km,南北最宽处 65 km。境内地势南北略高,中部较低平。主要地貌类型为低山、丘陵、阶地及冲积平原。全市土地面积占全省总面积的 1.9%。

1.4.2.2　江西示范区社会经济情况

示范区内宜春市的七个县级区总人口为 381.38 万人,其中农业人口为 278.52 万人,占总人口的 73%。吉安市示范区内总人口为 418.06 万人,其中农业人口为 317.93 万人,占总人口的 76%。新余市总人口 114.03 万人,其中农业人口 49.74 万人,占总人口的 44%。示范区各县级区的具体情况见表 1-4。

表 1-4　江西示范区社会经济情况

序号	地区	县名	总人口（万人）	农业人口（万人）	土地面积（km²）	地区生产总值(亿元)	粮食产量（t）
1		袁州区	103.23	76.19	2 532	95.78	375 182
2		高安市	80.86	61.04	2 439	86.88	686 075
3		樟树市	53.98	37.95	1 287	98.5	516 262
4	宜春市	奉新县	30.81	22.61	1 642	46.9	280 257
5		万载县	50.07	36.91	1 714	45.3	255 900
6		上高县	34.21	24.17	1 350	54.57	285 561
7		宜丰县	28.22	19.65	1 935	36.8	248 895
宜春市合计			381.38	278.52	12 899	464.73	2 648 132

续表1-4

序号	地区	县名	总人口（万人）	农业人口（万人）	土地面积（km²）	地区生产总值(亿元)	粮食产量（t）
8	吉安市	吉安市区	53.66	29.31	1 340	90.64	224 250
9		吉安县	46.42	36.77	2 122	59.24	424 256
10		吉水县	51.07	38.20	2 506	48.76	545 165
11		峡江县	17.77	13.35	1 298	23.60	230 281
12		新干县	32.09	25.13	1 245	43.51	329 010
13		永丰县	44.09	36.35	2 710	52.53	319 908
14		泰和县	53.99	43.18	2 660	62.92	500 003
15		万安县	30.27	25.07	2 038	26.30	261 015
16		安福县	39.24	30.50	2 793	53.36	318 373
17		永新县	49.46	40.07	2 181	37.93	284 200
吉安市合计			418.06	317.93	20 893	498.79	3 436 461
18	新余市	渝水区	81.66	25.63	1 776	403.93	455 531
19		分宜县	32.37	24.11	1 389	80.24	145 069
新余市合计			114.03	49.74	3 165	484.17	600 600
示范区合计			913.47	646.19	36 957	1 447.69	6 685 193

注:资料来源于《宜春统计年鉴2009》《吉安统计年鉴2010》和《新余市2009年国民经济和社会发展统计公报》。

示范区内宜春市地区生产总值为464.73亿元,其中工业产值202亿元,农业总产值为183亿元。吉安市示范区内的地区生产总值为498.79亿元,其中工业产值为194亿元,农业总产值为197亿元。新余市示范区内的地区生产总值为484.17亿元,其中工业产值为248.5亿元。

1.4.2.3 江西示范区水文气象

宜春市属亚热带季风湿润区,四季分明,春秋季短而夏冬季长,冬季冷而夏季热,春季湿而秋季干,热量丰富,降水充沛,日照充足,霜期短,气候资源丰富,有利于农作物和林木生长。全市年平均气温16.2～17.7℃,东南部较高,西北部较低;全市平均年降水量为1 624.9 mm。4～6月降水量全市平均为754.2 mm,占年降水量的46.4%;全市年平均日照时数1 737.1 h。

吉安市气候属亚热带季风湿润区,气候温和,日照充足,雨量充沛,无霜期长。全市各地多年平均气温为17.1～18.6℃,年平均积温6 300℃,多年平均降水量为1 360～1 577 mm,年平均日照数1 720～1 800 h,年均无霜期281 d。

新余市属亚热带湿润性气候,具有气候温和、日照充足、四季分明、雨量充沛、无霜期长等特点。全市多年平均气温17.7℃。全年无霜期276 d,多年平均降水量1 588.3 mm,多年平均径流深794.2 mm,多年平均蒸发量为1 487 mm。

第 2 章　旱情多源信息同化融合技术

2.1　多源信息同化融合的概念

多源信息同化融合技术是研究对多源不确定信息进行综合处理及利用的理论和方法。其通过对多个来源的信息进行多级别、多方面、多层次的处理,产生合理的或是新的有意义的信息。多源信息同化融合包括了多源信息同化和多源信息融合。它们的共同点都是利用了多个来源的信息进行分析处理,但是处理方法和结果是不一样的。

2.1.1　多源信息同化的概念

多源信息同化是将各种不同来源、不同时空、不同观测手段获得的数据和资料与数学模型有机结合,不断更新系统状态与参数,建立数据与模型相互协调的优化关系,提高物理过程模拟或预报精度的技术。信息同化的作用主要是实现对系统时空状态的估计、对模型参数的校正、对系统模拟与预测精度的提高。

早在 20 世纪五六十年代数据同化就被成功地应用于数值天气预报,之后在海洋预测系统中也得到广泛应用,直到 20 世纪 90 年代才被用来研究陆面过程。陆面数据同化是在大气和海洋数据同化研究的基础上迅速成长起来的一个崭新的领域,其核心思想是在陆面过程模型的动力框架内,融合不同来源和不同分辨率的直接与间接观测,将陆面过程模型和各种观测算子集成为不断地依靠观测而自动调整型轨迹,并且减小误差的预报系统。水文数据同化正是陆面过程同化里的一个重要内容,主要是将水文模型拟合结果与地面实际观测、遥感卫星观测数据相融合,以不断更新水文模型状态变量与参数,提高水文过程模拟与预报精度。

2.1.2　多源信息融合的概念

多源信息融合是把多源信息综合或者混合成一个整体的过程。信息融合的目标是基于各信源分离观测信息,通过对信息的优化组合导出更多的有效信息,以获得对目标的准确判断和对情势的评估。随着科学技术的发展,多渠道的信息获取、处理和融合成为可能。因此,对多个信息进行处理和综合的信息融合技术在许多领域得到了广泛的、成功的应用。

在多源系统中,各信源提供的信息可能具有不同的特征:时变的或者非时变的,实时的或者非实时的,快变的或者缓变的,模糊的或者确定的,精确的或者不完整的,可靠的或者非可靠的,相互支持的或者互补的,也可能是相互矛盾的或者冲突的。多源信息融合的基本原理就像人脑综合处理信息的过程一样,它充分地利用多个信息资源,通过对各种信源及其观测信息的合理支配与使用,将各种信源在空间和时间上互补,与冗余信息依据某种优化准则组合起来,产生对观测环境的一致性解释和描述。也就是说,信息融合是将来自多种信息源的多个观测信息,在一定准则下进行自动分析、综合,获得单个或单类信息所无法获得的有价值的综合信息,达到获取比使用单源信息更高精度和更加明确推断的目的。多源信息融合被定义为一种多层次、多方面的处理过程,包括对多源数据进行检测、相关、组合和估计,从而提高状态和特征估计的精度,以及对整个情势和威胁及其重要程度进行适时的完整评价的信息处理手段。

2.2　旱情评估中的多源信息同化融合

2.2.1　旱情信息来源分析

对多源信息的应用是未来干旱管理的重要趋势,对旱情信息的同化融合处理必将成为当前干旱研究的热点。在旱情监测评估中,由于形成干旱的原因不同及受旱对象的不同,存在着多种类型的干旱,旱情信息因此也会有多个来源。一般来说,干旱可划分为气象干旱、农业干旱、水文干旱和社会经济干旱四种类型。

(1)气象干旱是指某时段内由于蒸发量和降水量收支不平衡,水分支出大于水分收入而造成的水分短缺现象。气象干旱最直观的表现是降水量减少,其原因或是降水异常短缺,或是高温、地面风速等影响使得蒸散量异常增大。

(2)农业干旱是指由于外界环境因素造成作物水分亏缺,影响正常生长发育,导致明显减产甚至绝收的一种农业气象灾害。从农业干旱定义可以看出,气象干旱是农业干旱的先兆,降水与蒸发不平衡使得土壤含水量下降、作物所需水分不能满足,最终影响作物的正常生长。农业干旱的发生除了受降水量、降水性质、气温、光照和风速等气象因素影响,还与土壤性质、种植制度、作物种类、生育期等有关,因此分析农业干旱时通常要从农作物本身和水分两个方面考虑。除了气象干旱,土壤干旱也是引起农业干旱的重要因素。

(3)水文干旱是指降水和地表水或地下水收支不平衡造成的异常水分短缺现象。由于地表径流是大气降水与下垫面调蓄的综合产物,它在一定程度上反映了降水与下垫面的关系。通常用河道径流量、水库蓄水量和地下水位值等指标来描述水文干旱。水文干旱与河流、湖泊、水库和水塘的水位偏低或蓄水量偏少相关。水文干旱出现较为缓慢,与气象干旱和农业干旱相比,其滞后性较为明显。水文干旱发生常常会导致城市和农村供水紧张、人畜饮水困难,也会引起农业干旱加重,导致社会经济干旱等一系列严重的后果。一般采用年(或月)径流量、河流平均日流量、水位等小于某个数值作为分析水文干旱的指标。

(4)社会经济干旱是指自然降水系统、地表水和地下水分配系统及人类社会供需水系统这三大系统不平衡造成的水分短缺现象。因此,社会经济干旱一般用水分供需平衡方法来进行分析研究。社会经济干旱评价指标主要评估干旱造成的经济损失,通常与一些经济商品的水供需关系联系在一起,如粮食生产、发电量、航运、旅游效益及生命财产损失等。

以上四类干旱之间存在着互相联系、互相影响的关系,其关系如图 2-1 所示。在这四类干旱中,气象干旱是最基本也是最普遍的,与其他三类干旱相比较,气象干旱发生的频率也较高,其他几类干旱的发生一般较气象干旱滞后。在众多的影响因素中,降水量减少不仅是气象干旱发生的根本原因,而且是引发其他类型干旱发生的重要自然因素。譬如在农业上,降水量减少持续一段时间之后土壤水分不足,造成农田缺水,影响农作物正常生长,发生农业干旱;降水量的持续减少导致河流径流、水库水位、湖泊水位、地下水位下降而发生水文干旱;如果水资源短缺现象持续发生,使得供水系统不能满足人们的生产、生活对水的需要,工业生产、航运、发电等行业因旱遭受经济损失,出现社会经济干旱。

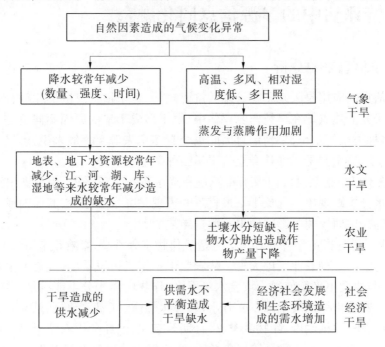

图 2-1　四种类型干旱关系示意图

从不同角度对干旱形成的因素有不同认识,形成不同的干旱定义,但若从四种干旱类型的相同点出发,可将干旱综合定义为因来水异常缺少造成长时间水分的收支或供求不平衡而形成的水分短缺现象。

目前,国内所研究的干旱随着关注的部门不同,其侧重点也有所不同,所利用的信息源也各不相同。例如,气象部门关注的是气象干旱,主要利用的信息是降水和气温;水文部门关注的主要是水文干旱,利用的信息主要是降水、河道径流和土壤墒情;而农业部门所关注的是农业干旱,所利用的信息主要是降水、土壤墒情和农作物受旱情况。实际上各种类型干旱是相互作用、相互影响的。气象干旱的发生主要是降水量短缺造成水分收支不平衡;而农业干旱发生既受到大气降水的制约,还受到水文及环境影响。对于水利基础设施较好的地区来说,即使发生了气象干旱,也不一定发生农业干旱;而对于自然条件脆弱、雨养农业地区,一旦发生气象干旱,则会立即导致农业干旱。反之,农业干旱时,土壤的缺水状态既会加重近地气层的大气干旱,又会在一定程度上反作用于气象干旱;同时,伴随着农业干旱的发生,农业灌溉用水量增加,特别是抽取地下水和调用库水等,又加重水文干旱;工业用水和人类生活用水的增加,也会加重水文干旱及社会经济干旱。反之,水文干旱使得大气中湿度减少,也会加剧气象干旱和农业干旱。对社会经济干旱来说,它是气象干旱、农业干旱和水文干旱的综合结果。同时,随着工业的发展和人口的增长对水资源的需求量变大,水文干旱更容易发生,同农业用水产生矛盾之后又加重农业干旱。城市和工业的发展改变局地气候,作用于气象干旱,加速了干旱化的步伐。

本次研究以农业干旱为主,同时考虑各类干旱的相互影响、相互作用,充分、全面地利用各方面的旱情信息,综合分析和评估旱情,力求能够准确、及时地反映实际旱情的严重程度,为防旱抗旱提供可靠的背景资料。

2.2.2　多源旱情信息的获取

旱情是指干旱的表现形式和发生发展过程,包括干旱历时、影响范围、发展趋势和作物受旱程度等。引起干旱的因素有多种,人们观察干旱的角度也有多个,这些使得旱情信息来自于多个方面。从信息获取来源来看,旱情信息的信源分别来自于高空、大气、下垫面、河流、农田等,见图 2-2。从数据获取方式来看,有实时监测、图像反演、调查统计、模型计算等手段。

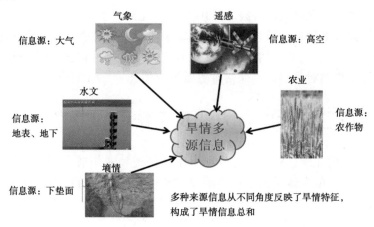

图 2-2　旱情信息源示意图

这些信源提供的旱情信息主要包括降水量、蒸发量、气温、土壤含水量、河川径流量、水库蓄水量、地下水水位(埋深)、农作物缺墒面积、干枯面积、受旱、成灾面积、作物缺水量、农田地表温度和作物生长指数等。这些旱情信息分别从不同角度反映旱情的特点和现象:降水量减少、蒸发量增加、河流水位降低、水库蓄量低、土壤缺墒、作物需水不能满足等。充分利用这些信息,可以克服仅凭单一信息来评估旱情的片面性,对旱情有一个全面、综合的评估。

2.2.3　旱情信息同化融合的意义

目前,我国对旱情的监视和评价,都是依据监视旱情部门所关注的侧重点,根据各自所掌握的旱情信息对旱情严重程度进行评价。例如,气象部门主要依据降水、气温等气象信息,农业部门主要依据作物缺水、受旱面积、土壤墒情等作物生长信息,水文部门主要依据河流来水、水库蓄水等水文信息来评价旱情。旱情是由多个因素共同影响而发生的,单方面的信息只能反映旱情的某个方面,并不代表旱情全部。只有充分利用所有的旱情信息,从各个角度来审视旱情,评价旱情,将注意力集中到所关注的旱情,这样才能够全面、完整地评价旱情,为防旱减灾提供准确信息。

旱情多源信息数据间存在着信源不同、获取方式(实测、模拟、反演、统计等)不同,在数据属性上存在着时间尺度(时、日、旬、月、年)不同、空间尺度(点、面、区域、流域)不同等差异。在利用这些旱情数据进行旱情监测评价时需要充分考虑到这些信息的共同点和不同点,在保证这些数据信息量不流失的基础上进行处理和概化,使这些数据可以放在同一个时空进行比较分析和综合评价,多源信息的同化和融合技术的应用,正是有效解决这个问题的最好技术途径和方法。

旱情多源信息同化融合技术,是应用信息同化融合技术对多个信息源的多个旱情信息在一定的准则下进行处理的方法,是一个多层次、多方面的把多源信息综合或混合成一个整体信息处理过程,可以将反映同一方面的旱情信息通过同化方法提取出一致的信息,应用信息融合技术,将不同方面的旱情信息通过位置级融合、特征融合、态势评估和威胁估计等方法完成对旱情信息的融合。

由此可知,多源信息同化融合技术应用到旱情监测和评估中,可以克服单一信息评估旱情的片面性,融合多种旱情信息,达到实现对旱情及趋势的全面监视和评估的目的。这种技术的应用可提高对旱情评估的全面性和与实际旱情的准确度,可提升对干旱进行科学管理的水平,在我国对旱情监测评估有着重要应用和推广价值。

2.3　旱情信息同化融合方法及系统

旱情多源信息同化融合技术是充分利用现代科技和通信技术,基于现代观测手段进行地下—地表—大气的立体旱情信息监测,对与旱情密切相关的墒情、雨情、水情、工情数据进行动态监测和综合分析评估,在对旱情各种来源信息的时间、空间特征的统计分析基础上,分析多源信息之间的内在联系,定量描述旱情的动态变化过程;可快速、准确地捕捉旱情分布及其演变信息,准确分析受旱程度和旱情发展趋势,科学地评估旱情的严重程度。

2.3.1　旱情信息同化技术应用和方法

2.3.1.1　旱情信息同化技术应用

旱情信息同化技术的应用主要在水文、气象和农情等方面,对实测信息、分析信息与模拟信息进行同化。其中,水文信息的同化是将地面实际观测数据、遥感卫星反演数据与水文模型拟合结果进行对比分析,以不断更新水文模型状态变量与参数,从而提高水文过程模拟与预报精度。水文信息同化的数据对象按来源可以分为两类:①地面观测数据,包括降水、土壤含水量、水位、流量;②遥感观测数据,包括土壤含水量、地面温度、地面植被覆盖、作物生长指数等。水文信息同化研究的目的是改进对水文过程的模拟,正确估计土壤水分、地表蒸散发、模拟径流运动等,以提高旱情监测信息和预测信息的精度。

本次研究中,在山西示范区应用了旱情信息同化技术来解决土壤墒情实测点与面之间的关系,也就是利用实际观测点的墒情数据,以及由卫星遥感图片反演得到的地表土壤含水量数据,来对分布式水文模型的参数进行优化、调整。在旱情监测过程中,土壤水分是对旱情进行识别的最为关键的变量,它影响地表能量通量、径流、辐射平衡、物质迁移等。土壤水分的准确估计在旱情监测过程中起着重要作用。土壤水分的空间、时间变化非常大,水文模型虽然可以模拟土壤水分的连续变化,但随着时间的演进,误差不断累积,导致模拟结果较差。应用数据同化技术,通过建立陆地数据同化系统,把相关的多源信息(地表观测、卫星、雷达等)融入陆面过程模型或水文模型,在有观测的时间段校正模型对土壤水分的预报值,降低误差的累积,可以提高对这些变量的估算精度。这就是墒情实测数据、遥感数据与模型模拟数据同化技术。

本次研究中,旱情信息同化技术的另一个应用是对山西和江西示范区的农作物生长模型参数的调整和优化,提高模型对作物受旱的模拟精度。这里是利用由卫星遥感反演出的作物生长指数和由农业旱情模型模拟的作物长势进行信息同化,优化和调整仿真模型的参数,使得模型模拟结果更接近实际。农业旱情的信息主要来自于对农作物外在的观察和描述、卫星遥感图片分析结果以及农业旱情模型,这些信息在时间和空间尺度以及确定性上存在着差异,农作物生长模型通过模拟农作物生长过程来模拟农业旱情,主要从作物生长的机理来模拟农作物受旱情况,与实际农业旱情的描述还存在误差,需要应用数据同化技术,把相关的同步观察信息、遥感信息等相关信息融入农作物生长模型中,对模型的状态变量和参数进行不断更新和修正,提高对农作物受旱状况的模拟效果。

2.3.1.2　旱情信息同化技术方法

目前,常用到的数据同化方法主要有最优统计插值法、逐步订正法、四维变分法、Kalman 滤波法、集合 Kalman 滤波法等。

1. 最优统计插值法

它最早由 Gandin 在 1963 年提出,用于把不规则观测站点的数据内插到规则网格。该方法基于观测、仿真模式模拟误差的统计特性,以线性最小平方估计理论为基础,通过分析使方差最小化,在影响区域中得到观测距平的最优化的线性组合,其中最优线性组合的权重是模式格点和观测位置之间的标准化协方差,这是最优估值的一种方法。其优点是能够"自动"地处理精度不同的各种观测数据,并考虑了观测和预报之间的一切线性相关以及观测要素固有的统计结构。

2. 逐步订正法

逐步订正法采用了模拟的结果作为初估场,又不断插入观测值(1 天 1 次),使用这些观测值以及给定的影响半径对初估场进行一次订正,然后使用订正后的分析场作为下一次订正的初估场,同时缩小影响半径,进行下一次订正。这样的循环过程就构成四维数据同化。由于模拟值和观测值相近,并且分析场空间连续性较好,同时又考虑了时间的连续性,因此在这样的基础上进行连续订正,并在订正过程中缩小影响半径,首先可以去掉初估场的大尺度误差,然后使分析场越来越逼近观测场,就比直接插值容易得到较好的效果。

$$f_i^0 = f_i^b \qquad (2\text{-}1)$$

$$f_i^{n+1} = f_i^n + \frac{\sum_{k=1}^{K_i^n} w_{ik}^n (f_k^0 - f_k^n)}{\sum_{k=1}^{K_i^n} w_{ik}^n + \varepsilon^2} \qquad (2\text{-}2)$$

式中：f_i^0 为格点（单元）i 上零次迭代估计值；f_i^b 为背景场在第 i 个格点（单元）上的值；f_i^n 为格点 i 上第 n 次迭代估计值；f_k^0 为格点（单元）i 周围的第 k 个观测值；ε^2 为观测误差方差与背景场误差方差的比率的估计值；K_i^n 为距离格点 i 为 R_n 内的观测值总数；w_{ik}^n 为权重。

逐步迭代法的权重 w_{ik}^n：

$$w_{ik}^n = \frac{R_n^2 - r_{ik}^2}{R_n^2 + r_{ik}^2} \quad (r_{ik}^2 < R_n^2) \qquad (2\text{-}3)$$

$$w_{ik}^n = 0 \quad (r_{ik}^2 > R_n^2) \qquad (2\text{-}4)$$

式中：R_n 为以格点为中心的影响半径，通常是分析格距的倍数；r_{ik}^2 为观测点 r_k 和格点 r_i 之间距离的平方。

逐步订正法得到的最后分析值实际上是各种可利用的信息加权平均。逐步订正法简单经济，能产生合理的分析。

逐步订正法存在几个无法解决的问题：当作为初估场的分析场模拟精度高于观测的精度时，再用观测值来对初估场进行订正已经失去意义；观测站点的权重取决于观测站点相对于格点（单元）的位置，而没有考虑观测数据本身特性。

3. 四维变分法

四维变分法由 Talagrand 在 1986 年提出。它利用变分法的思想，把求解微分方程组问题转化成一个极值问题，通过模式方程的解和不同时次观测资料的全局调整达到同化的目的。四维变分同化的基本原理：首先构造了一个目标泛函（罚函数或目标函数），它的定义域是模式积分的时空域，函数由观测、分析和预报三者中两两的方差之和构成。把模式方程作为该泛函的约束条件，这样，观测值的同化问题就转化为具有约束的变分问题。四维变分同化方法采用了比逐步订正法及最优插值法和模式向前、向后积分法等更加优越的伴随方法，大大提高了计算效率。

4. Kalman 滤波法

1960 年，Kalman 等针对随机过程状态估计提出 Kalman 滤波的思想。它包括时间更新和观测更新两个步骤。在时间更新阶段根据前一时刻的模式状态生成当前时刻模式状态的预报值。在观测更新阶段，引入观测数据，利用最小方差估计方法对模式状态进行重新分析。该方法利用协方差矩阵模拟方程来计算，模式模拟误差随模式向前模拟随时调整。Kalman 滤波在提供变量估计值的同时还给出了估计值的误差。

但是 Kalman 滤波方法理论上只适用于线性模式，虽然可以通过泰勒展开扩展到弱非线性模式（EKF），其计算量随着状态变量的个数呈立方增长，但计算代价非常大。

5. 集合 Kalman 滤波法

集合 Kalman 滤波数据同化（Ensemble Kalman Filter，简称 EnKF）方法是 1994 年

Evensen 首先提出来的,是基于 Monte – Carlo 的一种近似的数据同化方法。通过 Monte2Carlo 法(总体积分法)来计算状态的预报误差协方差。将模式状态预报看成近似随机动态预报,用一个状态总体(设数目为 N)去代表随机动态预报中的概率密度函数,通过向前积分,状态总体很容易计算不同时间的概率密度函数所对应的统计特性(如均值与协方差)。集合 Kalman 滤波法的最大特点是它克服了 Kalman 滤波要求线性化的模型算子和观测算子的缺点。

2.3.2　旱情信息融合技术应用与方法

2.3.2.1　旱情信息融合技术应用

　　旱情多源信息融合技术应用为旱情监测和评估提供了一个良好的技术手段,它将与旱情相关的不同来源的信息比如水文、气象、遥感、模型等所提供的局部不完整的观测信息加以集成与互补,消除多源信息之间存在的冗余和矛盾,考虑不同因素的相互影响和作用,形成对旱情情势及变化相对完整的感知与描述,得到对综合旱情的全面评估,从而提高旱情监测和评估的效率,扩展旱情信息的时空监测范围。

　　从旱情信息融合的层次上来看,可分为五级信息融合处理。其中,第一级是数据级融合,指直接对原始观测数据进行处理筛选,利用所有数据并从中提取有用信息;第二级是位置级融合,主要是根据旱情的特点对旱情信息在时间、空间上融合,包括同一旱情信息的时间递归融合,同一旱情信息的空间融合以及同类旱情信息的融合,以获得旱情发生的范围、位置和时间;第三级是特征级融合,通过提取旱情评估指标特征和对各类旱情等级的识别,为综合旱情识别和评估提供依据;第四级和第五级是决策级融合,在完成了各自的旱情特征识别的基础上,按照一定的判别准则和各类旱情信息的贡献度进行旱情综合状态估计,给出综合旱情的最终判断和评估。

　　在旱情信息融合过程中,应用到多种融合技术和方法,其中有假设检验型信息融合技术、滤波跟踪型信息融合技术、聚类分析型信息融合技术、模式识别型信息融合技术、人工智能型信息融合技术等。

　　在本次研究中,根据旱情渐进发展、涉及面大的特点,采用了基于证据理论的聚类分析型信息融合方法和模式识别型信息融合方法,进行旱情多源信息融合应用研究。聚类分析型信息融合是以统计聚类分析或模糊聚类分析原理为基础,在有多个来源、多种旱情信息的大量监测数据样本的情况下,采用数据关联方法建立单一信息与其他观测信息的关系,以确定它们是否有一个共同类型的过程,使来自同一类的数据自然聚类、不同类数据样本自然隔离,从而实现目标分类和识别。比如,降水距平、标准化降水指数、综合气象干旱指标,虽然表达方式不一样,含义有所差别,但都可以归于气象类,可用于对气象类旱情识别。又如,土壤墒情、作物缺水、作物生长指数从不同角度反映了农作物生长状态,可以归为农业类,用于农业类旱情的识别。

　　模式识别型信息融合以统计模式识别或模糊模式识别原理为基础,对旱情指标特征进行识别,在建立单一来源模式识别准则基础上,确定多个来源模式识别判别准则,通过信息融合处理实现多源信息的分级和识别。

2.3.2.2　旱情信息融合技术方法

多源信息融合集成了传统的学科和新的技术,包括计算机科学、专家系统、决策论、认识论、概率论、模糊逻辑等。在信息融合中利用数学工具将所有输入的数据在一个公共空间内加以有效描述,同时对这些数据进行适当综合,最后以适当的形式输出和表现。目前,已有旱情评估方法主要有层次分析法、模糊法(模糊综合评判、模糊聚类)、人工神经网络法、主成分分析法、灰色系统理论法,还有以水量平衡原理建立的综合评价指标评价法等。在本次研究中主要应用了统计分析技术、模拟仿真技术、信息论技术、综合评价技术联合运用的方式。在旱情信息融合计算中,以证据理论为基础,应用了模糊判断和模糊聚类、层次分析、主成分分析等方法。

1. 证据理论

证据理论产生于 20 世纪 60 年代,由 Dempster 于 1967 年提出,后由 Shafer 加以扩充和发展,所以证据理论又称为 D – S 理论。在证据理论中引入了信任函数,可处理由不知道所引起的不确定性。它采用信任函数而不是概率作为度量,通过对一些事件的概率加以约束,以建立信任函数而不必说明精确的难以获得的概率,当约束限制为严格的概率时,它就进而成为概率论。D – S 证据理论为不确定信息的表达和合成提供了强有力的方法,特别适合于决策级信息融合。用证据理论组合证据后决策是与应用密切相关的问题,有以下几种决策方法:①基于信任函数的决策;②基于基本概率赋值的决策;③基于最小风险的决策。

2. 模糊综合评判法

设旱情影响因素为 $X_1, X_2, X_3, \cdots, X_n$。设 A 为各因素的权重向量, $A = (a_1, a_2, \cdots, a_n)$; R 为各因素隶属度向量组成的隶属度矩阵, R 的表达式为

$$R = \begin{vmatrix} r_{11} & r_{12} & \cdots & r_{1m} \\ r_{21} & r_{22} & \cdots & r_{2m} \\ \vdots & \vdots & & \vdots \\ r_{n1} & r_{n2} & \cdots & r_{nm} \end{vmatrix}$$

W 为 A 与 R 的复合矩阵,即 $W = A \Theta R$。

矩阵 W 中的元素 w_i 可表示为

$$w_i = \sum_{j=1}^{n} r_{ji} a_j, \quad i = 1, 2, \cdots, m \tag{2-5}$$

式中: m 为各影响因素的分级数。

对 W 进行归一化处理,记为 W_0 ,可表示为 $W_0 = (\partial_1, \partial_2, \partial_3, \cdots, \partial_m)$, W_0 为干旱综合评价向量,采用如下计算将其转化为干旱综合指标值。构造干旱指标向量为 $D = (D_1, D_2, \cdots, D_m)$,则干旱指标 DW 计算式为

$$DW = W_0 \cdot D^{\mathrm{T}} = \sum_{i=1} \partial_i d_i \tag{2-6}$$

根据 DW 值大小将旱情划分为四个等级(特大干旱、严重干旱、中度干旱和轻度干旱)。

3. 模糊聚类法

将干旱程度看作是一个相对的模糊概念,采用模糊聚类迭代模型,以模糊权重表示不

同地区基本特征量影响程度的不同。设某地区采用 m 个指标 $c_1, c_2, \cdots, c_m$ 对干旱程度进行评估,有 n 年的样本,干旱的严重程度分为 c 个等级,则样本集可用 $m \times n$ 阶指标特征值矩阵表示为

$$X = (x_{ij})_{m \times n} \tag{2-7}$$

式中: x_{ij} 为样本 j 指标 i 的特征值; $i = 1, 2, \cdots, m; j = 1, 2, \cdots, n$。

为消除指标特征值量纲的影响,对指标特征值进行格式化。

越大越优型指标

$$r_{ij} = \frac{x_{ij}}{r_{i\max}} \tag{2-8}$$

越小越优型指标

$$r_{ij} = \begin{cases} \dfrac{x_{i\min}}{x_{ij}}, & x_{i\min} \neq 0 \\[3mm] 1 - \dfrac{x_{ij}}{x_{i\max}}, & x_{i\min} = 0 \end{cases} \tag{2-9}$$

得到指标特征值规格化矩阵

$$R = \begin{bmatrix} r_{11} & r_{12} & \cdots & r_{1n} \\ r_{21} & r_{22} & \cdots & r_{2n} \\ \vdots & \vdots & & \vdots \\ r_{m1} & r_{m2} & \cdots & r_{mn} \end{bmatrix} = (r_{ij}) \tag{2-10}$$

干旱的严重程度分为 c 个等级,对 n 年的样本进行评估,首先要对其进行聚类,得出 c 个级别 m 个指标的聚类中心矩阵

$$S = (s_{ih}) \tag{2-11}$$

式中: s_{ih} 为类别 h 指标 i 的聚类中心规格化数, $0 \leqslant s_{ih} \leqslant 1$; $i = 1, 2, \cdots, m; h = 1, 2, \cdots, c$。

设模糊聚类矩阵为

$$U = (u_{hj}) \tag{2-12}$$

式中: u_{hj} 为样本 j 隶属于类别 h 的相对隶属度; $h = 1, 2, \cdots, c; j = 1, 2, \cdots, n$,满足条件:

$$\begin{cases} \displaystyle\sum_{h=1}^{c} u_{hj} = 1, & \forall j \\[3mm] 0 \leqslant u_{hj} \leqslant 1, & \forall h, \forall j \\[3mm] \displaystyle\sum_{j=1}^{n} u_{hj} > 0, & \forall h \end{cases} \tag{2-13}$$

考虑不同指标对聚类的影响不同,引入指标权重向量:

$$W = (w_i), i = 1, 2, \cdots, m \tag{2-14}$$

式中: w_i 为指标 i 的模糊权重。

可得到模糊聚类循环迭代模型:

$$u_{hj} = \begin{cases} 0, & d_{kj} = 0, k \neq h \\ \sum\limits_{k=1}^{c} \dfrac{\sum\limits_{i=1}^{m} \left[w_i (r_{ij} - s_{ih}) \right]^2}{\sum\limits_{i=1}^{m} \left[w_i (r_{ij} - s_{ik}) \right]^2}, & d_{hj} \neq 0 \\ 1, & d_{hj} = 0 \end{cases} \qquad (2\text{-}15)$$

$$s_{ih} = \frac{\sum\limits_{j=1}^{n} u_{hj}^2 r_{ij}}{\sum\limits_{j=1}^{n} u_{hj}^2} \qquad (2\text{-}16)$$

求解模糊聚类循环迭代模型的具体步骤如下：

（1）给定聚类 c 及迭代计算精度 ε_1、ε_2。

（2）设初始模糊聚类矩阵（u_{hj}^L）、初始模糊聚类中心矩阵（s_{hj}^L），$L = 0$。

（3）用式（2-15）、式（2-16）分别计算（u_{hj}^{L+1}）、（s_{hj}^{L+1}）。

（4）如满足 $\max |u_{hj}^{L+1} - u_{hj}^L| \leqslant \varepsilon_1$，$\max |s_{hj}^{L+1} - s_{hj}^L| \leqslant \varepsilon_2$，则迭代结束，（$u_{hj}^{L+1}$），（$s_{hj}^{L+1}$）可作为满足计算精度 ε_1、ε_2 要求的、最优模糊聚类中心矩阵（s_{hj}^*）、最优模糊聚类矩阵（u_{hj}^*），否则 $L+1 \Rightarrow L$，转步骤（3），继续进行迭代计算。

经过迭代计算，求得最优模糊聚类矩阵（u_{hj}^*），最优模糊聚类中心矩阵（s_{hj}^*）。

根据级别特征值公式：

$$h_j(u) = \sum_{h=1}^{c} u_{hj}^* \cdot h \qquad (2\text{-}17)$$

$$H = (h_1(u), h_2(u), \cdots, h_n(u)) \quad (h = 1, 2, \cdots, c; j = 1, 2, \cdots, n) \qquad (2\text{-}18)$$

$h_j(u)$ 为样本 j 对模糊概念干旱的相对状态特征值或级别特征值，由 $h_j(u)$ 即可判断样本 j 及第 j 年的干旱程度。

为了表示各指标对干旱影响程度的不同，采用模糊权重来表示各个指标的重要程度：

$$W = (w_1, w_2, \cdots, w_m) \qquad (2\text{-}19)$$

采用先定性后定量的模糊二元对比法确定指标的权向量。

4. 层次分析法

层次分析法（AHP）是用一种标度把人的主观判断量化，对定性问题进行定量分析的一种多目标决策方法，由美国著名运筹学家 T. L. Saaty 于 20 世纪 70 年代初期提出。本研究中将复杂的旱情评价问题转化为层次中各因素对于上层因素相对重要性的排序问题，在排序计算中采取成对因素的比较判断，并根据一定的比率标度，形成判断矩阵，计算缺水权重，合理评定旱情。

假设有 n 个目标体 $A_1, A_2, \cdots, A_n$，它们的相同类别属性分别记为 $B_1, B_2, \cdots, B_m$。

AHP 决策法包括如下五个步骤：

（1）建立层级结构模型。将问题所含的要素进行分组，把每一组作为一个层次，按照最高层、中间层、最低层的顺序排列起来，评估结果变化作为模型验证。

（2）构造判断矩阵 A。判断矩阵的元素值反映了人们对各因素相对重要程度的认识，一般采用数字 1~9 及其倒数的标度方法,判断尺度定义如表 2-1 所示,当相互比较因素的重要性能够用具体的实际意义的比值说明时,判断矩阵相应的值则可以取这个比值。

表 2-1　层次分析法判断尺度定义

标度	含义
1	表示两个因素相比,具有同样重要性
3	表示两个因素相比,一个因素比另一个因素稍微重要
5	表示两个因素相比,一个因素比另一个因素明显重要
7	表示两个因素相比,一个因素比另一个因素强烈重要
9	表示两个因素相比,一个因素比另一个因素极端重要
2,4,6,8	为上述相邻判断的中值

(3)层次单排序及一致性检验。通过判断矩阵 A 的特征根求解($AW = \lambda_{\max} W$)得到特征向量 W ,经归一化后即为同一层次相应因素对于上一层次某因素相对重要性的排序权值,这一过程称为层次单排序。为进行一次性单排(或判断矩阵)的一致性检验,需要计算一致性指标为 $CI = \dfrac{\lambda_{\max} - n}{n - 1}$,对于判断矩阵,平均随机一致性指标 RI 的值如表 2-2 所示。当随机一致性比率 $CR = \dfrac{CI}{RI} < 0.10$ 时,认为层次单排序的结果有满意的一致性,否则需要调整判断矩阵的元素取值。

表 2-2　平均随机一致性指标

n	1	2	3	4	5	6	7	8	9	10
RI	0	0	0.58	0.90	1.12	1.24	1.32	1.41	1.45	1.49

(4)层次总排序。需要从上到下逐层顺序进行,对于最高层,其层次单排序就是其总排序。若上一层次 A 包含 n 个因素 $A_1, A_2, \cdots, A_n$,其层次中排序权值分别为 $a_1, a_2, \cdots, a_n$,下一层次 B 包含 m 个因素 $B_1, B_2, \cdots, B_m$,它们对于因素 A_j 的层次单排序权值分别为 b_{1j} , $b_{2j}, \cdots, b_{mj}$ (当 B_k 与 A_j 无联系时, $b_{kj} = 0$),此时 B 层总排序的权值分别为 $\sum\limits_{j=1}^{n} a_j b_{1j}$,

$\sum\limits_{j=1}^{n} a_j b_{2j}$, $\cdots$, $\sum\limits_{j=1}^{n} a_j b_{mj}$ 。

(5)层次总排序的一致性检验。如果 B 层次某些因素对于 A 单排序的一致性指标为

CI_j ,相应的平均随机一致性指标为 RI_j ,则 B 层次总排序随机一致性比率为 $CR = \dfrac{\sum\limits_{j=1}^{n} a_j CI_j}{\sum\limits_{j=1}^{n} a_j RI_j}$ 。

类似地,当 $CR < 0.10$ 时,认为层次总排序结果具有满意的一致性,否则需要重新调整判断矩阵的元素取值。

5. 主成分分析法

主成分分析法主要是通过降维过程,将多个相关联的数值指标转化为少数几个相互关联度较小的指标的统计方法,即用较少的指标来代替和综合反映原来较多的信息,这些综合后的指标就是原来多指标的主要成分。在主成分分析中,提取出的每个主成分都是原来多个指标的线性组合,比如有两个原始变量 x_1 和 x_2,则一共可提取出如下两个主成分:

$$\begin{cases} PCA_1 = a_{11}x_1 + a_{12}x_2 \\ PCA_2 = a_{12}x_2 + a_{22}x_2 \end{cases} \tag{2-20}$$

原则上如果有 n 个变量,则最多可提取出 n 个主成分,但如果将它们全部提取出来,就失去该方法简化数据的实际意义。多数情况下提取出前 2 ~ 3 个主成分就已包含了 90% 以上的信息,其他的可以忽略不计。

2.3.3　旱情信息同化融合系统结构及功能

2.3.3.1　旱情信息同化融合系统结构

旱情信息同化融合系统的框图见图 2-3。

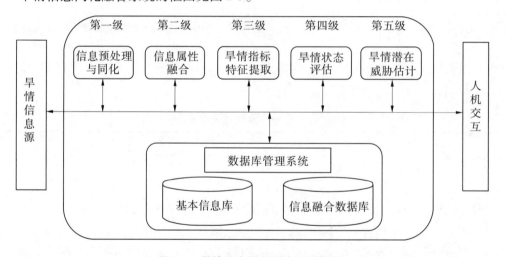

图 2-3　旱情信息同化融合系统框图

从图 2-3 可以看出,该系统是由旱情信息源、第一级信息预处理与同化、第二级旱情信息属性融合、第三级旱情指标特征提取、第四级旱情状态评估和第五级旱情潜在威胁估计,以及基本信息库和信息融合数据库几大部分组成。其中,第一级到第五级是进行信息融合的主要部分,图 2-4 给出了这几部分的关联图。

从图 2-4 可以看出,旱情信息融合过程是一个不断反馈、不断修正的循环过程,通过融合信息反馈,提高对旱情评估的精度。

多源信息融合中的数据库主要有基本数据库和信息融合数据库,这是信息融合系统中必不可少的重要组成部分。关于数据库的内容将在后面章节讨论,这里不再介绍。

2.3.3.2　旱情信息同化融合系统功能

旱情多源信息同化融合系统具有对多源信息进行多级信息融合处理的功能,包括对

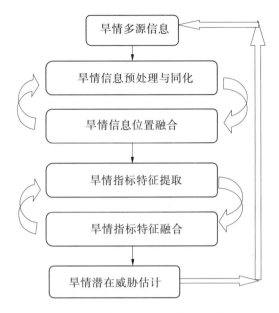

图 2-4　旱情信息融合各部分关联图

旱情信息的数据级融合、位置级融合、特征级融合和决策级融合。

图 2-5 为旱情多源信息同化融合系统功能示意图。

旱情多源信息同化融合系统的五级处理功能如下。

1. 第一级处理功能：旱情信息预处理与同化

由于不同来源的旱情信息在观测的时间尺度、空间尺度、观测精度、表达形式上各不相同，需要对多个来源的旱情监测数据进行预处理和信息同化。检验这些信息本身的合理性和可信度，判别信息之间的互补性和可衔接性，增加信息的准确性。

（1）信息预处理就是对多源信息进行数据一致性、合理性检验，考虑到不同来源的旱情信息的物理意义不同，在时间尺度、空间尺度等方面存在差异，为保证各项信息具有等效性和同序性，需要对多个来源的监测信息进行预处理，检验这些信息本身的合理性和可信度，判别信息之间的互补性和可衔接性。在本次研究中根据干旱发展过程中影响因素前后关联密切、发展速度缓慢、分布面积成片的特点，选择了数据监测系列以旬作为旱情指标分析的最小时间单元，以县级行政区为最小空间单元进行数据预处理。

（2）信息同化是根据旱情信息类型和特征对不同来源同一类信息进行分析和处理，以提高信息的准确程度。通过应用数据同化技术，把相关的多源信息，如地表观测、卫星遥感等信息融入相应的水文、农情模型，校正模型对相关信息的计算值，提高信息的准确度。对多源旱情信息进行分类识别，判别信息所对应的干旱类型。

2. 第二级处理功能：旱情信息属性融合

根据信息的物理特性对同源旱情信息进行属性上的融合，即时间和空间上的融合。考虑到干旱形成不仅与本时段的降水和墒情有关，而且与前期的降水和土壤墒情密切相关，需要对信息进行时间上递归融合，干旱受旱特点决定了农作物受旱信息需要进行空间融合。信息时空位置融合还包括对土壤墒情在垂直深度上的融合，对同类干旱的多个来

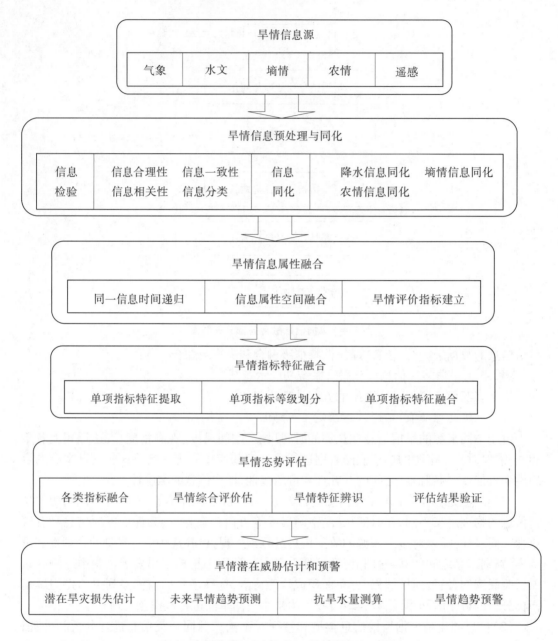

图 2-5　旱情多源信息同化融合系统功能示意图

源信息的融合等。在对各信息位置融合的基础上,确定各类代表性旱情指标,建立旱情评价指标体系。

3. 第三级处理功能:旱情指标特征融合

这一级是对各类旱情指标特征进行识别和融合。在与历史旱情资料分析对比的基础上,对各类旱情指标进行特征提取,依照一定的准则和标准,明确不同类型干旱,研究划分出各类旱情指标的等级和相应阈值,进行分类旱情指标特征融合。

4. 第四级处理功能：旱情态势评估

本级的功能是在上一级融合基础上，获取各类干旱旱情态势特征，根据各类旱情信息的贡献度计算综合旱情指标等级和综合态势分析，通过对旱情信息多层次融合、多步处理和特征提取及融合，得到对旱情状态及其严重程度的完整评估。这一级是要对前几级的各类旱情分析结果给出合理解释和评判，并在当前旱情态势评估的基础上，根据未来降水预报，对未来旱情情势变化进行预测。

旱情态势是一种状态、一种趋势，是一个整体和全局的概念。旱情态势估计是对旱情动态变化情况的评价过程，分析并确定旱情发生的主要原因，得到关于各类旱情发生、发展过程及其时空分布特点的估计，分析和预测旱情情势的变化，形成旱情态势分布图，为防旱抗旱提供决策依据。旱情态势估计包括对各类干旱情势特征获取，对当前旱情态势分析和未来旱情态势预测，如图 2-6 所示。

图 2-6　旱情态势估计的三级模型

旱情态势估计有以下几个方面内容：

（1）提取进行旱情态势估计要考虑的各要素，为旱情态势评估做准备。

（2）分析并确定旱情发生的主要原因。

（3）根据降水预报，预测未来一段时间旱情的变化趋势。

（4）形成旱情综合态势图，为防旱减灾提供辅助决策信息。

5. 第五级功能处理：旱情潜在威胁估计和预警

本级的功能是在对当前旱情情势评估和未来可能旱情变化趋势预测基础上，分析当前抗旱水源分布及分配状况，估计旱情可导致的潜在危害和损失，根据对旱情预警指标的综合分析，确认旱情预警的等级以及相应的预警信号发布。

从处理的层次和关系上来看，第一级的信息处理是原始数据合理化处理，以保证信息融合顺利进行；第二、三级是信息融合的重要部分，是进行旱情评估和旱情预测预警的前提和基础。信息融合本身主要发生在前三级处理中，而第四、五级是决策性融合，它们包括了对整个旱情情势及发展的估计、评价和预警，是进行旱情信息同化融合的目的。

2.4　小　结

旱情信息同化融合的核心是利用多源信息的不同特点，可多方位全面获取旱情的不同属性信息，克服了以往根据某一单源信息来判断旱情的片面性，充分利用从多个信源获取的旱情信息，在多级别上对旱情信息进行综合处理，确保旱情评价结果的合理性、全面性。

旱情信息融合技术在旱情评估系统的应用，可增加旱情评估系统的持续性，在部分信源不能利用时,仍然可以根据其他有用信源提供的旱情信息,使系统不受干扰连续运行,保持对干旱过程的监测和评估。因为有多个旱情信息源交叠覆盖面,扩展了旱情监测的时间和空间范围;利用多个信息源旱情信息确认的旱情情势,增加了旱情态势评估的可信程度。多源联合信息对旱情的认同,也减少了信息的模糊性。通过对旱情信息融合,提高了对旱情监测的有效性,改善了旱情评估系统的可靠性。

与利用单源信息进行旱情评价的系统相比,本项技术会存在一些不利因素,比如,信息量加大,使得多源信息处理过程的复杂性大大增加,对获取信息的要求增加,同时信息融合的每个处理级别都反映了对原始信息不同程度的概化,不可避免地会存在部分精细信息的丢失等。因此,旱情信息融合技术比较适合应用于对范围大、持续时间较长、中度以上旱情进行监测和评估。

第 3 章 基于信息同化的土壤墒情监测体系

3.1 土壤墒情监测体系

土壤墒情是水循环规律研究、农牧业灌溉、水资源合理利用以及抗旱救灾的基本信息，也是反映农业干旱的重要指标。加强土壤墒情监测工作，提供及时、准确、可靠的土壤墒情信息，可以为抗旱防旱、减灾决策等提供科学依据。对土壤墒情进行持续的监测，可以很好地跟踪农作物（主要是旱作物）生长期中受旱缺水的过程，反映农业旱情变化趋势。因此，建立土壤墒情的监测体系对于农业旱情的识别有着非常重要的作用。

3.1.1 土壤墒情综合监测体系构成

目前，国内通常采用建立土壤墒情实测站点，通过定时、定点测量不同深度土壤的含水量，来分析土壤墒情的状况，并结合所种植的农作物生长对水的需求来分析和识别农业旱情。其中，气象部门现有土壤墒情站 600 多处，农业部门现有 500 多处，水文部门现有 1 000 多处。但是在目前我国土壤墒情的实测站点存在着站点分布不合理，土壤含水量实测仪器精度不高的缺陷，以及实测点面关系的问题。因此，这些站点还不能构成全国土壤墒情监测站网体系，远远满足不了对全国农业旱情进行全面监测的需要，仅仅利用土壤墒情实测站点信息来分析区域的土壤墒情状况是不全面的，必须采用多种手段相结合的方式，同时解决墒情实测点—面关系转化的问题，实现利用多源信息进行土壤墒情的立体监测。

在本书研究中，对构建土壤墒情监测体系进行了探讨。研究选择了山西示范区为研究区域，建立充分利用实际观测技术、数学模拟技术和遥感技术相结合的方法，应用多源信息同化技术，利用实时采集的土壤墒情信息，对大尺度水文模型的计算参数进行优化处理，并与由卫星遥感图片反演出的土壤墒情信息进行比对和分析，最终通过模型模拟计算得到示范区土壤墒情的分布和变化数据，解决了土壤墒情的点—面关系转化问题，完成基于多源信息同化的区域土壤墒情监测体系的构建，实现对区域土壤墒情变化过程的监测。

3.1.2 土壤墒情实时监测体系

3.1.2.1 示范区墒情监测站点分布

从山西示范区情况来看，该示范区内布设有 36 个墒情观测站点，其中有 25 个站点是近几年布设，观测资料只有 1～2 年，目前这些站点已经停测（主要在吕梁市内）。因此，示范区内只有 11 个土壤墒情站点还在继续观测，具有 40 多年的连续观测资料，这 11 个站点的具体情况见表 3-1。这 11 个土壤墒情站点分布见图 3-1。

表 3-1　山西示范区土壤墒情站点基本情况

序号	墒情编码	站名	水系	河名	经度(°)	纬度(°)	系列	系列长度
1	44121	圪洞	黄河	北川河	111.23	37.88	1970～2009	40
2	44129	万年饱	黄河	南川河	111.20	37.25	1970～2009	40
3	44117	裴沟	黄河	屈产河	110.75	37.18	1973～2008	36
4	45076	董茹	汾河	冶峪沟	112.45	37.78	1970～2009	40
5	45083	独堆	汾河	松塔河	113.18	37.72	1970～2009	40
6	45085	芦家庄	汾河	潇河	113.05	37.73	1970～2009	40
7	45012	汾河二坝	汾河	汾河	112.38	37.60	1970～2009	40
8	45137	盘陀	汾河	昌源河	112.48	37.22	1970～2009	40
9	45153	岔口	汾河	中西河	111.78	37.63	1974～2009	36
10	45157	文峪河水库	汾河	文峪河	112.02	37.50	1970～2009	40
11	45013	义棠	汾河	汾河	111.83	37.00	1970～2009	40

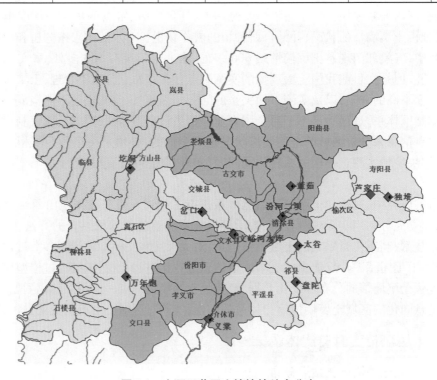

图 3-1　山西示范区土壤墒情站点分布

3.1.2.2　墒情监测指标及方法

1. 墒情监测指标

土壤墒情是指土壤中水分的含量及被作物利用的程度,可用土壤含水量、土壤相对湿度、土壤总水分贮存量及土壤有效水分等一系列指标来描述。土壤具有一定的储水能力,也称土壤水库。在旱地土壤中,受各种因素的影响,其中只有一部分水量能被作物吸收利用,另一部分不能被作物利用。土壤墒情监测主要是对土壤含水量的监测。山西示范区土壤监测指标主要有土壤密度、土壤干容重、土壤含水量等。

（1）土壤密度（ρ）。为土壤固体物质的质量与为其排开的水的体积之比。

$$\rho = m_s/V_s \tag{3-1}$$

式中:m_s 为干土质量;V_s 为土壤固体物质的体积。

土壤密度可由密度瓶法测得。

（2）土壤的干容重（γ_0）。为土壤样品的干土重与土壤样品体积之比,即原状土样单位体积的干土重。

$$\gamma_0 = W_s/V \tag{3-2}$$

式中:W_s 为干重;V 为土壤固体物质的体积。

（3）土壤含水量（ω）。为某一土壤样品中期水的质量与干土质量的比值,亦可由其百分数来表达。

$$\omega = \frac{m_w}{W_s} \times 100\% \tag{3-3}$$

式中:m_w 为土壤样品中水的质量;m_s 为土壤样品中干土的质量。

2. 墒情监测方法

土壤墒情监测站点监测土层为 0 ~ 20 cm、20 ~ 40 cm、40 ~ 60 cm 层段的含水量（临时性监测只测 0 ~ 20 cm 土层）。土壤墒情监测系统可对土壤墒情进行长时间连续监测,并可根据监测需要,灵活布置土壤水分传感器;也可将传感器布置在不同的深度,测量剖面土壤水分情况。测定土壤含水量的方法有以下几种:

（1）常规法。为酒精烧干法,需要准备粗天平、铝盒、酒精、搅棒、剖面刀、采样器等工具。首先对各铝盒称重、编号,然后采样称重,土样量为铝盒容积的 2/3 左右,倒入酒精燃烧,用搅棒搅动,酒精烧干不少于 3 次,烧干后称重,计算含水量。每点重复 3 次,取平均值。

（2）烘干法。用铝盒采样后称重,带回室内放入恒温箱烘干,温度 105 ℃,时间 6 h。野外不称重时,应用塑料袋将铝盒裹住,外用橡皮圈扎紧,速送化验室处理。

（3）速测仪法。采用专用的土壤水分测定仪在野外直接测定土壤含水量。

（4）自动测定装置。采用现代的土壤水分测定装置并与电脑连接,自动化水平高,可以联网,定期自动报送土壤含水量状况,但传感器易老化,需定期更换,花费较多,因此想大范围推广较为困难。

3.1.3　墒情观测点布设合理性分析

由于墒情和旱情及其发展趋势是与气象条件、土壤、土壤的水分状态、作物种类及其生长发育状况密切相关的。因此,气象条件、土壤的物理特性、土壤水分状态、作物种类及生长发育状况是墒情和旱情监测的四大要素。国家土壤墒情监测站网的密度视历史上旱情和旱作农业、牧业的分布情况及耕作面积而定。根据对土壤墒情监测的目的和要求,土壤墒情监测站点的布设原则一般如下:

首先是要考虑监测区的主要土壤类型和地形地貌,要充分考虑在山、丘、岗、平4种地貌类型布点,其中作物面积大、容易发生干旱的地区多布点;反之,则少布点。纯山区和纯平原区则考虑布点的相对均匀性。其次,要考虑监测区主要的农作物及监测时期,比如在山西省一般从6月下旬开始高温、干热、少雨的季节性干旱,常常对农业生产造成重大损害。这一时期,玉米等主要农作物陆续进入成熟期和旺盛生长期,作物对水分敏感而且需水量大,极易因缺水干旱造成减产或失收。因此,这些作物应优先列为土壤墒情重点监测对象。

具体到一个监测区域,有以下几种情况:一是单一性的定位监测,适合地形条件单一、主要为平地或缓坡地,土壤种类相同,选相对中心部位布点;二是多点性定点监测,适合地形条件比较复杂、土壤种类不同的区域,应选择平地(坡度<3°)、缓坡地(坡度15°左右)、坡地(坡度20°~25°)分别设点监测;三是有试验的地方,包括土壤肥力长期定位监测点、旱作节水技术效果观测场和其他有关试验,应对各处理进行定期监测;四是随机布点监测,适宜于旱灾发生期间,对发生和即将发生干旱的地块进行监测。以上前三种属于地点固定的长期性监测点,第四种属于临时性的监测点。

考虑到不同的土壤保水和供水能力不同,同一种作物可能种植在不同的土壤类型上。因此,土壤墒情监测还应考虑不同的土壤种类,土壤墒情监测点布局一般为:一个县如果主要作物为3种,而主要土壤类型有5种,则该县土壤墒情监测点应为12~15个。

山西示范区主要农作物为小麦和玉米,示范区的土壤类型分布见图3-2和图3-3。由图可知,示范区内土壤的类型主要为壤土和黏壤土。

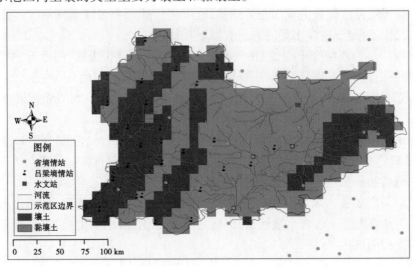

图 3-2 山西示范区上层(0~30 cm)土壤类型分布

在山西示范区内共有24个县级行政区,部分县的土地类型为1种,部分县的土壤类型是2种。可有效利用的墒情监测点,基本上位于示范区内的主要农业区和灌区,从站点设置的地点来看,墒情监测点位置基本合理,但是站点数是不够的。图3-4给出了示范区土地利用的情况。

根据前面对土壤墒情观测站布设原则的讨论,并考虑到吕梁市的大部分为山区的特

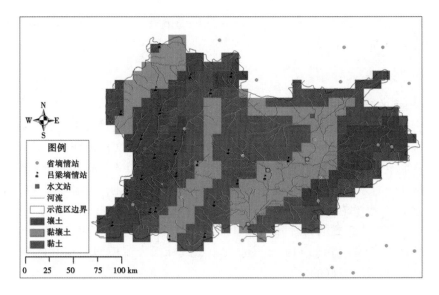

图 3-3　山西示范区下层(30~100 cm)土壤类型分布

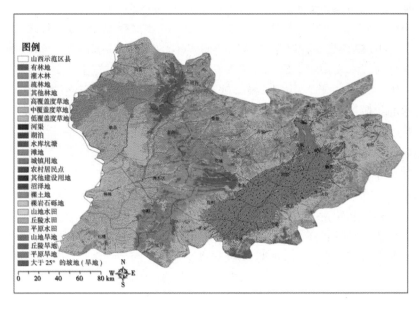

图 3-4　山西示范区土地利用分布

点,可有效利用的墒情站点布点密度仍过于稀疏。由图 3-1 可看出,在示范区内可利用的土壤墒情监测点达不到平均每县一个,这将影响对农业旱情监测的精度。建议恢复已经停测的 25 个墒情观测点,适当地补充和增设土壤墒情监测站点。

3.2　应用模型进行土壤墒情监测

由于水文模型从水量平衡原理出发,考虑了降水、蒸发、植被和土壤特性对干旱形成的综合影响,能够更加真实地反映农作物的旱情,因此可以应用水文模型来连续模拟逐日的土壤含水量,反映土壤含水量的变化过程,计算土壤墒情干旱指数,为旱情监测预测及抗旱决策提供更加及时、可靠的支持。

3.2.1　模型选择及介绍

3.2.1.1　模型的选择

选取合适的水文模型来模拟土壤含水量的时空变化,实现对墒情变化的跟踪监测十分重要。根据干旱涉及范围大的特点,选用大尺度分布式水文模型作为研究工具较为合适。在本次研究中选用了基于网格分布的 VIC(Variable Infiltration Capacity)水文模型,来模拟示范区土壤含水量的分布及变化,构建基于土壤含水量的干旱指标。VIC 模型是一个大尺度水文模型,它在计算网格内同时考虑能量和水量平衡,考虑积雪融雪及土壤冻融过程,输入数据的最低要求为日降水和日最低气温、最高气温。VIC 模型属于土壤—植被—大气传递方案(SVAT)。和大多数水文模型或降雨径流模型相比,由于其考虑了能量平衡,VIC 模型具有较好的模拟能力。

3.2.1.2　VIC 模型简介

VIC 模型是由 Washington 大学、California 大学 Berkely 分校以及 Princeton 大学的研究者基于 Wood 等的思想共同研制出的大尺度分布式水文模型,也可以称之为"可变下渗容量模型"。VIC 模型是一种基于 SVATS(Soil Vegetation Atmospheric Transfer Schemes)思想的大尺度分布式水文模型。Stamm 等最初构建 VIC 模型时,把土壤分为两层,习惯上称之为 VIC − 2L 模型。由于 2 层 VIC 模型缺乏对表层土壤水动态变化的描述,且未考虑土层间土壤水的扩散过程,针对这些缺点,Liang 等将 VIC − 2L 模型的上层分出一个顶薄层,而成为 3 层,称为 VIC − 3L 模型。目前应用的 VIC 模型通常是指 VIC − 3L 模型。VIC − 3L 模型结构如图 3-5 所示。

VIC 模型可同时对水循环过程中的能量平衡和水量平衡进行模拟,弥补了传统水文模型对能量过程描述的不足。在实际应用中,VIC 模型也可只进行水量平衡的计算,输出每个网格上的径流和蒸发,再耦合汇流模型将网格上的径流转化为流域出口断面的流量过程。VIC 模型将流域划分为若干网格,每个网格都遵循能量平衡和水量平衡原理来模拟水循环的各个过程,这些过程主要包括土壤层蒸发 E、蒸散发 E_t、地表截留蒸发 E_c、侧向热通量 L、感热通量 S、长波辐射 R_L、短波辐射 R_s、地表热通量 t_G、下渗 i、渗透 Q、径流 R 和基流 B。

作为分布式水文模型,VIC 模型具有一些显著的特点,比如对于水循环过程,同时考虑了水分收支和能量收支过程,积雪融雪及土壤冻融过程,冠层蒸发、叶丛蒸腾和裸土蒸发,地表径流和基流两种径流成分的参数化过程,基流退水的非线性问题。对于次网格,分别考虑了地表植被类型的不均匀性、土壤蓄水容量的空间分布不均匀性和降水的空间分布不均匀性。

3.2.2　VIC 模型计算原理

3.2.2.1　能量平衡计算

VIC 模型的能量平衡计算主要包括地表温度、感热通量、潜热通量以及地热变化,其

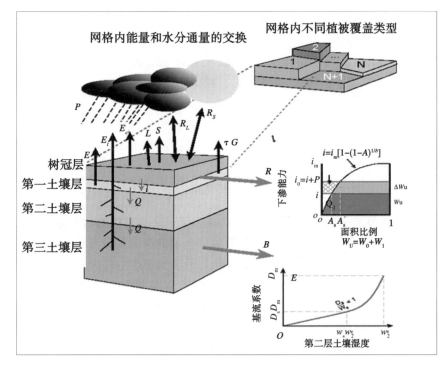

图 3-5　VIC – 3L 模型结构

中感热通量、潜热通量以及地热变化由地表温度确定,潜热通量是水量平衡和能量平衡的连接因子。理想状态下,地表覆盖的能量平衡由下式计算:

$$R_n = H + \rho_w L_e E + G \tag{3-4}$$

式中:R_n 为净幅射;H 为感热通量;ρ_w 为水密度;L_e 为水的蒸发潜热;$\rho_w L_e E$ 为潜热通量;E 包括植被蒸发、蒸腾以及裸土蒸发;G 为地表热通量。

　　净幅射由下式计算:

$$R_n = (1 - \alpha)R_s + \varepsilon(R_L - \sigma T_s^4) \tag{3-5}$$

式中:α 为某类植被覆盖类型的地表反射率;R_s 为向下的短波幅射;ε 为比辐射率;R_L 为向下的长波幅射;σ 为 Stefan – Boltzmann 常数。

　　感热通量由下式计算:

$$H = \frac{\rho_a c_p}{r_h}(T_s - T_a) \tag{3-6}$$

式中:T_s 为地表温度;T_a 为大气温度;r_h 为热通量的空气动力学阻抗。

　　地表热通量 G 通过对两层土壤的热量估计来计算,对于上层土壤(深度为 D_1):

$$G = \frac{\kappa}{D_1}(T_s - T_1) \tag{3-7}$$

式中:κ 为土壤的热传导系数;T_1 为土壤在深度 D_1 处的温度。

　　若下层土壤的深度为 D_2,且该土层底部土壤温度恒定,则有

$$\frac{C_s(T_1^+ - T_1^-)}{2\Delta t} = \frac{G}{D_2} - \frac{\kappa(T_1 - T_2)}{D_2^2} \tag{3-8}$$

式中：C_s 为土壤热传导能力系数；T_1^+ 和 T_1^- 分别为在 D_1 处的时段初和时段末土壤温度；T_2 为在深度 D_2 处的恒温度。

目前认为，κ 和 C_s 不随土壤含水量变化，而且在计算时对不同的土层取相同的值。地表热通量 G 的计算如下：

$$G(n) = \frac{\frac{\kappa}{D_2}(T_s - T_2) + \frac{C_s D_2}{2\Delta t}(T_s - T_1^-)}{1 + \frac{D_1}{D_2} + \frac{C_s D_1 D_2}{2\Delta t \kappa}} \tag{3-9}$$

联合以上公式，可以迭代计算出有效地表温度、感热通量和地表热通量。

3.2.2.2　产流计算

VIC 模型在计算产流时，上层土壤用来反映土壤对降雨过程的动态影响，下层土壤表示土壤对于暴雨过程影响的缓慢变化，上、下两层土壤的产流是分开计算的。上层土壤产生的是直接径流 Q_d、下渗到下层土壤的渗流 Q_{12}、下层土壤产生基流 Q_b。

对于土壤饱和容量分布不均对直接径流的影响，VIC 模型引进同样流域饱和容量曲线的思想，且只针对上层土壤。基于大尺度的考虑，忽略不透水面积上的计算。W'_m 为网格内土壤的饱和容量。饱和容量曲线下的面积为上层土壤达到饱和含水量的部分。当 A_s 达到饱和时，网格的平均土壤蓄水容量为曲线下方和 0 到 W'_m 所包围的面积。新安江模型假设在降雨超过土壤最大可能缺水量的面积上产生直接径流 Q_d，VIC 模型假设降雨超土壤饱和容量的面积产生直接径流 Q_d，可以由下式计算：

$$Q_d \Delta t = \begin{cases} P\Delta t - W_1^c + W_1^-, & W + P \cdot \Delta t \geq W'_{sm} \\ P\Delta t - W_1^c + W_1^- + W_1^c \left[1 - \dfrac{W'_m + P\Delta t}{W'_{sm}}\right]^{1+b}, & W + P\Delta t \leq W'_{sm} \end{cases} \tag{3-10}$$

式中：W_1^- 为时段初的上层土壤含水量；W_1^c 为上层土壤的饱和容量，与 W'_{sm}、b_i 相关，可以通过下式计算：

$$W_1^c = \frac{W'_{sm}}{1 + b_i} \tag{3-11}$$

同时，由于裸地没有植被截留，上层土壤的水量平衡可表示为

$$W_1^+ = W_1^- + (P - Q_d - Q_{12} - E_1)\Delta t \tag{3-12}$$

式中：W_1^+ 为时段末的上层土壤含水量；Q_{12} 为时段内重力水产生的从土壤上层到下层的渗漏量，由下式计算：

$$Q_{12} = K_s \left(\frac{W_1 - \theta_r}{W_1^c - \theta_r}\right)^{\frac{2}{B_p}+3} \tag{3-13}$$

式中：θ_r 为残余土壤水分；B_p 为空隙大小分布指数；K_s 为饱和水力传导系数，利用 Brooks 和 Corey 的方法来估计。

对于有植被覆盖的面积，径流计算则要先扣除植被的最大截流能力。

VIC 模型认为基流产生于下层土壤，基流的计算采用了 Arno 模型的方法（见图 3-6）。该模型认为，当土壤蓄水容量在某一阈值 W_s 以下时，基流是线性消退的，而高于此阈值时，基流过程是非线性的，非线性部分是用来表示有大量基流发生时的情况（见图 3-6）。

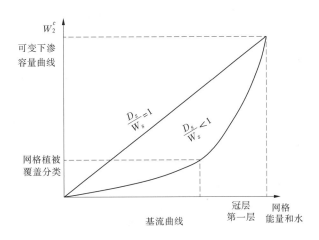

图 3-6　Arno 模型非线性基流示意图

Q_b 是基流,D_{smax} 是最大基流,D_s 是 D_{smax} 的一个比例系数,W_2^c 是下层土壤饱和容量,W_s 是 W_2^c 的一个比例系数,且 $D_s \leqslant W_s$,W_2^- 是下层土壤时段初的土壤含水量。W_2^+ 是下层土壤时段末的土壤含水量,根据水量平衡原理,可以通过下式计算基流 Q_b:

$$W_2^+ = W_2^- + (Q_{12} - Q_b - E_2)\Delta t \tag{3-14}$$

在分别计算各种地表覆盖下的直接径流和基流后,通过面积加权平均,可以求得网格上总的直接径流和基流。

3.2.2.3　融雪和冻土

对于有降雪发生的情况,VIC 模型耦合了一个积雪、融雪模型来处理,这个积雪、融雪模型同时遵循能量和质量平衡。对于能量平衡,该模型设定积雪和地面的交界面是零能量通量边界,对于积雪场,通过降雪的植被截留、融化、升华,以及再冻结等过程来表示辐射、感热量、潜热量以及积雪场内部能量等的变化。在能量平衡中,地面反照率是一个重要的参数,地表温度和雪线则是控制降雪发生的重要参数,同时低矮植被由于完全被积雪覆盖,则忽略考虑。

降雪被植被截留存储于冠层,截留量大小根据叶面积指数来计算,最大贮雪量要考虑温度和风速的影响。考虑到提高计算效率,对植被截留融雪的能量平衡计算进行了简化,模型认为如果气温低于冻点,植被积雪的表面温度设为周围环境温度,否则设为零度。

融雪计算模型使用能量平衡的方法来表示地表的积雪和融化。假定低矮的植被完全被积雪覆盖,因此不影响地表积雪场的能量平衡。模型考虑因为升华、滴落和释放而引起的地表雪截留。此外,每个网格被细分成由使用者指定降水因子的高程带。积雪高程带代表子网格地形控制降水和气温而对积雪和融雪产生的影响。在积雪表面,使用一个两层能量平衡模型来计算地表积雪和融化。积雪场被分为两层,考虑所有重要的热能通量(如长波、短波辐射,感热量,潜热量,对流能量)和积雪场内部的能量。地表热通量被忽略(除非使用冻土模型)。积雪场的水分的增加来自于直接的降雨、雪或植被冠层的雨雪下落。假定积雪场覆盖整个地面,所以将影响辐射传递和风的剖面形状,因为积雪增加了地面反照率,减少了地表粗糙率。在每一个时间步长,模型将计算加入积雪场的雨雪比例,然后计算所有的能量通量。当融化发生时,能量平衡为正值。如果在地表或其余层液态水溢出,那么溢出的液态水作为积雪场的出流被立即释放。如果能量平衡是负值,那么通过雪表温度的累积,能量平衡被释放。

降雪能够被植被截留并存储于冠层。截留量大小依据于叶面积指数(LAI)来计算,最大的存储量则还考虑温度和风速的影响。考虑到需减少计算的时间,冠层的融雪采用简化的积雪场能量平衡模型。如果气温低于冻点,冠层积雪表面的温度设为与周围环境温度相同,否则设为零度。

模型程序中对于降雪的计算主要分为有降雪发生和无降雪发生两种情况。有降雪发生时,首先需要计算总降水中降雨所占的比例,然后计算降雪的辐射平衡。没有降雪发生时,只需要计算裸表面的辐射平衡,主要包括植被截留雪的处理和降雪的堆积及消融模块。

融雪模型中有三个主要的参数需要设定:①降雪发生的最高温度;②降雨发生的最低温度;③雪盖表面粗糙高度。通常前面两个参数分别设为 1.5 ℃ 和 -0.5 ℃。表面粗糙高度的范围为 0.001 ~ 0.03 m。

在寒冷的地区运行 VIC 模型,需使用冻土模型,冻土对于水文过程的影响非常重要。土壤中的冰减少了降水和融雪的下渗量,足够高的含冰量还能使土壤近乎于不透水。冻土在冬季存储更多的土壤含水量,因此在春季,这些冻土地区比没有冻土的地区土壤含水量将显著增加。

在 VIC 模型中冻土算法是通过原始土壤直接数字计算的热通量公式。土壤的温度通过土壤中几个"热量节点"来计算。它的个数和位置由使用者来定义。

土壤的热量和水分通量是耦合在一起计算的。当土壤温度下降到 0 ℃ 以下时,土壤水分开始冻结。由于土壤内部的压力和颗粒之间的相互作用,即使土壤温度下降到 0 ℃ 以下,还是有一部分土壤水仍然不会冻结。冰不会从土层中排出,冰还会减少下渗到土层的水量。冰还能改变土壤的热力属性。冰比水有更高的热传导性和更低的热容量,且当水结成冰释放的热量还会增暖周围的土壤。VIC 模型经过两个阶段来完成这个耦合过程。模型先通过土壤块计算能量平衡。因为地表能量平衡包括热通量和薄的土壤层中的热储量,这些用来计算地表能量平衡。地表温度被迭代计算直到找到与能量平衡最接近的值。在每个热量节点上的热通量都被计算。当一个可以接受的地表气温被发现,土壤热量节点的温度被用来确定土壤层中的冰含量。土壤层中最后一个时间步长的冰和水含量被用来估计下一个时间步长开始时的土壤热量特性。

3.2.2.4　VIC 模型参数

根据参数的不同性质,VIC 模型的参数分为四类:气候地理参数、土壤参数、植被参数和水文参数。

1. 气候地理参数

气候地理参数包括研究区域网格中心经度、纬度(lat/lon)、平均高程(ele)、平均温度(avg_T)、时区补偿值(off_gmt)及年平均降水量(annual_prec)等。

2. 土壤参数

模型认为土壤分为 12 种类型,53 个土壤参数。包括饱和土壤水力传导度变率(expt)、饱和土壤水力传导度(Ksat)、土壤水扩散参数(phi_s)、气泡压力(bubble)、土壤含沙

量(quartz)、土壤总体密度(bulk_density)、土壤颗粒密度(soil_density)、临界含水量比例
(Wcr_FRACT)、凋萎点的土壤水分含量比例(Wpwp_FRACT)、裸土糙率(rough)、积雪糙
率(snow_rough)、残余水分含量(resid_moist)等。这些参数较容易计算,可以根据土壤特
性直接确定。

　　土壤参数可以通过 NOAA 的全球 10 km × 10 km 的土地土壤数据库来确定。这些参
数都根据数据库中的分类,通过经验公式计算得出。表 3-2 给出了土壤分类及在模型中
采用的部分参数。

表 3-2　VIC 模型土壤分类及部分参数

序号	土壤质地	饱和水力传导度变率	气泡压力(cm)	总体密度(kg/m³)	残留含水量
1	沙土(Sand)	11.20	6.9	1 490	0.020
2	壤质沙土(Loamy sand)	10.98	3.6	1 520	0.035
3	沙壤土(Sandy loam)	12.68	14.1	1 570	0.041
4	粉质壤土(Silt loam)	10.58	75.9	1 420	0.015
5	粉土(Silt)	9.10	75.9	1 280	0.015
6	壤土(Loam)	13.60	35.5	1 490	0.027
7	沙质黏壤土(Sandy clay loam)	20.32	13.5	1 600	0.068
8	粉质黏壤土(Silty clay loam)	17.96	61.7	1 380	0.040
9	黏壤土(Clay loam)	19.04	26.3	1 430	0.075
10	沙质黏土(Sandy clay)	29.00	9.8	1 570	0.056
11	粉质黏土(Silty clay)	22.52	32.4	1 350	0.109
12	黏土(Clay)	27.56	46.8	1 390	0.090

　　3. 植被参数

　　植被参数考虑结构阻抗(Rarc)、最小气孔阻抗(Rmin)、每一种植被类型各月的叶面
积指数(LAI)、零平面位移(Displacement)、反照率(Albedo)、粗糙度(Rough)以及根区在
每一层土壤所占的比例(root_fract)等。模型推荐的植被类型一般使用 Maryland 大学发
展的全球 1 km × 1 km 土地覆盖分类,将地表植被覆盖分为 11 种类型。一个网格按覆盖
类型分成若干子区域,其他部分都视为裸土。每种植被类型通过自身的特性来反映对网
格水循环的影响,对于每一种植被类型需要确定的参数有结构阻抗、最小气孔阻抗、叶面
积指数、反照率、糙率、零平面位移及根区在每一层土壤中所占的比例,这些参数的确定主
要参考了 LDAS(Land Data Assimilation System)的工作。而在 LDAS 中,植被参数的确定
则分别参考了 IGBP、BATS、NCAR LSM、SiB、SiB2 和 Mosaic 的参数确定方法。这些参数在
模型运算时,存储在植被参数库文件中。

　　表 3-3 给出了植被分类以及不同植被类型在 VIC 模型中所采用的部分参数。

　　4. 水文参数

　　以上气候地理参数、土壤参数和植被参数确定后,直接用于模型计算,不再进行确定。
VIC 模型中还有 8 个水文参数,除对基流非线性增长指数(C)和表层土壤厚度(d_1)分别
取 2 和 0.1 保持固定不变外,剩下 6 个参数需要利用流域实测水文资料来率定,它们的含
义和取值范围如下:

B——入渗能力形状参数,表示网格平均含水量与网格最大含水量的相对面积比。取值范围一般为 $0 \sim 0.4$。B 越大,网格含水量空间分布越不均匀,地面径流越大。

表 3-3　VIC 模型植被分类及参数

序号	植被类型	反照率	最小气孔阻抗(sm^{-1})	叶面面积指数	糙率(m)	零平面位移(m)
1	常绿针叶林	0.12	250	$3.40 \sim 4.40$	1.476 0	8.040
2	常绿阔叶林	0.12	250	$3.40 \sim 4.40$	1.476 0	8.040
3	落叶针叶林	0.18	150	$1.52 \sim 5.00$	1.230 0	6.700
4	落叶阔叶林	0.18	150	$1.52 \sim 5.00$	1.230 0	6.700
5	混交林	0.18	200	$1.52 \sim 5.00$	1.230 0	6.700
6	林地	0.18	200	$1.52 \sim 5.00$	1.230 0	6.700
7	林地草原	0.19	125	$2.20 \sim 3.85$	0.495 0	1.000
8	密灌丛	0.19	135	$2.20 \sim 3.85$	0.495 0	1.000
9	灌丛	0.19	135	$2.20 \sim 3.85$	0.495 0	1.000
10	草原	0.20	120	$2.20 \sim 3.85$	0.073 8	0.402
11	耕地	0.10	120	$0.02 \sim 5.00$	0.006 0	1.005

D_s——当基流非线性增长发生时,所占 D_{smax} 的比例。D_s 值越大,底层土壤在低含水量时的出流越大。取值范围为 $0 \sim 1$。

D_{smax}——底层土壤一天内产生基流的最大值。取值依赖于水力传导度,范围一般为 $0 \sim 30$ mm,可以用水力传导度与网格平均坡度的乘积来估算。

W_s——当基流非线性增长发生时,底层土壤含水量与最大土壤含水量的比值。取值范围为 $0 \sim 1$。当 W_s 增加时,会使产生基流非线性增长时的土壤含水量增大,从而使洪峰延迟。

土壤厚度 d_2(第二层)和 d_3(第三层)。土壤厚度调整后将影响其他土壤参数的取值,如各层的土壤最大含水量、临界含水量以及凋萎点的土壤水分含量等。取值范围一般为 $0.1 \sim 1.5$ m。土壤变厚会增加蒸发损失,也会使季节性洪峰流量下降。

另外,当使用汇流模型来耦合 VIC 时,还需要确定的参数包括流域内网格的流向、流速、扩散系数、上下游网格间距、有效面积和网格汇流单位线。参数以文件格式存放,除汇流单位线必须相同外,其他参数每个网格可以互不相同。这些参数一般可由流域地图、DEM 和实测的河道流量数据直接求出,然后在模型率定阶段进行微调。流向参数文件描述了流域内所有网格是如何被连接成河网的,通过 D8 算法,将中心网格单元的水流流向定义为与其相邻的网格中坡度最陡的单元。流速参数文件包含了上游网格出流在虚拟河道中流向下游网格的流速。扩散系数参数文件包含了上游网格出流在虚拟河道中流向下游网格的扩散系数。上下游网格间距参数文件描述了上游网格与下游网格的虚拟河道的长度。有效面积参数文件描述了每个网格中流域内的那部分面积的比例,这样可以精确计算流域的面积。网格汇流单位线文件描述以 24 h 为模拟时段,一个时段的河网总入流,由于河网的调蓄作用,在网格出口的汇流过程,其值之和为 1。

对于有水文资料的流域,确定水文参数一般采用率定的方法。对于无资料地区,水文参数的移植可采用同一气候区相近流域直接移用,也可以通过研究水文参数的区域规律,建立水文参数与土壤、气象因子相关的移用公式来确定。在本书中,先通过有水文资料的流域率定出流域水文参数,再将率定的参数扩展到整个示范区,利用区域参数来计算示范区的水文循环变量。VIC 模型各计算网格水文参数意义见表 3-4。

表 3-4　VIC 模型各计算网格水文参数

参数	单位	描述	确定
B	N/A	饱和容量曲线参数(B)	采用实测水文资料进行率定或参数移用公式计算
D_s	N/A	非线性基流发生时占 D_{smax} 的比例	
D_m	mm	基流日最大出流	
W_s	N/A	非线性基流发生时占最大含水量的比例	
C	N/A	在下渗曲线中所用的指数	取 2
d_1	m	第一层土层厚度	取 0.1
d_2	m	第二层土层厚度	采用实测水文资料进行率定或参数移用公式计算
d_3	m	第三层土层厚度	

实测流量系列分为两部分,一部分用于率定,另一部分用于检验率定结果。模型输入的降水和气温数据系列起始时间比率定期提前一年,这一年数据用于初始化土壤含水量,不参加参数率定。

水文参数优化采用基于 Rosenbrock 算法(Rosenbrock,1960)与人工干预相结合的方法。人工干预就是根据各参数的物理意义和合理的取值范围,结合流域特性确定各参数的初始值,以及对优化结果进行合理性判断和最终参数的选择。

Rosenbrock 算法是一种直接的非线性规划方法,通过计算和比较目标函数值,通过迭代步骤比较简单,对目标函数的解析性质没有苛刻要求,甚至函数可以不连续。由于流域水文模型参数的优化具有多参数同时优化、目标函数难以用模型参数表达和不可能通过目标函数对参数求导求解最优值等特点,所以 Rosenbrock 算法在水文模型参数优选中得到了广泛的应用。Rosenbrock 算法把各搜索方向排成一个正交系统,在完成一个坐标搜索循环之后进行改善,当所有坐标轴搜索完毕并求得最小目标函数值时迭代结束。

VIC 模型参数优化的具体方案如下:

(1)根据 Rosenbrock 方法的原理,将 VIC 模型水文参数中的 6 个参数(B、D_1、D_2、D_m、D_s、W_s)对应于坐标轴方向 X_1、X_2、X_3、X_4、X_5、X_6,轮流进行搜索寻优。方便起见,采用固定步长($\lambda_1,\lambda_2,\cdots,\lambda_6 > 0$)和固定搜索方向(坐标轴方向)。变量的初值分别为 $X_1(0)$,$X_2(0)$,$\cdots$,$X_6(0)$。变量的取值范围分别为 $X_1(\min) \sim X_1(\max)$,$X_2(\min) \sim X_2(\max)$,$\cdots$,$X_6(\min) \sim X_6(\max)$。将 $X_1(0),X_2(0),\cdots,X_6(0)$ 代入模型,计算初始目标函数值 F_0。

(2)改变 X_1 变量,保持其他变量为不变进行搜索,即 $X_1(1) = X_1(0) + \lambda_1$,$X_2(1) = X_2(0)$,$\cdots$,$X_6(1) = X_6(0)$。计算目标函数值 F_1。如果 $F_1 < F_0$,则继续改变 X_1,直到 $F_k \geqslant F_{k-1}$ 或 $X_1(k) > X_1(\max)$;否则,反向搜索,即 $X_1(1) = X_1(0) - \lambda_1$,$X_2(1) = X_2(0)$,$\cdots$,$X_6(1) = X_6(0)$,如果 $F_1 < F_0$,则继续改变 X_1,直到 $F_k \geqslant F_{k-1}$ 或 $X_1(k) < X_1(\max)$。最后令 $X_1(0) = X_1(k-1)$,$F_0 = F_{k-1}$。这样就完成了一个变量的搜索。

（3）对 $X_2, \cdots, X_6$ 变量，重复（2）的操作，完成一个阶段的搜索。

（4）基于上一阶段的结果，进行下一阶段的搜索。直到精度满足优化计算收敛标准，退出计算。收敛标准有两个：①前后两次寻优的目标函数值之差小于给定的值，如 $\Delta F \leqslant 10^{-7}$；②等于最大允许迭代次数，如 $k = 5\,000$ 次。

参数优化的总目标是尽量减少模型模拟的流量和实测流量的相对误差，同时提高日径流过程的效率系数。用 Rosenbrock 方法调试参数时，输出每一调试结果并绘制模拟和实测日径流的过程线，以便人工判断参数的合理性。

参数优化目标函数计算公式如下：

（1）反映总量精度的多年径流相对误差 $Er(\%)$：

$$Er = (\overline{Q}_c - \overline{Q}_o)/\overline{Q}_o \tag{3-15}$$

式中：$\overline{Q}_o$、$\overline{Q}_c$ 为实测、模拟多年平均年径流量，以深度单位（mm）表示。

（2）反映流量过程吻合程度的 Nash 模型效率系数 NSE：

$$NSE = \frac{\sum (Q_{i,o} - \overline{Q}_o)^2 - \sum (Q_{i,c} - \overline{Q}_{i,o})^2}{\sum (Q_{i,o} - \overline{Q}_o)^2} \tag{3-16}$$

式中：$Q_{i,o}$ 和 $Q_{i,c}$ 为实测和模拟的流量系列，m^3/s。

3.2.3　VIC 模型的应用

3.2.3.1　示范区下垫面情况

在山西示范区构建了大尺度分布式 VIC 模型，来模拟水文循环过程，开展土壤墒情点面关系研究，实现对区域土壤墒情的实时监测。

图 3-7 ~ 图 3-9 分别给出了山西示范区高程分布图、雨量站分布图和示范区多年平均雨量分布图。

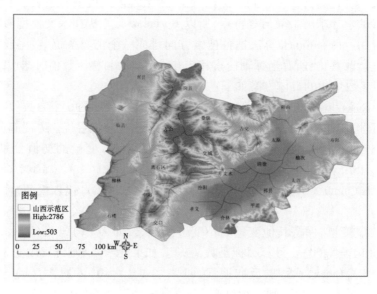

图 3-7　山西示范区 30 m × 30 m 高程分布

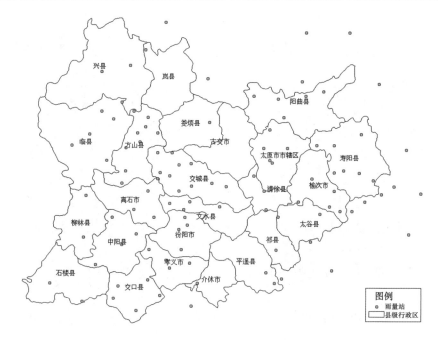

图 3-8　山西示范区 106 个雨量站空间分布

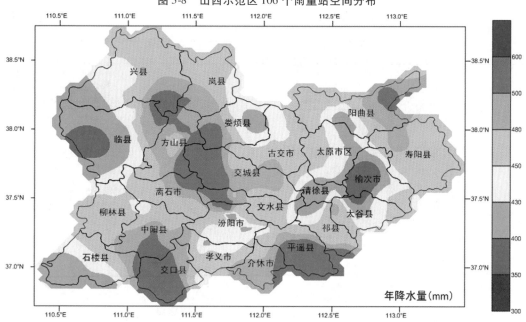

图 3-9　山西示范区 1970～2009 年多年平均降水量分布

　　图 3-10 给出了山西示范区叶面积指数 12 个月的空间分布情况。可以看出,研究区叶面积指数各月的分布从 1 月开始逐渐增大,在 8 月达到最大值,此后再慢慢降低。由此可知,在 8 月研究区内植被生长最多,说明作物蒸发的水分需求也达到极大值。

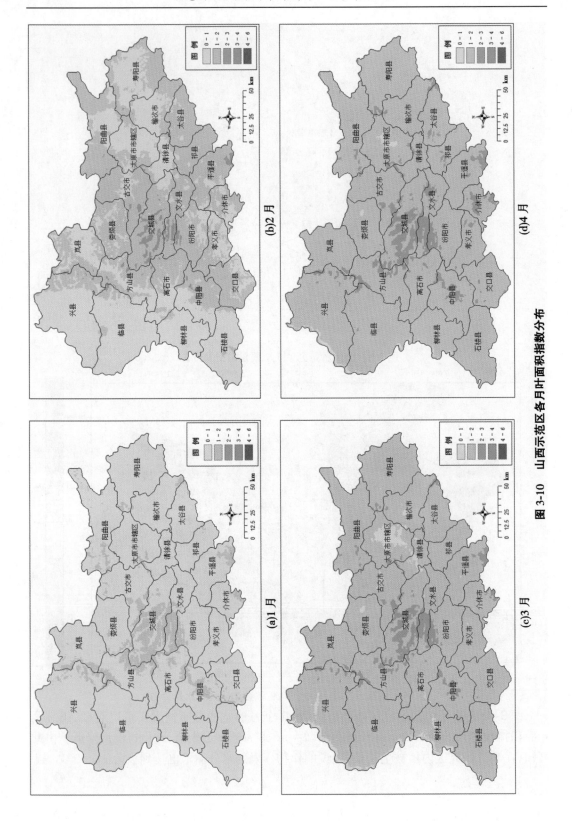

图 3-10　山西示范区各月叶面积指数分布

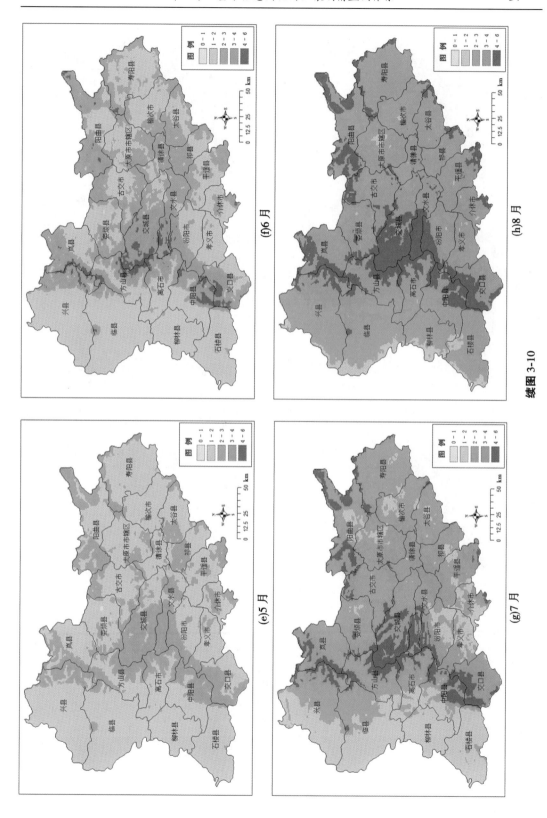

(e)5 月　　(f)6 月

(g)7 月　　(h)8 月

续图 3-10

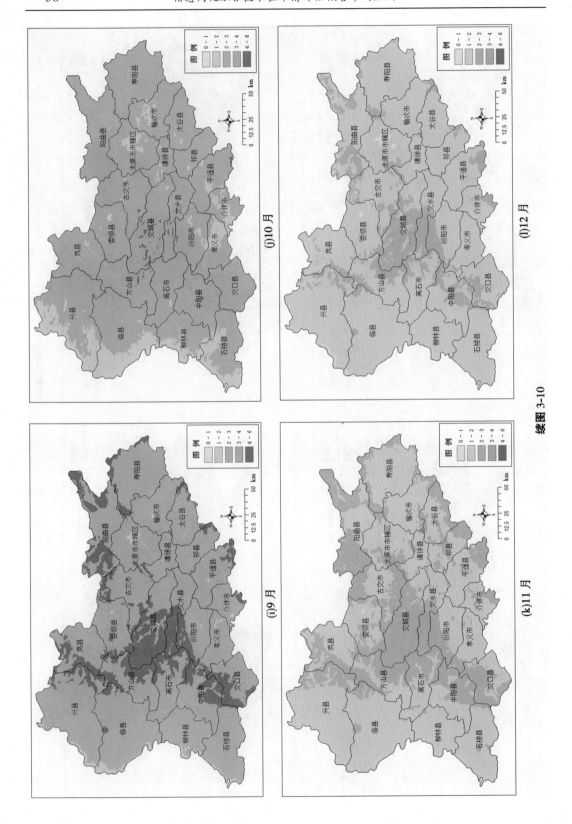

(i)9 月

(j)10 月

(k)11 月

(l)12 月

续图 3-10

3.2.3.2　模型水文参数率定

在示范区 4 km×4 km 网格上,采用 1951～2010 年日降水量和日最高气温、最低气温资料作为模型输入,运行 VIC 模型,逐个计算网格的蒸散发和产流,并用汇流程序汇集流域内网格的产流,输出流域出口的模拟流量。根据各流域控制站 1969 年以前实测流量资料率定 VIC 水文模型参数,经汇流得到各流域出口断面的流量过程,并与实测值比较。

经参数率定,得到汾河流域兰村站以上流域水文参数如表 3-5 所示。

表 3-5　兰村站以上流域参数率定结果

参数	单位	含义	参数值
B	N/A	饱和容量曲线参数(B)	0.14
D_s	N/A	非线性基流发生时占 D_{smax} 的比例	0.019
D_m	mm	基流日最大出流	29.6
W_s	N/A	非线性基流发生时占最大含水量的比例	0.78
C	N/A	在下渗曲线中所用的指数	2
d_1	m	第一层土层厚度	0.1
d_2	m	第二层土层厚度	0.61
d_3	m	第三层土层厚度	0.30

3.2.3.3　模型参数的优化调整

此时得到的模型参数还是个初始值,需要应用观测数据与模拟数据的同化,来完成对模型参数的优化调整。本书采用的数据的属性同化方法如下。

为完成模型参数的优化,首先解决观测信息与模型输出信息的时空属性不完全一致,无法进行同化的问题。为使两者的时空属性相近并具有可比性,需要对着两组数据进行属性同化。考虑到模型计算的土壤含水量代表着模型计算尺度 16 km² 网格的一个均值,而实测值仅代表某一小块实验地的含水量;且模型模拟的是一个网格内 24 h 的土壤含水量平均值,而墒情监测站是参用多点平均法作为这一天的平均值,因此存在着模拟值和观测值之间的时间、空间尺度都很不一致的问题,并且每个网格的土层厚度是不一致的。为了方便比较,根据《土壤墒情监测规范》(SL 364—2006)推荐的标准,采用垂线土壤平均含水量为 10 cm、20 cm 和 40 cm 三层土壤含水量作为垂线平均含水量的计算参考值。对模型输出的土壤含水量进行垂向插值计算,选取整编后的实测土壤垂线平均含水量和模拟的垂线平均土壤含水量来相互比较,可以得到两者在平均深度上土壤含水量的差异。

为反映模型模拟的土壤含水量和实测的土壤量之间的时空尺度的差异大小,采用了以土壤含水量距平作为模型参数调整的指标进行数据同化的方法,进行模型参数优化调试。在同化过程中,先计算得到土壤含水量的模拟数据和实测数据的多年平均值;然后分别计算土壤含水量模拟值和实测值的距平指标;最后根据比较模拟的和实测的土壤含水量距平指标之间的变化和差异,确定模型参数调整方向进行参数调试,如此反复直至两者误差达到最小。由此,完成对模型参数的优化调整。

3.2.4　模型模拟结果验证

3.2.4.1　土壤含水量模拟结果

应用 VIC 模型模拟了示范区的 1970～2007 年的区域土壤含水量变化过程,从模拟结果中提取了 11 个墒情观测站所在地点处的土壤含水量模拟数据过程,与该处的土壤含水量实际观测数据变化过程进行比较,分析两组数据的相关程度,得到土壤含水量的模拟计算系列与实际观测系列的平均相关系数为 0.62,相对误差为 0.55%。

对各墒情站墒情的模拟结果与实际结果对比分析结果见表 3-6。

表 3-6　VIC 模型模拟的性能指标统计

序号	墒情站	率定期			检验期		
		时间	相关系数	相对误差（%）	时间	相关系数	相对误差（%）
1	盘陀	2000～2005 年	0.82	−0.16	2006～2007 年	0.73	−1.71
2	义棠	2000～2005 年	0.78	0.35	2006～2007 年	0.76	0.61
3	文峪河水库	2000～2005 年	0.66	3.46	2006～2007 年	0.54	2.45
4	岔口	2000～2005 年	0.70	1.34	2006～2007 年	0.64	−3.26
5	董茹	2000～2005 年	0.74	2.13	2006～2007 年	0.76	2.41
6	汾河二坝	2000～2005 年	0.54	−3.12	2006～2007 年	0.62	1.54
7	独堆	2000～2005 年	0.60	0.13	2006～2007 年	0.63	−2.15
8	芦家庄	2000～2005 年	0.61	−1.26	2006～2007 年	0.71	1.54
9	裴沟	2000～2005 年	0.46	0.29	2006～2007 年	0.51	0.62
10	万年饱	2000～2005 年	0.54	−1.88	2006～2007 年	0.63	2.41
11	圪洞	2000～2005 年	0.42	4.83	2006～2007 年	0.52	−3.25

土壤含水量变化过程的对比如图 3-11 所示。

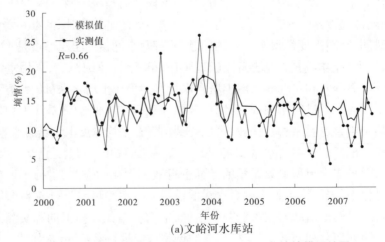

(a)文峪河水库站

图 3-11　山西示范区典型墒情站 2000～2007 年墒情模拟结果

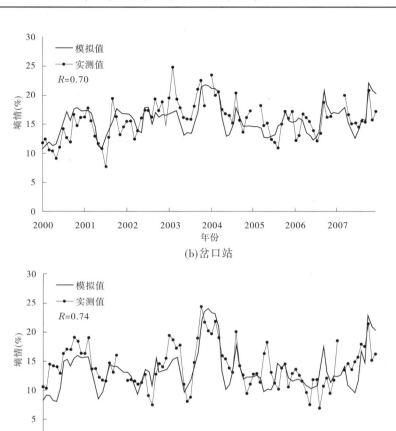

(b)岔口站

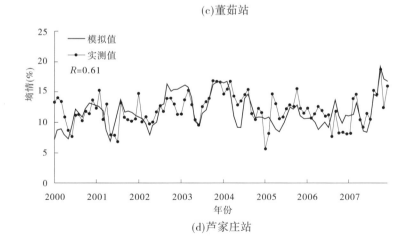

(c)董茹站

(d)芦家庄站

续图 3-11

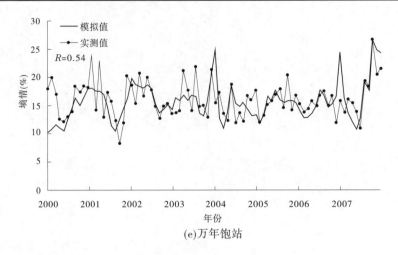

(e)万年饱站

续图 3-11

3.2.4.2 径流模拟结果检验

考虑到示范区内各地区的河流径流量受人类活动影响比较显著,而 1969 年以前的河道径流过程受人为影响相对较小,可以近似认定为天然径流。因此,本书选取了 1969 年以前的实测径流量作为模型的适应性检验标准。

表 3-7 给出了示范区内后大成、林家坪和兰村等流量控制站点上,由 VIC 模型模拟径流计算结果与实测径流系列性能指标的对比结果。可以看出,模型在各子流域对径流的模拟效果较好,月径流过程的 Nash 效率系数大都在 0.71 以上,其中后大成和林家坪两个站的 Nash 效率系数在 0.80 以上。相对误差也控制在 10% 以内。

表 3-7 VIC 模型径流模拟的性能指标统计

序号	水文站	水系	率定期			检验期		
			时间	相对误差（%）	效率系数	时间	相对误差（%）	效率系数
1	后大成	三川河	1958~1965 年	−2.3	0.85	1966~1969 年	−9.6	0.82
2	林家坪	湫水河	1954~1965 年	3.6	0.83	1966~1969 年	−4.3	0.81
3	裴沟	屈产河	1962~1966 年	6.1	0.72	1967~1969 年	3.4	0.69
4	芦家庄	潇河	1953~1965 年	−0.3	0.81	1966~1969 年	1.2	0.79
5	兰村	汾河	1951~1957 年	−4.5	0.75	1958~1959 年	5.5	0.71
6	义棠	汾河	1958~1965 年	7.2	0.82	1966~1969 年	2.4	0.80

从径流过程的模拟结果与实际径流过程对比来看(见图 3-12),VIC 模型可以很好地模拟山西示范区的径流过程。

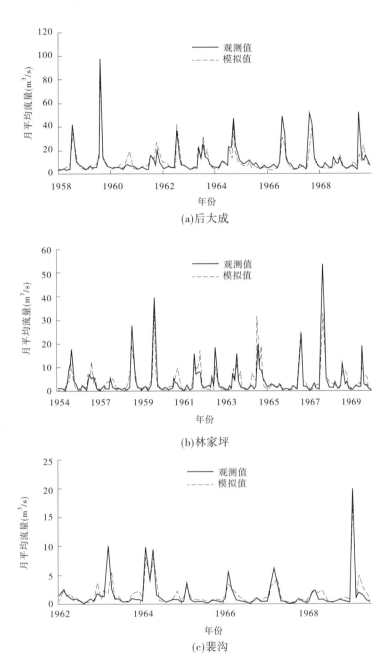

(a)后大成

(b)林家坪

(c)裴沟

图 3-12　山西示范区内各典型子流域径流模拟结果检验

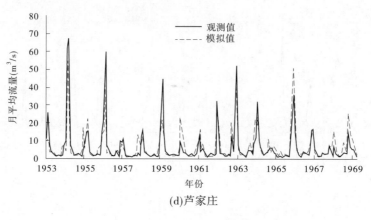

(d)芦家庄

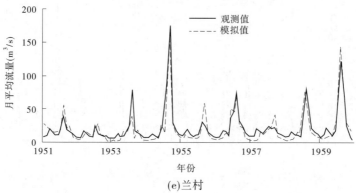

(e)兰村

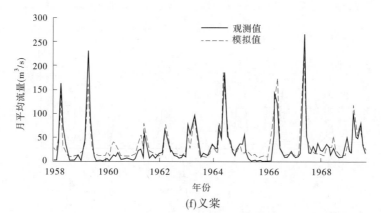

(f)义棠

续图 3-12

通过 VIC 模型对土壤含水量和径流过程的模拟结果的检验和验证,说明所建立的山西示范区水文模型可以很好地模拟该区的水文循环过程,其模拟结果可以反映区域土壤含水量的变化情况和径流变化过程,该模型不仅解决了土壤墒情点面关系的转化问题,并且可以及时反映区域土壤墒情的变化情况,定时利用实际观测数据对模型参数进行优化,所建立的 VIC 模型将是该示范区土壤墒情综合监测体系中重要工具。

3.3　利用遥感信息进行土壤墒情监测

利用遥感信息进行下垫面水分的监测,是近年来遥感技术应用的一个方向,本节讨论了山西示范区实测土壤含水量与遥感信息的对比分析。随着遥感技术的发展,利用遥感技术监测大范围旱情逐步成为可能。利用遥感技术主要采集地表的土壤墒情信息,地表 5 cm 以下土壤墒情信息的定量采集需要由土壤墒情监测站点来完成,由于遥感技术尚不完善,精度有待提高,遥感监测不能替代地面的土壤墒情监测,而应与地面监测点相互补充、相互结合。

3.3.1　土壤墒情数据处理与分析

本书中,土壤墒情实测资料有两个来源,一是水利信息中心提供的土壤墒情数据,二是山西省墒情监测站的观测数据。

前者数据项主要为 10 cm、20 cm、30 cm、40 cm 和 50 cm 土层深逐旬的土壤含水量,时间段为 1991~2002 年,根据气象站点检索到的山西示范区内仅有介休站一个站点,可能是降水气象观测站和土壤墒情观测站属于不同的观测系统导致。利用介休站站点的不同土层深的观测数据分析,发现 10~50 cm 不同土层深间的相关系数达 97%,各层之间显著相关。提取了 1991~2002 年逐旬的降水和 20 cm 深土层含水量进行变化过程分析,分析了 1991~2002 年以来两者的关系,如图 3-13 所示。如果没有降水或降水量小于 20 mm,土壤含水量随着时间呈现逐渐减少的变化趋势;而当有较多降水发生时(1991 年、1992 年、1994 年、1995 年、1996 年、1998 年、2000 年 8 月,1993 年、1997 年、1999 年、2001 年 7 月,2002 年 9 月),土壤含水量有一个突然增加的趋势,此期间达到峰值,随后又降低。

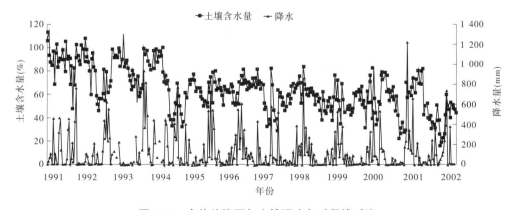

图 3-13　介休站降雨与土壤湿度旬过程线对比

本书采用了山西示范区 9 个站点的实测墒情数据。该数据集包括的观测内容除分层土壤含水量外,还有同期作物类型、生长期、受旱情况以及降水的信息。各个站点位置信息和土壤信息如表 3-8 所示。

表 3-8　土壤墒情站点信息

编号	站名	经度(°)	纬度(°)	0～30 cm 土壤质地	30～100 cm 土壤质地
1	董茹	112.45	37.78	黏壤土	黏壤土
2	汾河二坝	112.38	37.60	黏壤土	壤土
3	盘陀	112.48	37.22	黏壤土	壤土
4	岔口	111.78	37.63	黏壤土	黏土
5	文峪河水库	112.02	37.50	黏壤土	壤土
6	义棠	111.83	37.00	黏壤土	壤土
7	万年饱	111.20	37.25	黏壤土	壤土
8	裴沟	110.75	37.18	黏壤土	壤土
9	独堆	113.18	37.72	黏壤土	壤土

根据 2000～2007 年以来站点观测数据中的作物种类和生长期信息,发现汾河二坝、盘陀、文峪河水库和义棠站点显示的信息为白地,说明这几个站点的墒情监测结果不能反映作物种植区域不同时间土壤墒情的状态,在后面分析过程中不予考虑。

利用地面观测的土壤墒情信息,分析观测站点作物种植和生长阶段土壤墒情与旱情的关系。岔口站 2000～2007 年逐旬土壤含水量以及对应的平均值过程线如图 3-14 所示。通过对站点的土壤含水量过程线与多年平均值进行对比,发现几乎每年都存在旬观测值低于平均值的情况,考虑到 1～3 月、10～12 月这两个时间段通常没有作物,如果是根据作物生长季分析,土壤墒情比平均值差的年份有 2000 年、2001 年、2005 年和 2006 年。

万年饱站 2000～2007 年逐旬土壤含水量以及对应的平均值过程线如图 3-15 所示。通过对站点的土壤含水量过程线与多年平均值进行对比,发现在作物生长季土壤墒情比平均值差的年份有 2000 年、2001 年、2004 年、2005 年和 2006 年。

独堆站 2000～2007 年逐旬土壤含水量以及对应的平均值过程线如图 3-16 所示。通过对站点的土壤含水量过程线与多年平均值进行对比,发现在作物生长季土壤墒情比平均值差的年份有 2000 年、2001 年、2004 年、2005 年和 2006 年。

3.3.2　遥感数据处理与分析

考虑到遥感干旱指数计算需要红、近红、短波和热红外通道信息,本书中采用的 MODIS 数据级别为 1B 数据,获取山西示范区 2000～2009 年的 TERRA MODIS 原始 1B 数据,通过初步筛选(云量),每年使用的 MODIS 数据约计 960 景。

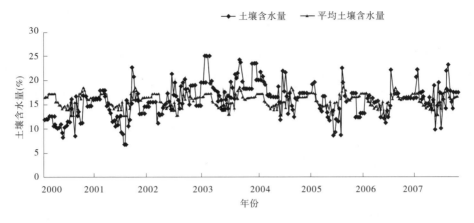

图 3-14　岔口站土壤含水量时间序列过程线

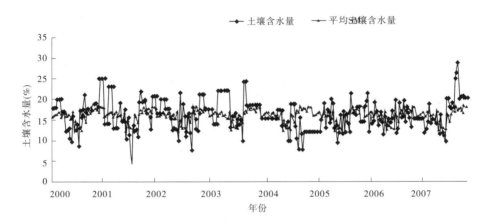

图 3-15　万年饱站土壤含水量时间序列过程线

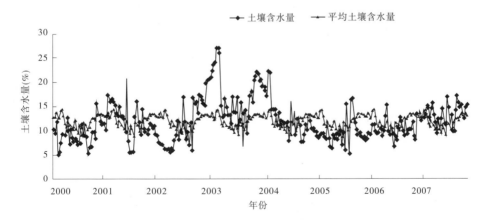

图 3-16　独堆站土壤含水量时间序列过程线

MODIS1B 数据处理过程包括辐射校正、几何校正、大气校正、云检测和地表参数计算等。

植被指数是基于植物叶绿素在红光通道的强吸收以及近红外的强反射特征,利用这两个通道的简单或线性组合比值表达植被状态信息。目前,建立的植被指数有多种,如简单植被指数、比值植被指数、归一化植被指数和土壤校准植被指数等,其中最常用的是归一化植被指数($NDVI$),其定义为

$$NDVI = \frac{\rho nir - \rho red}{\rho nir + \rho red} \tag{3-17}$$

式中:ρnir、ρred 分别表示植被在近红外波段和红光波段上的反射率(对 MODIS 来说,分别为第 2 波段和第 1 波段)。

地表温度的计算是根据毛克彪等(1997)提出的分裂窗算法,利用 31 和 32 通道的亮温计算得到。算法公式如下:

$$T_s = aBT_{31} + - bBT_{32} + c \tag{3-18}$$

式中:BT_{31}、BT_{32} 为 31 和 32 通道的辐射亮温;a、b、c 为 31、32 通道透过率或比辐射率相关的参数,详细计算公式见算法文档。

利用遥感数据监测地表植被指数和温度状况,借助遥感信息的变化及与历史平均状态的关系分析地表作物受水分胁迫影响的程度。

Kogan(1990)提出了植被状态指数 VCI,基于 $NDVI$ 和多年的 $NDVI$ 最大值和最小值计算得到,公式如下:

$$VCI_j = \frac{NDVI_j - NDVI_{\min}}{NDVI_{\max} - NDVI_{\min}} \times 100\% \tag{3-19}$$

式中:VCI_j 为日期 j 的植被状态指数;$NDVI_j$ 为日期 j 的 $NDVI$ 值;$NDVI_{\max}$ 为所有图像中最大的 $NDVI$ 值;$NDVI_{\min}$ 为所有图像中最小的 $NDVI$ 值。

这里,采用了闫娜娜等对于 $NDVI_{\max}$ 和 $NDVI_{\min}$ 的提取方法,利用多年逐日的 MODIS NDVI 产品数据,逐像元计算得到逐旬的 $NDVI$ 最大值和最小值,旬的植被最大值、最小值参数可以很好地反映区域植被旬或月的变化。对于作物播种前和收割后的时期,红和近红通道反射率接近,$NDVI$ 反映不敏感,因此 VCI 对于休闲地的旱情也无法合理反映,因此冯强等应用 VCI 进行全国旱情监测时,将时间段限定在 3~9 月。

植物冠层温度升高是植物受到水分胁迫和干旱发生的最初指示,当空气温度升高时,叶片气孔的关闭可以降低由于蒸腾所造成的水分损失,地表潜热通量的降低又会使感热通量增加,进而导致冠层温度的升高。基于这个原理,Kogan(1995)提出了温度条件指数 TCI,基于地表温度和地表温度最大值及最小值计算得到,公式如下:

$$TCI_j = \frac{T_{\max} - Ts_j}{T_{\max} - T_{\min}} \times 100\% \tag{3-20}$$

式中:TCI_j 为日期 j 的温度条件指数;Ts_j 为日期 j 的地表温度;$T_{\max}$ 为数据集中所有图像中最大地表温度;$T_{\min}$ 为所有图像中最小地表温度。

由于 TCI 是由地表温度计算得到的,因此并不受作物生长季的限制,在作物播种或收割期间同样也可以监测,裸土的地表温度相对于历史极端状况的变化也可以反映旱情,而

这一点可以弥补 VCI 的缺点。同样,采用多年逐日的 MODIS 地温产品数据,逐像元计算得到逐旬的地温最大值和最小值。

由于 VCI、TCI 指数对植被的反映在时空上存在不同的差异,通过对旱情对植被生长环境的研究,利用 TCI 和 VCI 复合而成的植被健康指数 VHI 可以很好地对旱情进行监测(Kogan,1995;Unganai 和 Kogan,1998)。

$$VHI = a \times VCI + (1 - a) \times TCI \tag{3-21}$$

式中:a 为 VCI 的权重;1 - a 为 TCI 的权重。

权重由 VCI、TCI 对 VHI 指数的贡献来确定。由于在不同地区与时间,土壤植被对 VCI、TCI 的影响不一样,很难确定 VCI、TCI 对 VHI 指数的贡献,一般在不能明确 a 的情况下默认 a 为 0.5,针对不同气候区、不同作物生长期,需要确定出对应的权重系数 a。

3.3.3　遥感监测土壤墒情

由于土壤湿度是长期以来评价与监测农业旱情的一个主要指标,基于遥感信息的旱情指数与土壤湿度数据有较好的相关性,因此通过旱情指标与土壤墒情的相关关系,分析和评价 VCI、TCI 和 VHI 旱情指数反映的土壤墒情状况。

已有分析表明,利用植被和温度计算的指数与土壤湿度存在线性、对数、指数数学关系(冯强,田国良,2003,2004;姚春生,张增祥,2004;Bobo Su,Abreham Yacob,2003;齐述华等,2004,2005)。通过对实验区的数据分析,表明可以利用指数与 10 cm 处的土壤相对湿度建立线性模型。

$$Y = aX + b \tag{3-22}$$

式中:X 为对应不同的旱情遥感指数;Y 为土壤相对湿度(在小范围内可以认为土壤的质地没有发生什么变化,即田间持水量相同,Y 值可以用绝对湿度代替);a 为土壤湿度在指数变化时来墒去墒的快慢(墒情变化快慢);b 为在极端气象条件下的底墒。

牟伶俐(2006)利用 NOAA 数据的 VCI 指数计算所利用的最大、最小 NDVI 值,从 1991～2004年 NOAA/AVHRR 标准数据集中,按旬时间尺度提取(闫娜娜,2005;闫娜娜,吴炳方等,2006)。在山西太谷实验区开展遥感旱情指数的适应研究,获取 10 cm 和20 cm 深度的土壤湿度数据,以每旬的第 2 日作为观测时间,在 2003～2005 年共获取 54 旬的土壤湿度数据。进行规格化整理,形成标准的试验分析参考数据,并计算土壤相对湿度。

将遥感旱情指数与土壤相对湿度数据进行相关性分析。其中,图 3-17 为日遥感旱情指数与土壤相对湿度相关性分析结果,图 3-18 为旬遥感旱情指数 VHI 与土壤湿度相关性分析结果。

通过上面分析,无论是日指数还是旬指数,各遥感旱情指数与土壤相对湿度有较好的相关性,一致性很明显,即遥感旱情指数 VHI 越大,土壤湿度越高。但不同监测时间尺度和范围产生的相关关系会不同。

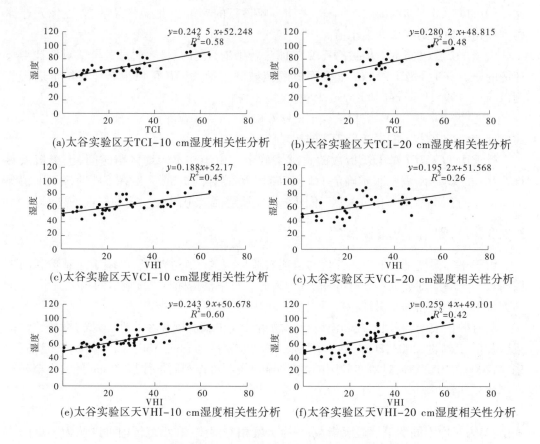

(a)太谷实验区天TCI-10 cm湿度相关性分析　　(b)太谷实验区天TCI-20 cm湿度相关性分析

(c)太谷实验区天VCI-10 cm湿度相关性分析　　(c)太谷实验区天VCI-20 cm湿度相关性分析

(e)太谷实验区天VHI-10 cm湿度相关性分析　　(f)太谷实验区天VHI-20 cm湿度相关性分析

图 3-17　　山西太谷日遥感旱情指数与土壤湿度相关性分析

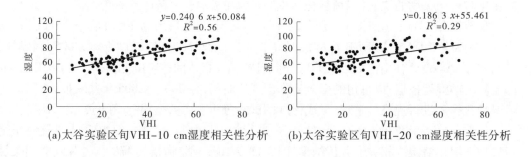

(a)太谷实验区旬VHI-10 cm湿度相关性分析　　(b)太谷实验区旬VHI-20 cm湿度相关性分析

图 3-18　　山西太谷旬遥感旱情指数与土壤湿度相关性分析

3.4　多源墒情信息相关性分析

3.4.1　同化信息源

3.4.1.1　基于遥感监测的土壤墒情

遥感技术可以获取时空连续的地表参量信息,反映时空尺度上地表状态的变化,遥感数据可以反映土壤湿度信息。因此,遥感信息是重要的土壤墒情信息源。

借助更高分辨率的 MODIS 遥感数据,构建作物生长季的遥感旱情指数,对土壤湿度敏感,可表征土壤湿度状况,遥感旱情指数值变化范围为 0 ~ 250,值越大表征土壤含水量越高。由 3.3 节可知,在作物生长季,遥感旱情指数 VHI 指数与土壤含水量关系稳定,可以准确反映土壤湿度信息。同时,土壤墒情数据也可以为旱情监测与验证提供重要信息源。

3.4.1.2　基于水文模拟的土壤墒情

水文模型可连续模拟逐日的土壤含水量,可建立基于逐旬时间尺度的干旱指数,这样比以往基于月尺度的干旱指数,更能准确描述干旱的发生、结束和程度,进而为旱情监测预测及抗旱决策提供更加及时、可靠的支持,达到有效减灾和防灾的目的。基于水文模型模拟的土壤含水量进行干旱研究,是从土壤含水量的角度开展干旱监测和预测。基于土壤含水量的干旱指数,考虑了降水、蒸发、植被和土壤特性对干旱的综合影响,能够更加真实地反映实际发生的干旱。

3.4.1.3　土壤墒情与遥感旱情结果比对

VIC 模型可以计算出区域范围的土壤墒情,利用土壤墒情信息可以反映区域旱情信息;遥感旱情监测模型可以反演大尺度、连续时间内的旱情信息,因此本节开展 VIC 模型模拟的土壤墒情反映的旱情信息与遥感旱情模型反演结果比较研究,为多源信息联合反演区域旱情提供重要依据。

由于在大区域、像元尺度上无法获取到作物受旱程度的地面观测数据,这样如何验证遥感旱情便是遥感旱情监测研究的核心问题。这里将遥感旱情信息与土壤墒情面数据进行对比分析,分析两者的相关性和表达旱情程度、发展及变化的一致性。

下面以 2000 ~ 2003 年山西示范区作物生长期(3 ~ 10 月)为研究时间段,利用土壤墒情监测体系和遥感旱情模型分别估算逐月的作物受旱程度,并通过空间分布和时间序列分析,比较两种结果的差异和一致性,分析两种旱情监测方法各自的优势与缺点。

在空间尺度上,利用 VIC 模型模拟土壤墒情,同时可以反映作物受旱状况,并借助遥感旱情监测模型反演作物受旱程度,将两者进行比较,结果如图 3-19 及图 3-20 所示,这里以发生较重旱情的 2000 年和较轻旱情的 2002 年为例。

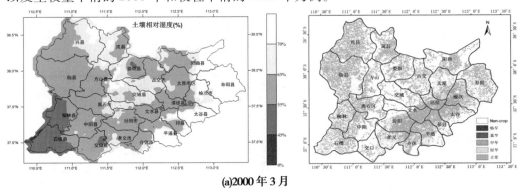

(a)2000 年 3 月

图 3-19　2000 年山西示范区(3 ~ 7 月)逐月土壤墒情模拟结果(左图)及
遥感旱情监测结果(右图)

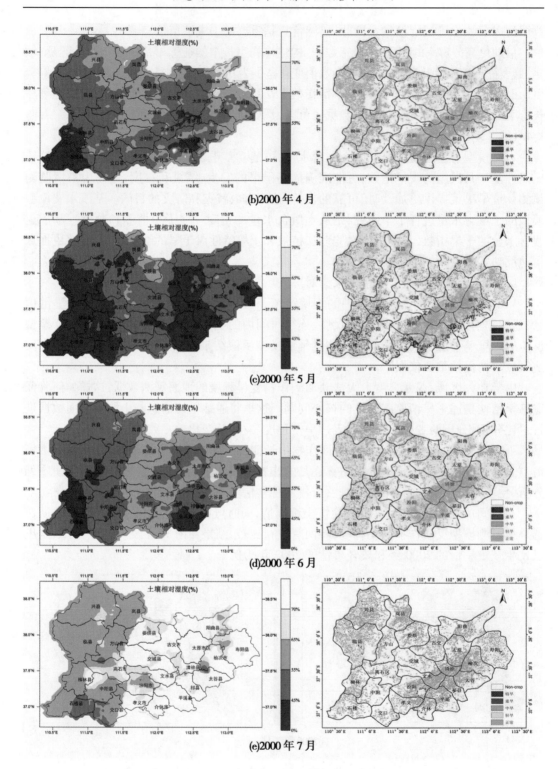

(b)2000 年 4 月

(c)2000 年 5 月

(d)2000 年 6 月

(e)2000 年 7 月

续图 3-19

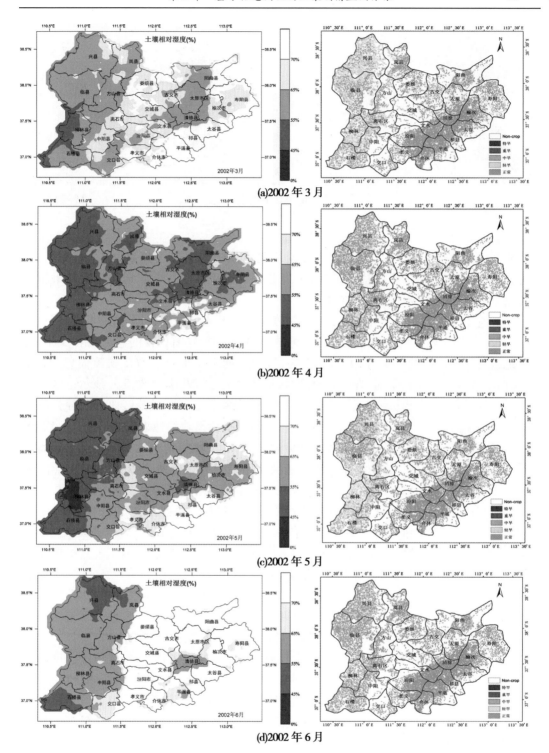

图 3-20　2002 年山西示范区(3~7 月)逐月土壤墒情模拟结果(左图)及
遥感旱情监测结果(右图)

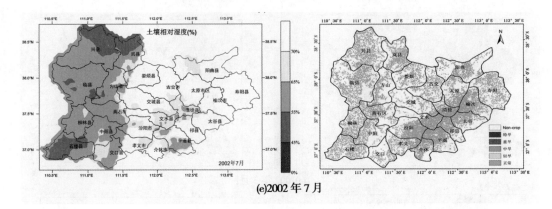

(e)2002 年 7 月

续图 3-20

　　依据已有的土壤墒情与作物受旱程度对应关系,以土壤相对湿度数据划分受旱状况,分为无旱、轻旱、中旱、重旱和特旱,如图 3-20 以不同深度红色标示。遥感旱情结果将旱情等级分为同样的 5 级,用不同颜色标示。

　　通过对比分析,发现在空间范围内,旱情发生区域基本一致,逐月旱情的发展、变化趋势一致,2000 年山西示范区西部发生了严重旱情,两个指标均有同样的监测结果,3～5 月为该地区受旱最严重的 3 个月,尤以 5 月为最严重,两个指标能一致反映该信息。2002年,山西示范区发生较轻旱情,在空间范围内,旱情发生区域基本一致,5 月该示范区当年发生的旱情最重,两个指标能一致反映该信息。但在 4 月、6 月,示范区西部两种方法估算的旱情结果有差异。由多方面原因引起,首先两个指标反映的地表信息不完全一致,遥感反映了作物受旱引起的长势及地表温度信息变化,而土壤墒情模型基于单点土壤墒情结果考虑地表水分平衡;另外,该地区土壤墒情模型结果为低分辨率数据,遥感监测结果中区域内为更细的像元尺度数据,因此两者在具体位置上的旱情信息表达会不一致。

　　在时间尺度上,利用 2000～2003 年作物生长期 3～10 月两种方法估算的旱情结果进行相关性分析,其中土壤墒情模型模拟的结果划分为 5 级旱情等级,在各个县级单元内求其均值代表该子区域整体受旱状况,同时将遥感反演的旱情结果进行基于各县级单元的受旱比例统计,按受旱比例表征该子区域的整体受旱情况,同样划分为 5 级,受旱等级以0～4 来表示,0 为无旱,1 为轻旱,2 为中旱,3 为重旱,4 为特旱。相关系数如图 3-21 所示,对 19 个县级区域分别统计,大部分区域两者的相关系数均超过 0.5,整个示范区统计后,相关系数为 0.50,说明两种方法估算的旱情结果具有较强的一致性。

　　以汾阳市、岚县、离石市和阳曲县为例,比较两种方法得到的旱情等级值吻合度和一致性,比较结果如图 3-22 所示。在整个时间段内,两种方法结果几乎一致,吻合度很高,旱情程度变化趋势一致;在 2002 年汾阳市遥感旱情结果与土壤墒情模拟旱情结果有差异;在四个子区域内,超过 70%的月份内两者具有相同或相近的旱情等级,旱情程度和变化、发展趋势一致性较高。

3.4.2　同化技术应用

　　多源信息的应用是未来水文科学发展的一个重要趋势,水文数据同化已经成为当前

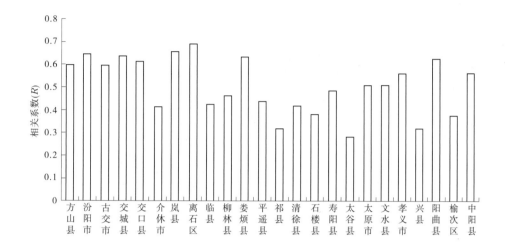

图 3-21　两种方法旱情结果的相关系数(土壤墒情模型模拟和遥感反演)

水文学研究的一个热点。数据同化有两个基本途径:一是全局拟合,以变分方法为代表;二是顺序同化,以各种卡尔曼滤波及粒子滤波方法为代表。数据同化技术已经被许多学者应用于降雨径流模拟与预报,但在遥感反演水文信息精度的改进、"最优"方法的选取、误差的定量描述、数据同化对象的选择,以及同化效果的评估等多方面,还有大量问题有待深入研究。

数据同化,指将物理过程数值模型拟合结果与观测数据相融合,以不断更新系统状态与参数,从而提高物理过程模拟或预报精度的方法。通过数据同化,主要达到四个目的:系统时空状态估计、模型参数校正、提高系统模拟与预测精度以及系统模拟与预测不确定性的定量分析。数据同化早在 20 世纪五六十年代就被成功应用于数值天气预报,随后在海洋预测系统中也得到广泛应用,但直到 20 世纪 90 年代才被用来研究陆面过程。过去 20 多年中,陆面过程数据同化成为一个非常活跃的研究领域,在水文数据同化(将水文模型拟合结果与地面、遥感观测数据相融合,以不断更新水文模型状态变量与参数,从而提高水文过程模拟与预报精度的方法)方面也有大量成果发表。

数据同化算法作为数据同化的重要组成部分,是连接观测数据与模型模拟预测的关键核心部分。按数据同化算法与模型之间的关联机制,数据同化算法大致可分为顺序数据同化算法和连续数据同化算法两大类,图 3-23 给出了这两类数据同化算法的比较图。图中横轴表示时间,纵轴表示状态值,实心点表示观测数据,横穿实心点的实线表示观测数据误差,虚线表示模型的状态预测轨迹,粗实线和点画线分别表示利用两种同化算法得到的校正后的状态量轨迹。

连续数据同化算法定义一个同化的时间窗口 T,利用该同化窗口内的所有观测数据和模型状态值进行最优估计,通过迭代不断调整模型初始场,最终将模型轨迹拟合到在同化窗口周期内获取的所有观测上,如三维变分和四维变分算法等。图中粗实线表示利用连续数据同化算法校正后的模型预测轨迹,任意 t 时刻的状态量是根据 $[t-T, t+T]$ 时间内所有观测值对模型预测值进行校正得到的。当观测值与模型预测值相差较小时,校正

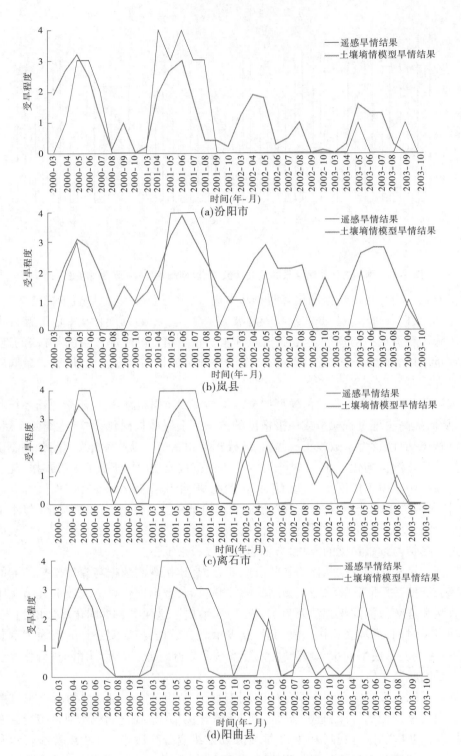

图 3-22　时间序列下土壤墒情模型模拟和遥感反演旱情结果比较
（以汾阳市、岚县、离石市和阳曲县为例）

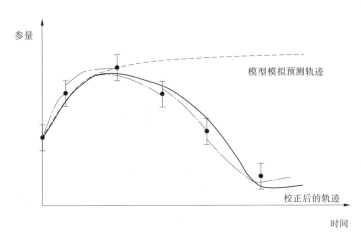

图 3-23　两种不同数据同化算法比较图

后的轨迹与初始模型预测轨迹相差不大;若观测值与模型预测值相差较大,则校正后轨迹与初始模型预测轨迹也相差较大。

　　顺序数据同化算法又称为滤波算法,包括预测和更新两个过程。预测过程根据 t 时刻状态值初始化模型,不断向前积分直到有新的观测值输入,预测 $t+1$ 时刻模型的状态值;更新过程则是对当前 $t+1$ 时刻的观测值和模型状态预测值进行加权,得到当前时刻状态最优估计值,其中权重根据二者的误差确定;接着,根据当前 $t+1$ 时刻的状态值对模型重新初始化,重复上述预测和更新两个步骤,直到完成所有观测数据时刻的状态预测和更新,常见的算法有集合卡尔曼滤波和粒子滤波算法等。图中点画线表示利用顺序数据同化算法校正后的模型预测轨迹,若 t 时刻有观测值,利用观测值校正模型预测值,模型预测轨迹在 t 时刻发生跳跃。

　　从 20 世纪 80 年代开始,在对地观测技术和地球系统科学研究发展的推动下,尤其是随着遥感技术的发展,数据同化逐步转向解释并预测地球系统变化,数据同化算法也更注重将新的数学研究成果与地球系统科学的物理过程相结合,一系列新的数据同化算法相继被提出,主流算法包括变分算法、卡尔曼滤波系列算法,以及近几年来新兴起的基于贝叶斯理论的粒子滤波算法和层状贝叶斯模型,这些新算法推动了数据同化的进步。

3.4.3　土壤墒情同化

　　由于土壤结构和质地的复杂性及其空间不一致性,并受限于土壤参数及其资料,想精确地模拟空间分布的土壤墒情是有困难的。因此,如何选取合适的方法来比较模型输出的土壤含水量和实测含水量是很复杂的。

　　由于模型计算的土壤含水量代表着模型计算尺度 16 km^2 网格的一个均值,而实测值仅代表某一小块实验地的含水量;模型模拟的是一个网格内 24 h 的土壤含水量平均值,而墒情监测站是参用多点平均法作为这一天的平均值,因此模拟值和观测值之间的时间、空间尺度都很不一致;并且由于每个网格的土层厚度是不一致的,为了方便比较,对模型输出的土壤含水量进行垂向插值计算,选取整编后的实测土壤垂线平均含水量和模拟的垂线平均土壤含水量来相互比较。根据《土壤墒情监测规范》(SL 364—2006)推荐标准,垂线土壤平均含水量为 10 cm、20 cm 和 40 cm 三层土壤含水量作为垂线平均含水量的计算参考值。

考虑到土壤含水量的模型模拟值与实测值之间的时空尺度差异,采用两者土壤含水量距平值作为同化的比较方法。模型通过参数的调试,能够反映当地土壤含水量的变化。首先,分别计算模拟的和实测的土壤含水量的多年平均值;其次,将模拟的和实测的土壤含水量分别减去其多年平均值,得到土壤含水量距平值;最后,比较模拟和实测土壤含水量距平的过程。

以盘陀站和义棠站为例,图 3-24 为水文模拟土壤墒情与实测数据同化前后对比。实线代表实测的土壤墒情变化过程,虚线代表同化前模拟的原始墒情结果,点画线代表经同化后的土壤墒情结果,可以看出采用实测数据进行同化后的水文模拟墒情精度比同化前有较大提高。

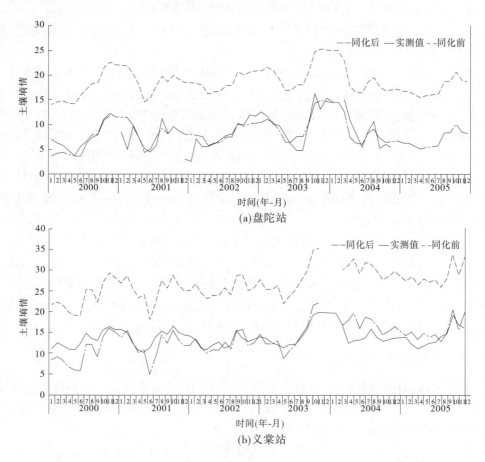

图 3-24　模拟墒情与实测数据同化前后对比(以盘陀站和义棠站为例)

3.5　小　结

采用基于水量平衡原理的 VIC 模型模拟逐日土壤含水量,以山西省汾河流域为例,模拟了区域内 1970~2009 年间的历史干旱发生情况,并采用实测资料进行数据同化。结果表明:通过基于 VIC 模型和实测数据同化数据结果能够较好地模拟研究区的土壤含水量时间变化过程,采用实测数据进行同化后的水文模拟墒情精度比同化前有较大提高。基于土壤含水量模拟的土壤干旱指数物理意义清晰,能较好地刻画区域旱情在时空上的发生、发展及结束过程,对全面监测区域土壤墒情的变化具有较好的应用价值。

第4章　基于仿真与遥感的农业旱情判别

4.1　农作物受旱缺水模拟

农业干旱是因供水不足,无法满足作物正常生长发育所需水分的现象。供水不足,有自然降水不足的原因,也有降水不足后无法通过灌溉供水的原因。准确判定农业旱情是抗旱工作中非常重要的一个环节,对于全面了解旱情的发生范围及严重程度以及针对性地制订可行的抗旱措施具有重要的指导作用。

一般以土壤中实际储存的、可供作物利用的水量多少为依据判别作物的受旱情况。无论是降水还是灌溉,水分都要首先储存在土壤中,然后被作物生长逐步吸收利用;另外,区域的气象、水文、灌溉等条件以及灌溉用水管理状况,也都能够很好地通过农业旱情信息得以体现。因此,可通过土壤墒情信息、农作物缺水信息及遥感信息识别农业旱情。如何判别农业旱情是综合旱情预测预警的关键。为表征农业旱情的发生与发展过程,有多种判别方法。采用仿真技术模拟作物生长过程,识别农作物需水、缺水信息,并进行遥感信息比对是判别农业旱情行之有效的方法。

从农田水量平衡原理出发,以农田表层为原型,模拟农作物生长期农田水分循环过程及土壤墒情信息。本书考虑到南北气候差异、种植的农作物不同,山西示范区以旱作物为主,江西示范区以水稻为主,分别应用仿真技术建立了旱作物和水稻生长模拟模型,对旱作物和水稻的受旱过程进行模拟。

4.1.1　旱作物生长过程模拟

4.1.1.1　旱地水分平衡模型

如果把某一旱地农田土壤视为隔离体,则农田水分在“土壤—作物—大气”连续系统内,通过降水、灌溉、土壤蒸发、作物蒸腾、下渗、地下水补给等形式进行着复杂的交换。

能够对作物根层水分产生影响的土壤层称为计划湿润层。图4-1中 H_j 就是计划湿润层的深度。不同的作物由于其根系深度不同,其计划湿润层的深度是不同的。即使是同一种作物,由于其不同生长期的根系深度在变化,其计划湿润层的深度也在变化。图4-1中 H_m 为计划湿润层的最大深度。

进入计划湿润层的水分包括降水量 P、灌溉水量 G、地表水流入量 I_s、土壤中水的流入量 I_g 和地下水补给量 U;流出计划湿润层的水分包括土壤蒸发 E_s、作物蒸腾 E_c、农田表面产生的径流 Q、土壤中水的流出量 R_g 和深层渗漏量 S。

因此,完整的计划湿润层(农田)水分平衡方程为

$$W_{i+1} - W_i = \Delta W_i + (P + G + I_s + I_g + U) - (E_s + E_c + Q + R_g + S) \qquad (4\text{-}1)$$

式中:W_i、W_{i+1} 为第 i 时段初、末的计划湿润层含水量,mm;ΔW_i 为计划湿润层变化时土

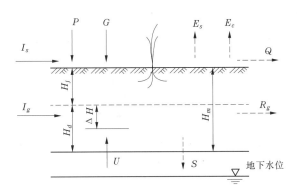

图 4-1 旱地土壤湿润层变化及水分计算示意图

壤含水量的变化,mm;P 为第 i 时段内的降水量,mm;G 为第 i 时段内的灌溉水量,mm;I_s 为第 i 时段内地表水流入量,mm;I_g 为第 i 时段内土壤中水的流入量,mm;U 为第 i 时段内的地下水补给量(即潜水蒸发量),mm;E_s 为第 i 时段内的土壤蒸发量,mm;E_c 为第 i 时段内的作物蒸腾量,mm;Q 为第 i 时段内的农田表面产生的径流量,mm;R_g 为第 i 时段内的土壤中水的流出量,mm;S 为第 i 时段内的深层渗漏量,mm。

大量的农田水分平衡研究结果表明,在旱作地区,特别是在平地上,农田水分循环以垂直方向的水量交换为主,除小部分雨季降水通过地面径流损失外,绝大部分降水被拦蓄在疏松的土层内。

因此,式(4-1)中水平方向的水量交换,除地面径流外,均可忽略不计,即 $I_s \rightarrow 0$、$I_g \rightarrow 0$、$R_g \rightarrow 0$。若计划湿润层不变,则 $\Delta W_i \rightarrow 0$,故式(4-1)可以简化为

$$W_{i+1} - W_i = (P + G + U) - (E_s + E_c + Q + S) \tag{4-2}$$

4.1.1.2 模型中各项水量的计算

(1)ΔW_i(计划湿润层变化时土壤含水量的变化量)。

$$\Delta W_i = \frac{\Delta H}{H_d} \times W_d \tag{4-3}$$

式中:ΔH 为计划湿润层的变量;H_d 为底层湿润层深度,$H_d = H_m - H_j$;W_d 为底层计划湿润层(相应 H_d)土壤含水量。

(2)作物耗水量 ET 的计算。

作物耗水量 ET 为农田实际蒸散量,是土壤蒸发量 E_s 与作物蒸腾 E_c 之和。在充分供水的情况下,作物耗水量等于作物需水量。在不充分供水(如缺水等)情况下,作物耗水量是实际叶面蒸腾、棵间土壤蒸发、组成植物体和消耗于光合作用等生理过程所需要的水量总和。

作物需水量(ET_M)从理论上说是指作物叶面蒸腾、棵间土壤蒸发、组成植物体和消耗于光合作用等生理过程所需要的水量总和。由于组成植物体和消耗于光合作用等生理过程所需要的水量占总需水量的很小部分,而且这一小部分的影响因素又较复杂,难以准确计算,一般将此部分忽略不计。这样,作物需水量就约等于作物叶面蒸腾和棵间土壤蒸发所消耗水量之和。作物耗水量按下式计算:

$$ET_M = K_c \times ET_0$$

式中: K_c 为作物需水系数; ET_0 为水面蒸发量。

（3）地下水补给量（潜水蒸发） U 计算。

$$方法 1： \qquad U = E_0 \times \left(1 - \frac{H_j}{H_{max}} \right)^m \qquad (4\text{-}4)$$

式中: H_j 为计算时地下水埋深; H_{max} 为地下水极限埋深; E_0 为 E_{601} 型蒸发器水面蒸发量; m 为与土壤质地有关的指数。

$$方法 2： \qquad U = K(i) \times ET_M \qquad (4\text{-}5)$$

式中: $K(i)$ 为不同生长阶段地下水利用率; ET_M 为作物需水量。

（4）农田产流 Q 和深层渗漏 S 计算。

在一次降水过程开始后,部分降水量渗入土壤,储存在表层土壤里,在降水强度大于下渗强度时,多余的降水形成径流,称为"超渗产流"。

"超渗产流"在我国干旱地区常有发生,在干旱地区由于降水量稀少,地下水埋深较深,土壤包气带较厚,一次降水使整个包气带达到田间持水量几乎不大可能。但是,干旱地区植被差,土壤板结,下渗能力较小,在这样的情况下,"超渗产流"是产流的主要方式。

当降雨强度 i 超过下渗率 f 时就产生地面径流,其下渗的水量成为包气带蓄水的一部分。因此计算公式如下:

若 $i < f$,不产流;

若 $i > f$,时段径流量 $R = (i - f) \times \Delta t$。

（5）时段土壤含水量的确定。

①土壤初始含水量 W_0 的确定。

$$W_0 = 10hdB \qquad (4\text{-}6)$$

式中: W_0 为计划湿润层土壤初始含水量,mm; h 为计划湿润层厚度,cm; d 为计划湿润层内土壤平均容重,g/cm³; B 为计划湿润层土壤初始含水率(%),重量百分数。

②土壤含水量上限的确定。

土壤含水量上限即为田间持水量。

$$W_{tc} = 10hdB_{max} \qquad (4\text{-}7)$$

式中: W_{tc} 为计划湿润层土壤含水量上限,mm; B_{max} 为计划湿润层土壤田间持水率(%),重量百分数。

③土壤含水量下限的确定。

土壤含水量下限即为凋萎含水量。

$$W_{dw} = 10hdB_{min} \qquad (4\text{-}8)$$

式中: W_{dw} 为计划湿润层土壤含水量下限,mm; B_{min} 为计划湿润层土壤凋萎含水率(%),重量百分数。

④毛管断裂含水量的确定。

$$W_{mgd} = 10hdB_{mgd} \qquad (4\text{-}9)$$

式中: W_{mgd} 为计划湿润层土壤毛管断裂含水量,mm; B_{mgd} 为计划湿润层土壤毛管断裂含水率(%),重量百分数。

4.1.1.3　旱地墒情动态模拟

土壤的蒸散发过程大体可以分为三个不同的阶段,这种现象已被许多试验证实。三个阶段的蒸散发规律,可以归纳为:

(1) $W_{i+1} > W_{mg}$(土壤含水量大于毛管断裂含水量), $E_s = E_p$,蒸散发按蒸散发能力进行。当土壤含水量大于毛管断裂含水量时,供水充分,作物从土壤中吸取水分不受限制,蒸散发在表土层进行。

(2) $W_{dw} < W_{i+1} < W_{mg}$(土壤含水量大于凋萎含水量,而小于毛管断裂含水量), $E_s / E_p = f(W_{i+1})$。当土壤含水量大于凋萎含水量,而小于毛管断裂含水量时,作物从土壤中吸取水分将受到限制,土壤供水逐渐减少,蒸散发主要在表土层以下(30~80 cm)进行,蒸散发量与土壤含水量成正比。

(3) $W_{i+1} < W_{dw}$(土壤含水量小于凋萎含水量), $E_s =$ 常数,即当土壤含水量小于凋萎含水量时,作物生长开始受到抑制,丧失膨压以至凋萎,土壤表层和浅层(80 cm)干枯,液体水蒸散发基本停止,深层土壤剖面中的水分,以水汽扩散的方式穿过干土层进入大气,蒸散发量数值低,变化慢,趋于一个很小的常数。为此,提出两层作物模拟模型。将土壤垂直方向计划湿润层分成上层和下层两层。

土壤水的消退:上层土壤水的消退按作物蒸散发能力进行;下层土壤水的消退和它的含水量成正比;计划湿润层以下的土壤水消退以一个很小的常数进行,它以潜水蒸发的方式向计划湿润层补给。

降水先满足表层;上层蓄满后再补充下层,上层和下层都蓄满后,就以产流的(深层渗漏)的方式补充深层土壤水。

作物通过根系吸收土壤中的水分,但只有大于凋萎含水量的水分才能被作物吸收,因此土壤中有效水分为田间持水量到凋萎含水量之间的部分。

根据有关试验结果,结合山西示范区的特点,上层取 30 cm,下层取 50 cm,这样计划湿润层就为 80 cm。

旱作物模拟两层模型示意图见图 4-2。

山西示范区所采用的土壤参数为:土壤的饱和含水量为 33%,田间持水量为 24%,毛管断裂含水量为 12%,凋萎含水量为 8%。

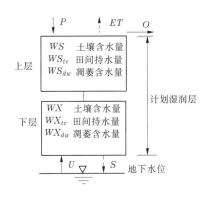

图 4-2　旱作物模拟两层模型示意图

4.1.1.4　动态模拟灌溉条件判别

当土壤含水量低于毛管断裂含水量时,作物将发生旱象,此时应当提出灌溉要求,如果有水可供,则不发生干旱,否则将发生干旱。可供的灌溉水量,由当地的水库、河流、水塘等提供。

4.1.1.5 山西示范区旱作物生长模拟

1. 示范区计算单元

山西示范区位于山西省吕梁市、太原市和晋中市三个地级行政单元,以 24 个县级行政区为计算的基本单元。

2. 农作物播种面积

2009 年山西示范区农作物总播种面积 86.34 万 hm^2,见表 4-1。

表 4-1　山西示范区农作物播种面积　　　　　　　　　（单位:hm^2）

播种面积		太原市	晋中市	吕梁市
农作物总播种面积		115 164	338 620	409 640
粮食作物播种面积		85 478.8	289 320	336 980
其中:谷物		70 033.8	254 740	218 430
谷物	稻谷	197.8	80	0
	小麦	2 925.5	26 210	15 340
	玉米	52 488.1	203 860	146 510
	谷子	7 644.4	16 110	44 790
	高粱	1 767.5	3 920	8 630
	其他谷物	5 010.5	4 560	3 160
豆类合计		7 420.5	24 730	75 790
薯类合计		8 024.5	9 850	42 760

3. 农作物生长期

山西示范区主要种植小麦、玉米和谷子,农作物生长期见表 4-2 ~ 表 4-4。

表 4-2　小麦、玉米生长期

作物组成编号	作物名	生育阶段	开始时间（月-日）	结束时间（月-日）	主要分布地区
11	冬小麦	越冬返青	01-01	03-10	
11	冬小麦	返青拔节	03-11	04-20	
11	冬小麦	拔节抽穗	04-21	05-13	
11	冬小麦	抽穗灌浆	05-14	06-01	
11	冬小麦	灌浆成熟	06-02	06-29	
12	夏玉米	播种出苗	05-01	05-20	
12	夏玉米	出苗拔节	05-20	06-20	
12	夏玉米	拔节抽雄	06-21	07-10	太原、晋中
12	夏玉米	抽雄灌浆	07-11	08-05	
12	夏玉米	灌浆成熟	08-06	09-17	
10		空闲期	09-18	09-21	
11	冬小麦	播种越冬	09-22	11-20	
11	冬小麦	越冬返青	11-21	12-31	

表 4-3　小麦、谷子生长期

作物组成编号	作物名	生育阶段	开始时间（月-日）	结束时间（月-日）	主要分布地区
21	冬小麦	越冬返青	01-01	03-10	吕梁
21	冬小麦	返青拔节	03-11	04-20	
21	冬小麦	拔节抽穗	04-21	05-13	
21	冬小麦	抽穗灌浆	05-14	06-01	
21	冬小麦	灌浆成熟	06-02	06-29	
22	谷子	播种出苗	06-30	06-27	
22	谷子	出苗拔节	06-28	07-21	
22	谷子	拔节抽雄	07-22	08-12	
22	谷子	抽雄灌浆	08-13	09-01	
22	谷子	灌浆成熟	09-02	09-22	
21	冬小麦	播种越冬	09-22	11-20	
51	冬小麦	越冬返青	11-21	12-31	

表 4-4　谷子生长期

作物组成编号	作物名	生育阶段	开始时间（月-日）	结束时间（月-日）	主要分布地区
30		空闲期	01-01	05-20	太原、晋中
31	谷子	播种拔节	05-21	06-30	
31	谷子	拔节抽穗	07-01	07-31	
31	谷子	抽穗灌浆	08-01	08-20	
31	谷子	灌浆收获	08-21	09-30	
30		空闲期	10-01	12-31	

4. 蒸发量

选用圪洞、万年饱、兰村、芦家庄和义棠 5 个蒸发站 1970～2009 年蒸发逐日资料，见表 4-5。

表 4-5　山西示范区各计算单元选用蒸发站对照表

计算单元编号	县名	选用蒸发站	计算单元编号	县名	选用蒸发站
1	太原市区	兰村	13	文水县	义棠
2	清徐县	兰村	14	交城县	兰村
3	阳曲县	兰村	15	兴县	圪洞
4	娄烦县	兰村	16	临县	圪洞
5	古交市	兰村	17	柳林县	万年饱
6	榆次区	芦家庄	18	石楼县	万年饱
7	寿阳县	芦家庄	19	岚县	圪洞
8	太谷县	芦家庄	20	方山县	圪洞
9	祁县	义棠	21	中阳县	万年饱
10	平遥县	义棠	22	交口县	万年饱
11	介休市	义棠	23	孝义市	义棠
12	离石区	万年饱	24	汾阳市	义棠

4.1.2　休闲期土壤水分模拟

休闲期虽然地块上没有作物,但土壤水分的变化是连续的,因此有必要对这一时期的土壤水分变化进行模拟。

4.1.2.1　蒸发量计算

休闲田的蒸发量计算公式为

$$E_i = E_{601} \times \frac{W_i}{W_{\max}} \tag{4-10}$$

式中:W_i 为第 i 时段深度为 30 cm 土层内的含水量;$W_{\max}$ 为深度为 30 cm 土层内的田间持水量。

4.1.2.2　土壤水分模拟方法

水量平衡方程式为

$$W_{i+1} = W_i + P_i + U_i - E_i - S_i \tag{4-11}$$

式中:P_i 为第 i 时段内的降水量,mm;U_i 为第 i 时段内的地下水补给量(潜水蒸发量),mm;S_i 为第 i 时段内的水田渗漏量,mm。

当 $W_{i+1} > W_{\max}$ 时:

如果 $W_{i+1} - W_{\max} \geqslant f_c$(稳渗率),则 $S_i = f_c$,径流量 $R = W_{i+1} - W_{\max} - f_c$;

如果 $W_{i+1} - W_{\max} < f_c$(稳渗率),则 $S_i = W_{i+1} - W_{\max}$,径流量 $R = 0$。

当 $W_{i+1} < 0$ 时,令 $W_{i+1} = 0$,即当土壤含水量小于凋萎含水量时,实际蒸发接近为 0。

4.1.3　水稻生长过程模拟

4.1.3.1　水稻水分平衡方程

水田水分平衡方程为

$$H_{i+1} - H_i = (P_i + G_i + U_i) - (E_{si} + E_{ci} + F_{ci} + D_i) \tag{4-12}$$

式中：H_i、H_{i+1} 为第 i 时段初、末的水田水深，mm；P_i 为第 i 时段内降水量，mm；G_i 为第 i 时段内灌溉水量，mm；U_i 为第 i 时段内地下水补给量（潜水蒸发量），mm；E_{ci} 为第 i 时段内作物蒸腾量，mm；F_{ci} 为第 i 时段内水田渗漏量，mm；E_{si} 为第 i 时段内水田水面及土壤蒸发量，mm；D_i 为第 i 时段内水田排水量，mm。

水稻生长过程水田水分模拟示意图见图 4-3。

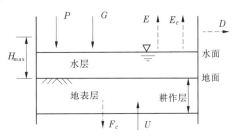

4.1.3.2　水田水分动态特征模拟

1. 水田水层适宜深度及灌排水规则

为满足水稻生长要求，水田内应保持适宜的田间水层深度，适宜水深范围随水稻生长阶段而变，从有利于高产并充分利用雨水和节约用水为出发点，根据试验资料确定水

图 4-3　水田水分模拟示意图

稻每个生长阶段的上、下两个田间适宜水深界限和水田允许拦蓄雨水的最大深度，制定相应的灌排水规则。水田允许拦蓄雨水的最大深度 H_{max}，即水田蓄水极限，超过水田蓄水极限时的降水应全部排掉，H_{syx} 是田间适宜水深的下限，当田间水层低于此深度就应灌水，制定的灌水规则是灌到田间适宜水深上限 H_{sys}，这样既有利于水稻生长，又预留了从 H_{syx} 至 H_{max} 之间的一部分容积，以便拦蓄和利用雨水。

2. 水稻需水量

水稻需水量 ET_M 是指水稻蒸腾 E_c、水田水面及土壤蒸发量 E_s 之和。水田有充足的水分来供给水稻的植株散发与棵间蒸发。计算公式如下：

$$ET_M = \alpha \times E_{601} \tag{4-13}$$

式中：ET_M 为水稻需水量；α 为需水系数；E_{601} 为 E_{601} 型蒸发皿水面蒸发强度。

3. 水田水分动态模拟

在确定了水稻各生长阶段的田间适宜水深和灌排水规则、蒸散发系数与渗漏强度之后，即可以逐日降水量、蒸发量为输入，以田间适宜水深上下限区间为调蓄容积，根据水量平衡原理进行逐日连续调蓄演算，从而求出水稻实际耗水及水田水分模拟过程。

水田水分平衡方程如式（4-12）所示。以日为计算时段，当第 i 天开始时的水田水深 H_i 小于该日的水田适宜水深下限 H_{syx} 时就应该灌水（当 $H_{syx} = 0$ 时，认为土壤含水量为田间持水量，灌溉水量还要加上田间持水量与饱和含水量的差值），灌到第 i 日末的水田水深为适宜水深上限 H_{sys}，灌水量 G_i 为

$$G_i = H_{sys} - H_{syx} - P_i + ET_{Mi} + Fc_i \tag{4-14}$$

当第 i 日的降水量 P_i 超过了当日水田的蓄水深度上限与蒸散发量和渗漏之和时，水田就要排水，排水量为

$$D_i = P_i - (H_{max} - H_i) - ET_{Mi} - Fc_i \qquad (4\text{-}15)$$

在排水时段末,水田水深等于蓄水上限 H_{max}。

当 i 日开始时的水田水深 H_i 大于适宜水深下限 H_{syx},而当日的降水量 P_i(扣除需水、下渗)又不超过水田的调蓄水深时,水田既不灌水也不排水,则第 i 日末的水田水深为

$$H_{i+1} = H_i + (P_i - ET_{Mi} - Fc_i) \qquad (4\text{-}16)$$

4. 水稻缺水量计算

第 i 日水稻缺水量为作物蓄水量与水稻实际耗水量之差:

$$QET_i = ET_{Mi} - ET_i \qquad (4\text{-}17)$$

江西示范区所采用的土壤参数为:土壤的饱和含水量为 48.3%,田间持水量为 33.5%,毛管断裂含水量为 28%,凋萎含水量为 23%。水田水深及有关参数见表 4-6。

表 4-6　江西示范区水田参数

作物组成	作物名	生育阶段	开始时间（月-日）	结束时间（月-日）	需水系数 α 值	土壤下渗量(mm/d)	上层极限（mm）	上层适宜上限（mm）	上层适宜下限（mm）
13		空闲期	01-01	04-15	0	0	140.8	140.8	96.6
11	早稻	泡田期	04-16	04-25	1	1.5	30	10	10
11	早稻	返青	04-26	05-04	0.78	1.5	30	10	10
11	早稻	分蘖前	05-05	05-12	0.98	1.5	40	10	0
11	早稻	分蘖后	05-13	05-30	1.14	1.5	40	10	0
11	早稻	拔节孕穗	05-31	06-16	1.27	1.5	40	10	0
11	早稻	抽穗扬花	06-17	07-02	1.35	1.5	40	10	0
11	早稻	乳熟	07-03	07-12	1.08	1.5	40	0	0
11	早稻	黄熟	07-13	07-21	0.93	1.5	10	0	0
10		泡田期	07-22	07-26	1	1.5	30	10	10
12	晚稻	返青	07-27	08-02	0.69	1.5	30	30	20
12	晚稻	分蘖前	08-03	08-10	0.84	1.5	40	20	0
12	晚稻	分蘖后	08-11	08-27	1.02	1.5	40	20	0
12	晚稻	拔节孕穗	08-28	09-13	1.18	1.5	40	20	0
12	晚稻	抽穗扬花	09-14	09-24	1.26	1.5	40	10	0
12	晚稻	乳熟	09-30	10-10	1.26	1.5	40	0	0
12	晚稻	黄熟	10-11	10-20	1.2	1.5	10	0	0
13		空闲期	10-21	12-31	0	0	140.8	140.8	96.6

4.1.4　农作物生长模型参数优化

遥感观测和作物生长过程模拟是进行农业旱情监测的两种有效手段,具有较好的互

补性。本书中采用了数据同化技术,利用由卫星遥感反演出的作物生长指数和由农业旱情模型模拟的作物长势进行信息同化,调整和优化农作物仿真模型的参数,使得模型模拟结果更接近实际,提高了对农作物受旱状况的模拟效果。

4.2 农业旱情的判别

4.2.1 农作物旱情等级评定

4.2.1.1 旱作物旱情等级标准评定

农业旱情可用作物缺水率指标识别,即某时段作物缺水量与该时段实际需水量之比。

$$B = \frac{QET}{ET_M} \times 100\% \tag{4-18}$$

式中:B 为作物缺水率(%);QET 为作物缺水量,mm;ET_M 为作物需水量,mm。

根据旬缺水率判别旱作物干旱等级:4 月、8~10 月的作物受旱等级以相应时段旬缺水率来判断;5~7 月受旱等级确定需要将旬缺水率对应旱情等级与前期累积旬缺水率对应的旱情等级综合分析后确定,见表 4-7。5~7 月综合旱情等级 = Int(本旬缺水率对应旱情等级 ×40% + 前期累积旬缺水率对应的旱情等级 ×60%)。

表 4-7 旱作物旬缺水率等级划分标准

等级		旬缺水率(%)		前期累计旬缺水率(%)
等级名	等级号	5~7 月	4 月、8~11 月	5~7 月
无旱	0	<30	<45	<30
轻旱	1	30≤B<60	45≤B<65	30≤B<50
中旱	2	60≤B<80	65≤B<85	50≤B<70
重旱	3	80≤B<90	85≤B<95	70≤B<90
特旱	4	≥90	≥95	≥90

4.2.1.2 水稻旱情等级标准评定

根据南方地区实际情况,经测算,结合水稻旬缺水率划分旱情等级标准,见表 4-8。

表 4-8 南方地区水稻旱情等级划分标准

等级名	等级号	旬缺水率(%)
无旱	0	<20
轻旱	1	20≤B<35
中旱	2	35≤B<50
重旱	3	50≤B<60
特旱	4	≥60

4.2.1.3 实际旱情等级标准评定

根据作物受旱率划分旱情等级标准,见表4-9。

表4-9 作物实际旱情等级划分标准

等级名	等级号	受旱率(%)
无旱	0	<10
轻旱	1	$10 \leqslant SB < 30$
中旱	2	$30 \leqslant SB < 50$
重旱	3	$50 \leqslant SB < 80$
特旱	4	$\geqslant 80$

4.2.2 农作物受旱模拟结果检验

4.2.2.1 旱作物旱情模拟结果分析

选择山西省吕梁市、太原市和晋中市三个地级行政单元为示范区,以旱作物为研究对象,根据已有的历史资料,应用农业干旱模拟模型模拟旱作物的生长过程,以及作物旱情的时空分布规律、旱情演变和发展过程。

对示范区的24个计算单元分别进行农业干旱模拟计算。示范区主要种植小麦和玉米,小麦和玉米生长期见表4-10。

表4-10 小麦、玉米生长期

作物组成编号	作物名	生育阶段	开始时间(月-日)	结束时间(月-日)
11	冬小麦	越冬返青	01-01	03-10
11	冬小麦	返青拔节	03-11	04-20
11	冬小麦	拔节抽穗	04-21	05-13
11	冬小麦	抽穗灌浆	05-14	06-01
11	冬小麦	灌浆成熟	06-02	06-29
12	夏玉米	播种出苗	05-01	05-20
12	夏玉米	出苗拔节	05-20	06-20
12	夏玉米	拔节抽雄	06-21	07-10
12	夏玉米	抽雄灌浆	07-11	08-05
12	夏玉米	灌浆成熟	08-06	09-17
10		空闲期	09-18	09-21
11	冬小麦	播种越冬	09-22	11-20
11	冬小麦	越冬返青	11-21	12-31

农业干旱模拟结果的可靠性取决于基本资料参数的可靠程度和农业干旱等级的划分

标准是否合适。山西示范区 1970～2009 年 40 年间实际发生中等以上的干旱 20 次，其中中旱 14 次，重旱 4 次，特旱 2 次；模拟结果为发生中等以上的干旱 18 次，其中中旱 13 次，重旱 4 次，特旱 1 次，说明山西示范区农业干旱模拟结果与实际发生的旱情基本一致，农业干旱模拟成果较为可靠。

4.2.2.2　水稻旱情模拟结果分析

选取江西省宜春市、新余市和吉安市三个地级行政单元为示范区，以水稻为研究对象，根据已有的历史资料，应用水田水分模拟模型模拟水稻生长过程及水稻旱情的时空分布规律、演变和发展过程。

该示范区属于长江流域的赣江水系，示范区总面积 36 957 km²。结合水资源分区和行政区划，将示范区分为 19 个计算单元，分别进行水田水分模拟计算。示范区主要种植早稻和晚稻。

水稻不同生育期对水田水深有不同要求，返青期和抽穗扬花期适宜水深为 20～30 mm，分蘖期、拔节期和成熟期适宜水深不超过 20 mm。如有降水，水稻返青期水田拦蓄雨水最大深度为 30 mm，除晒田期外，水稻其他生长期水田拦蓄雨水最大深度为 40 mm。晒田期将水田水分排干，促进水稻根系生长，提高禾苗抗倒性和抗病性。

水田水分干旱模拟结果的可靠性取决于基本资料参数的可靠程度和水稻旱情等级划分标准是否合适。江西示范区 1970～2011 年 42 年间实际发生中等以上的干旱 7 次，其中中旱 5 次，重旱 1 次，特旱 1 次；模拟结果为发生中等以上的干旱 6 次，其中中旱 4 次，重旱 1 次，特旱 1 次，说明江西示范区水田水分干旱模拟结果与实际发生的旱情基本一致，水田水分干旱模拟成果较为可靠。

4.3　应用遥感技术识别农作物受旱

4.3.1　遥感识别农作物旱情方法

利用多源遥感数据，分析不同波段信息对旱情发生、发展特点的响应特点，进行遥感旱情指数计算，针对江西示范区，开展基于不同遥感指数的适应性研究，通过与干旱统计资料、降雨等数据比较，分析不同遥感旱情指数对旱情的反映，比较和优选能较好反映水稻旱情的遥感旱情指数集，构建旱情模型。江西示范区旱情监测技术流程见图 4-4。

4.3.1.1　数据获取与预处理

研究中获取了示范区 2000～2009 年以来的 MODIS 1B 源数据，初步筛选（云量），同时进行数据预处理。MODIS 1B 数据处理过程包括辐射校正、几何校正、大气校正和云检测等。

根据统计数据，整理得到示范区内涉及区县 1990～2007 年 6～10 月以来的受旱情况信息表，并计算主要区域的旱情发生率。

4.3.1.2　作物识别

江西研究示范区以水稻为主，在作物主要生长期，作物区域表现为高覆盖、高植被信息，因此利用作物主要生长期 NDVI 峰值信息。考虑江西示范区主要种植水稻等，如果生

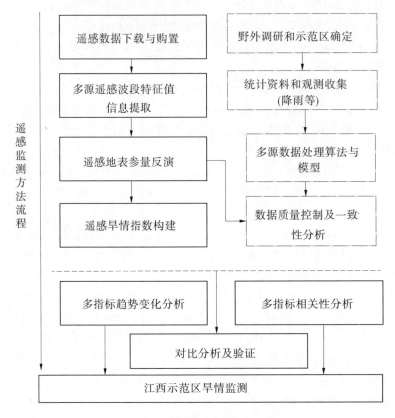

图4-4　江西示范区旱情监测技术流程

长期为6～10月,提取6～10月最大峰值,当 *NDVI* 峰值大于0.4时,为植被覆盖区,结合耕地分布信息,判别作物是否种植,进行作物识别监测。作物分布如图4-5所示。

　　NDVI 能够在大范围覆盖区域内精确地反映植被绿度、光合作用强度,反映植被代谢强度及其季节性和年际间变化,因而该指数可运用于植被的监测、分类和物候分析,为客观评估土地覆盖地区物候特征及其在大范围地理区域的变化性提供了可行的方法。

4.3.1.3　旱情指数和监测模型

　　由遥感数据波段响应研究与示范区特点分析,针对水稻而言,叶面缺水指数有效地提取植被冠层的水分含量,在植被冠层受水分胁迫时,该指数能及时地响应,这对于旱情监测具有重要意义。

　　绿色植物反射光谱的光谱特征在0.9～2.5 μm区域是由液态水吸收控制的,同时也受一些其他生物化学成分吸收的微弱影响。在近红外波

图4-5　作物分布(2007年)

段,植被液态水的吸收可以忽略不计;在短波红外波段,水的吸收很弱,从而利用植被在红外波段(NIR)与短波红外波段的光谱可以很灵敏地反映植被冠层水的含量。而叶面含水的多寡与水分胁迫有直接关系。因此,可以用叶面缺水指数($NDWI$)进行旱情监测。$NDWI$被定义为近红外波段(NIR)反射率与短波红外波段($SWIR$)反射率之差除以二者之和,即

$$NDWI = (\rho(SWIR) - \rho(NIR))/(\rho(NIR) + \rho(SWIR)) \tag{4-19}$$

式中:$\rho(\lambda)$为反射率;λ为波长。

$NDWI$比$NDVI$对大气的敏感度低,大气汽溶胶的散射作用在$0.86 \sim 1.24$ μm区是很弱的。

利用$2000 \sim 2007$年逐日$NDWI$指数数据集产品,采用平均值合成法得到月$NDWI$指数,确定了指数与旱情等级的关系后进行制图并分析。同样以高频率伏旱($6 \sim 9$月)发生时段为例,$NDWI$月空间分布如图4-6所示。

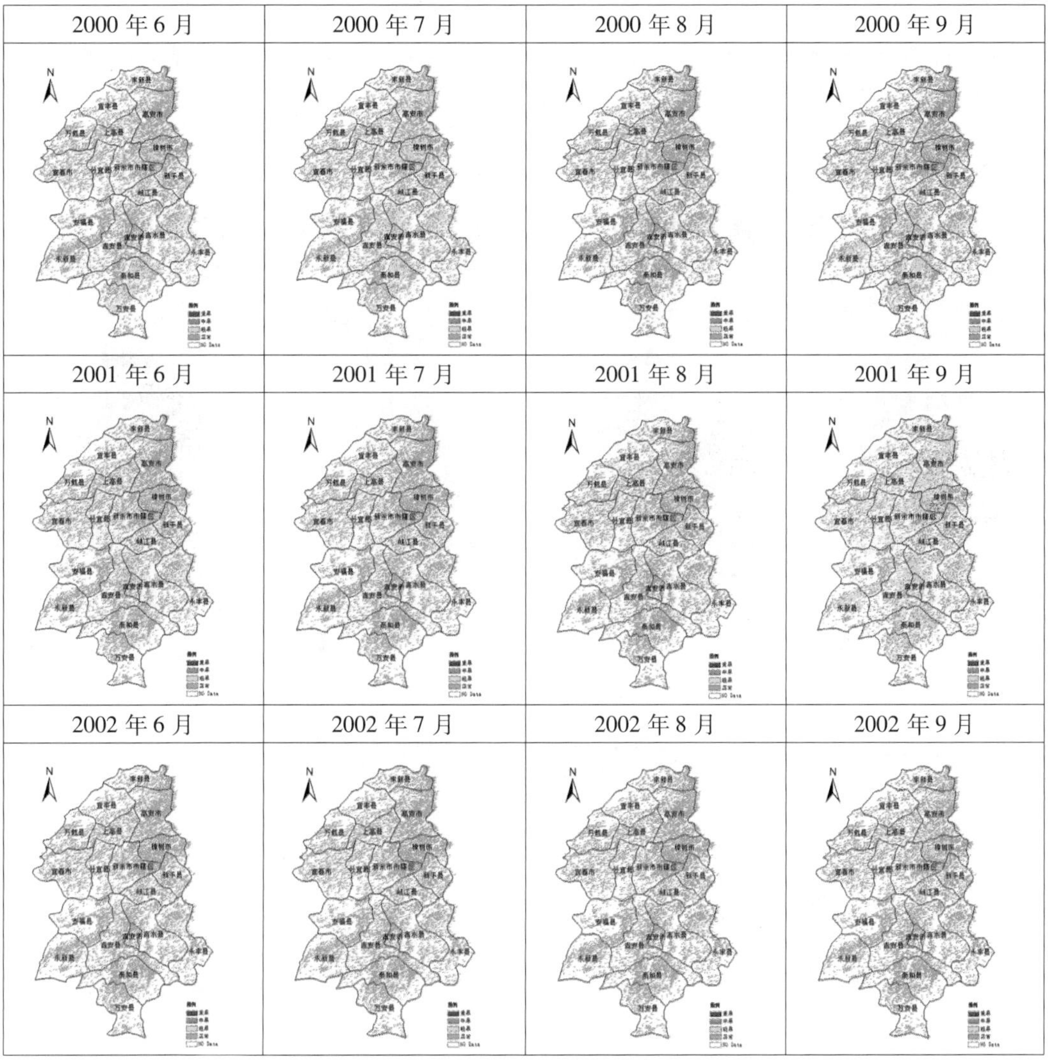

图4-6　$NDWI$月空间分布

2003 年 6 月	2003 年 7 月	2003 年 8 月	2003 年 9 月

续图 4-6

从遥感旱情指数空间分布结果发现,2000～2003 年的江西示范区都有不同程度的旱情发生,其中 2003 年旱情最为严重,并且旱情的发生范围和程度都呈明显的增加趋势,2002 年旱情发生的程度较轻,范围较小。

4.3.2　遥感识别农作物旱情结果分析

将各区县旱情发生比率按等级形成空间分布与各指标形成的旱情空间分布进行比较,分析不同遥感监测指标获取的旱情分布情况是否与实际旱情相一致,2000～2003 年旱情受灾比率空间分布如图 4-7 所示。

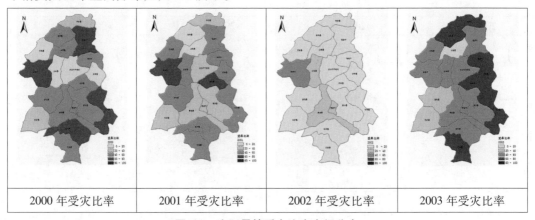

2000 年受灾比率	2001 年受灾比率	2002 年受灾比率	2003 年受灾比率

图 4-7　实际旱情受灾比率空间分布

通过对比分析发现,不同指数的时空一致性存在差异,其中 VCI 和 NDWI 指数与实际旱情发生的空间分布情况一致性较好。

基于可将光、热红外、近红外波段数据、地表温度及植被指数 NDVI 进行不同遥感旱情指数计算,获取 VCI、VHI、TCI、NDWI 旱情指数(2000～2007 年 6～10 逐月数据),根据不同旱情等级划分标准,统计各市县遥感受旱面积及比率,与各市县实际统计资料受旱比率进行对比分析。

泰和县不同遥感监测指标与实际受旱比率的相关性分析如图 4-8 和表 4-11 所示。

分析发现，VCI 和 NDWI 与实际受旱比率有极显著的相关性，VHI 与受旱比率有显著的相关性。

图 4-8　泰和县逐年受旱比率分析

表 4-11　泰和县指标相关性系数矩阵

泰和县	受旱率	VCI	TCI	VHI	NDWI
受旱比率	1				
VCI	0.740 707	1			
TCI	0.435 688	0.571 46	1		
VHI	0.658 908	0.879 488	0.855 594	1	
NDWI	0.822 792	0.663 906	0.494 169	0.634 95	1

奉新县不同遥感监测指标与实际受旱比率的相关性分析如图 4-9 和表 4-12 所示。分析发现，VCI 和 NDWI 与实际受旱比率有极显著的相关性。

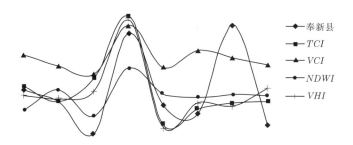

图 4-9　奉新县逐年受旱比率分析

表 4-12　奉新县指标相关性系数矩阵

奉新县	受旱率	VCI	TCI	VHI	NDWI
受旱比率	1				
VCI	0.672 5	1			
TCI	0.468 851	0.747 914	1		
VHI	0.444 069	0.791 78	0.968 056	1	
NDWI	0.742 42	0.731 078	0.494 576	0.611 192	1

新干县不同遥感监测指标与实际受旱比率的相关性分析如图4-10和表4-13所示。分析发现,*NDWI*、*VCI*和*VHI*与实际受旱比率有极显著的相关性。

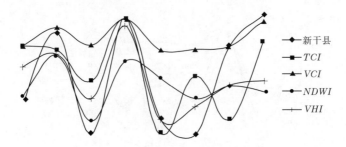

图4-10　新干县逐年受旱比率分析图

表4-13　新干县指标相关性系数矩阵

新干县	受旱率	*VCI*	*TCI*	*VHI*	*NDWI*
受旱比率	1				
VCI	0.859	1			
TCI	0.490 922	0.758 759	1		
VHI	0.725 032	0.758 887	0.793 847	1	
NDWI	0.704 42	0.549 664	0.237 445	0.595 317	1

通过*VCI*、*VHI*、*TCI*、*NDWI*四个遥感旱情指数之间和与实际受旱比率的相关性及空间分布的分析可以发现,*VCI*和*NDWI*与实际干旱情况存在显著相关,且空间分布与实际旱情分布一致性较好。

4.4　农业旱情比对分析

根据南、北两个示范区气候和地理条件不同,分别选择几个典型年进行农业旱情分析。

4.4.1　农业仿真模拟旱情信息

山西示范区在1997年5～6月、1999年全年、2000年4～5月和2001年5～6月有90%以上的单元出现重旱和特旱,山西示范区1997年、1999年、2000年和2001年农业仿真模拟旱情等级分布见图4-11～图4-14。

江西示范区1991年7月80%的单元出现重旱,9月84%的单元出现重旱和特旱;2003年9月和2007年7月90%的单元出现重旱。江西示范区1991年、2003年和2007年旱情等级分布见图4-15～图4-17。

(a)1997 年 5 月 (b)1997 年 6 月

图 4-11 1997 年 5～6 月山西示范区农业仿真模拟旱情等级分布

(a)1999 年 5 月 (b)1999 年 6 月

图 4-12 1999 年山西示范区农业仿真模拟旱情等级分布

(a)2000 年 4 月 (b)2000 年 5 月

图 4-13 2000 年 4～5 月山西示范区农业仿真模拟旱情等级分布

(a)2001 年 5 月　　　　　　　　　(b)2001 年 6 月

图 4-14　2001 年 5 ~ 6 月山西示范区农业仿真模拟旱情等级分布

(a)1991 年 7 月　　　　　　　　　(b)1991 年 9 月

图 4-15　1991 年 7 月、9 月江西示范区农业仿真模拟旱情等级分布

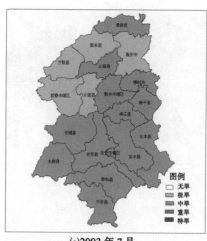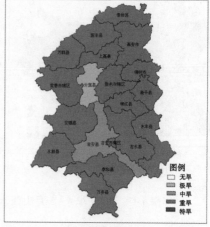

(a)2003 年 7 月　　　　　　　　　(b)2003 年 9 月

图 4-16　2003 年 7 月、9 月江西示范区农业仿真模拟旱情等级分布

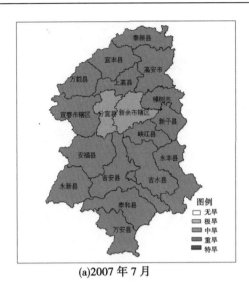
(a)2007 年 7 月

(b)2007 年 9 月

图 4-17　2007 年 7 月、9 月江西示范区农业仿真模拟旱情等级分布

4.4.2　模拟与实测旱情信息的比对

1. 山西示范区

山西示范区 1997 年 5～9 月、1999 年全年、2000 年 3～6 月和 2001 年 3～7 月实际干旱比较严重,将农业仿真模拟旱情信息与实际旱情进行比较(见表 4-14～表 4-17 和图 4-18～图 4-21),24 个单元中 80% 以上的单元旱情等级吻合较好。

表 4-14　1997 年山西示范区农业模拟旱情等级与实际旱情等级比对

序号	县级行政区	实际旱情发生时间(月)	实际旱情等级	农业模拟旱情等级	序号	县级行政区	实际旱情发生时间(月)	实际旱情等级	农业模拟旱情等级
1	太原市辖区	4～9	2	3	11	孝义市	5～11	3	3
2	古交市	4～9	3	2	12	汾阳市	5～11	3	3
3	清徐县	4～9	3	3	13	文水县	5～11	3	3
4	阳曲县	4～9	1	2	14	中阳县	5～11	2	2
5	娄烦县	4～9	2	2	15	兴县	5～11	4	4
6	榆次区	4～9	3	3	16	临县	5～11	3	3
7	介休市	4～9	3	2	17	方山县	5～11	4	2
8	寿阳县	4～9	4	4	18	柳林县	5～11	2	2
9	太谷县	4～9	4	3	19	岚县	5～11	3	2
10	祁县	4～9	2	2	20	交口县	5～11	1	3
11	平遥县	4～9	3	2	23	交城县	5～11	3	2
12	离石区	5～11	3	2	24	石楼县	5～11	4	2

表 4-15　1999 年山西示范区农业模拟旱情等级与实际旱情等级比对

序号	县级行政区	实际旱情发生时间（月）	实际旱情等级	农业模拟旱情等级	序号	县级行政区	实际旱情发生时间（月）	实际旱情等级	农业模拟旱情等级
1	太原市辖区	全年	3	4	13	孝义市	全年	3	3
2	古交市	全年	4	3	14	汾阳市	全年	4	4
3	清徐县	全年	4	4	15	文水县	全年	4	4
4	阳曲县	全年	1	3	16	中阳县	全年	3	3
5	娄烦县	全年	4	4	17	兴县	全年	4	4
6	榆次区	全年	3	4	18	临县	全年	4	4
7	介休市	全年	3	4	19	方山县	全年	4	3
8	寿阳县	全年	4	4	20	柳林县	全年	3	3
9	太谷县	全年	4	4	21	岚县	全年	4	3
10	祁县	全年	1	4	22	交口县	全年	2	3
11	平遥县	全年	3	1	23	交城县	全年	4	4
12	离石区	全年	4	3	24	石楼县	全年	4	3

表 4-16　2000 年山西示范区农业模拟旱情等级与实际旱情等级比对

序号	县级行政区	实际旱情发生时间（月）	实际旱情等级	农业模拟旱情等级	序号	县级行政区	实际旱情发生时间（月）	实际旱情等级	农业模拟旱情等级
1	太原市辖区	1～6	3	3	13	孝义市	1～7	3	3
2	古交市	1～6	4	4	14	汾阳市	1～7	3	3
3	清徐县	1～6	4	4	15	文水县	1～7	3	3
4	阳曲县	1～6	1	3	16	中阳县	1～7	2	3
5	娄烦县	1～6	3	3	17	兴县	1～7	3	3
6	榆次区	3～6	2	2	18	临县	1～7	3	3
7	介休市	3～6	2	2	19	方山县	1～7	3	2
8	寿阳县	3～6	3	3	20	柳林县	1～7	2	2
9	太谷县	3～6	3	2	21	岚县	1～7	3	2
10	祁县	3～6	1	3	22	交口县	1～7	2	3
11	平遥县	3～6	2	3	23	交城县	1～7	3	3
12	离石区	1～7	3	2	24	石楼县	1～7	3	3

表 4-17　2001 年山西示范区农业模拟旱情等级与实际旱情等级比对

序号	县级行政区	实际旱情发生时间（月）	实际旱情等级	农业模拟旱情等级	序号	县级行政区	实际旱情发生时间（月）	实际旱情等级	农业模拟旱情等级
1	太原市辖区	3~7	3	3	13	孝义市	1~7	3	3
2	古交市	3~7	4	4	14	汾阳市	1~7	4	4
3	清徐县	3~7	4	3	15	文水县	1~7	3	4
4	阳曲县	3~7	2	3	16	中阳县	1~7	2	3
5	娄烦县	3~7	4	4	17	兴县	1~7	3	3
6	榆次区	3~7	2	3	18	临县	1~7	3	4
7	介休市	3~7	2	2	19	方山县	1~7	4	3
8	寿阳县	3~7	4	4	20	柳林县	1~7	3	3
9	太谷县	3~7	4	4	21	岚县	1~7	3	3
10	祁县	3~7	1	2	22	交口县	1~7	2	2
11	平遥县	3~7	3	3	23	交城县	1~7	3	4
12	离石区	1~7	3	3	24	石楼县	1~7	3	4

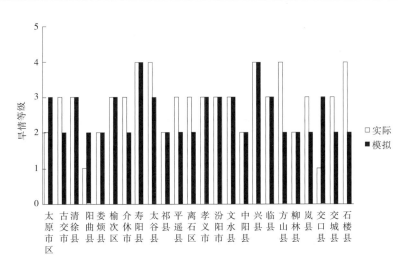

图 4-18　山西示范区 1997 年 5~9 月模拟旱情与同期实际旱情比对

2. 江西示范区

江西示范区 1991 年 8~9 月、2003 年 7~9 月和 2007 年 7~8 月实际干旱比较严重，将农业仿真模拟旱情信息与实际旱情进行比较（见表 4-18~表 4-20 和图 4-22~图 4-24），19 个单元 75% 以上旱情等级吻合较好。

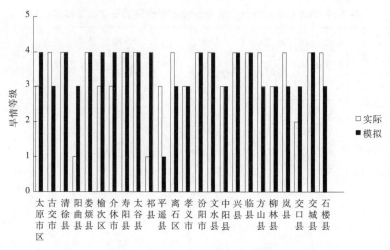

图 4-19　山西示范区 1999 年模拟旱情与同期实际旱情比对

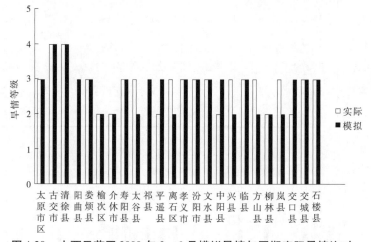

图 4-20　山西示范区 2000 年 3～6 月模拟旱情与同期实际旱情比对

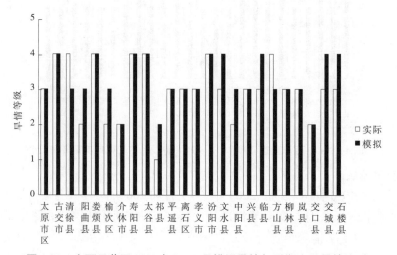

图 4-21　山西示范区 2001 年 3～7 月模拟旱情与同期实际旱情比对

表 4-18　1991 年江西示范区农业模拟旱情等级与实际旱情等级比对

序号	县级行政区	实际旱情发生时间（月）	实际旱情等级	农业模拟旱情等级	序号	县级行政区	实际旱情发生时间（月）	实际旱情等级	农业模拟旱情等级
1	新余市辖区	7~8	3	3	11	安福县	7~9	3	2
2	分宜县	7~8	2	3	12	永新县	6~8	2	2
3	吉安市辖区	7~8	2	3	13	宜春市辖区	6~9	3	2
4	吉安县	6~8	2	3	14	樟树市	7~8	2	3
5	吉水县	8~9	3	3	15	高安市	7~9	3	3
6	峡江县	7~9	3	3	16	奉新县	7~9	2	3
7	新干县	6~8	3	3	17	万载县	6~10	2	2
8	永丰县	7~12	3	3	18	上高县	7~8	1	2
9	泰和县	6~9	3	3	19	宜丰县	8~9	2	3
10	万安县	7~10	3	3	20				

表 4-19　2003 年江西示范区农业模拟旱情等级与实际旱情等级比对

序号	县级行政区	实际旱情发生时间（月）	实际旱情等级	农业模拟旱情等级	序号	县级行政区	实际旱情发生时间（月）	实际旱情等级	农业模拟旱情等级
1	新余市辖区	7~8	3	3	11	安福县	7~9	2	3
2	分宜县	7~8	3	3	12	永新县	6~8	2	3
3	吉安市辖区	7~8	3	3	13	宜春市辖区	7~9	3	2
4	吉安县	6~8	3	3	14	樟树市	7~10	3	3
5	吉水县	7~9	3	3	15	高安市	7~10	3	2
6	峡江县	7~9	3	3	16	奉新县	7~12	3	3
7	新干县	7~8	3	3	17	万载县	7~9	3	2
8	永丰县	7~12	3	3	18	上高县	7~8	1	2
9	泰和县	6~9	3	3	19	宜丰县	7~9	3	2
10	万安县	7~10	3	3					

表 4-20　2007 年江西示范区农业模拟旱情等级与实际旱情等级比对

序号	县级行政区	实际旱情发生时间（月）	实际旱情等级	农业模拟旱情等级	序号	县级行政区	实际旱情发生时间（月）	实际旱情等级	农业模拟旱情等级
1	新余市辖区	7～8	3	2	11	安福县	7～12	3	3
2	分宜县	6～8	2	2	12	永新县	7～8	1	2
3	吉安市辖区	7～8	3	3	13	宜春市辖区	7～9	2	3
4	吉安县	7～8	2	3	14	樟树市	7～10	1	2
5	吉水县	6～9	3	3	15	高安市	7～8	3	3
6	峡江县	6～9	2	3	16	奉新县	7～9	2	3
7	新干县	7～9	3	3	17	万载县	6～8	1	2
8	永丰县	7～12	3	3	18	上高县	7～8	1	2
9	泰和县	6～9	1	2	19	宜丰县	7～9	2	3
10	万安县	7～8	2	3					

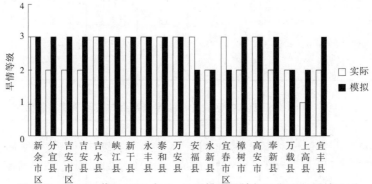

图 4-22　江西示范区 1991 年 8～9 月模拟旱情与同期实际旱情比对

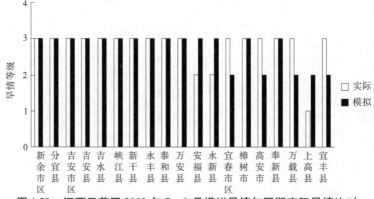

图 4-23　江西示范区 2003 年 7～9 月模拟旱情与同期实际旱情比对

4.4.3　仿真模拟与遥感旱情信息比对分析

仿真模拟与遥感是两种不同的旱情监测方法,利用不用旱情信息源,针对农业旱情发生和发展中的作物状态信息的变化估算受旱程度。

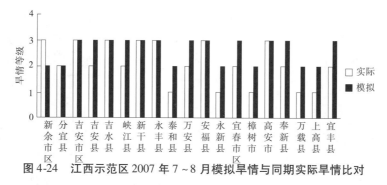

图4-24　江西示范区 2007 年 7～8 月模拟旱情与同期实际旱情比对

　　分别以 2000～2003 年江西示范区作物生长期 4～10 月、2000～2003 年山西示范区作物生长期 4～10 月为例,借助两种方法分别估算逐月的作物受旱程度,并通过空间分布和时间序列分析,比较两种结果的一致性和差异。分析两种旱情监测方法各自的优势与缺点,在不同数据和信息源下,可以选择合适的旱情监测方法,也为将来的多源旱情信息的融合与同化提供基础理论和结果。

4.4.3.1　江西示范区比对结果

　　在空间尺度上,利用仿真模拟的方法计算得到逐月的作物受旱情况与遥感模型反演的农作物受旱状况,两者比较如图 4-25 和图 4-26 所示,以旱情较轻的 2000 年和发生较重旱情的 2003 为例。

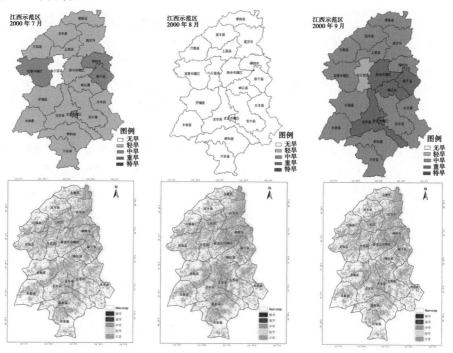

图4-25　2000 年 7～9 月江西示范区仿真模拟结果(第一行)及
对应时间的遥感监测结果(第二行)

通过两者对比发现,在空间范围内,旱情发生区域基本一致,逐月旱情的发展、变化趋

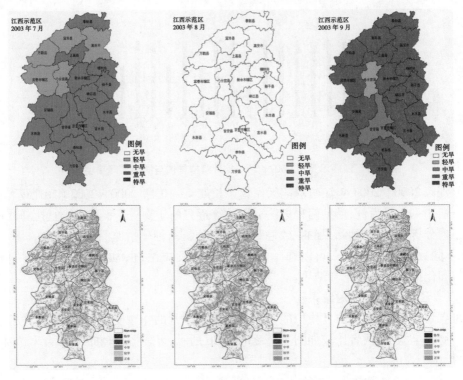

**图4-26　2003年7~9月江西示范区仿真模拟结果(第一行)及
对应时间的遥感监测结果(第二行)**

势一致,但是2003年的8月两者有差异。造成差异的原因可能为:仿真模拟结果区域范围内为一个数值,而遥感监测结果中区域内为更细的像元尺度数据,因此两者在具体位置上的旱情信息表达可能会不一致;另两种方法侧重不同的信息,前者以叶面的缺水状况来反映旱情,后者以作物缺水率反映旱情,会导致部分结果有差异。

在时间尺度上,利用2000~2003年作物生长期4~10月两种方法计算的旱情结果,首先计算两者的相关性,结果如图4-27所示,对19个县级区域分别统计,江西示范区19个单元中65%以上的单元旱情等级吻合较好,整个示范区统计后,相关系数为0.52,说明两种方法计算的旱情结果具有较强的一致性。

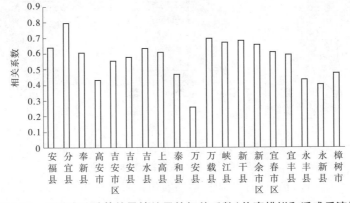

图4-27　两种方法计算的旱情结果的相关系数(仿真模拟和遥感反演)

以新余市区、分宜县、宜春市区和樟树市为例,比较两种方法得到的旱情等级值,分析其吻合度,比较结果如图 4-28 所示,2001 年 9 月江西示范区 19 个单元比较图见图 4-29。遥感反演的结果在县级单元内统计受旱比例,通过受旱比例判断该区域整体受旱等级,仿真模拟结果直接计算出单元内受旱等级,受旱等级以 0~4 来表示,共有 5 级,0 为无旱,1 为轻旱,2 为中旱,3 为重旱,4 为特旱。樟树市在整个时间段内,两种方法结果几乎一致,吻合度很高;新余市区在 2001 年和 2003 年旱情较重的年份,两者的一致性较高;分宜县和宜春市区,超过 50% 的月份内两者具有相同的旱情等级,通过几个地区比较发现,在部分月份,仿真模拟结果会稍高于遥感反演结果。

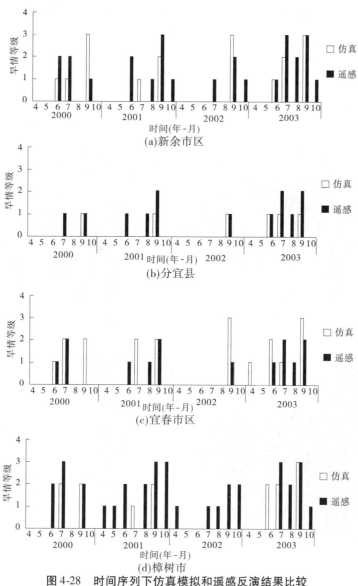

图 4-28 时间序列下仿真模拟和遥感反演结果比较
(以新余市区、分宜县、宜春市区和樟树市为例)

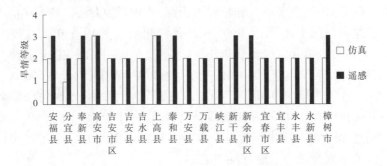

图 4-29　2001 年 9 月江西示范区仿真模拟和遥感反演结果比较

4.4.3.2　山西示范区比对结果

在空间尺度上,利用仿真模拟的方法计算得到逐月的作物受旱情况与遥感模型反演的农作物受旱状况,两者比较如图 4-30 所示,以旱情较重的 2001 年和发生旱情较轻的 2003 年为例。

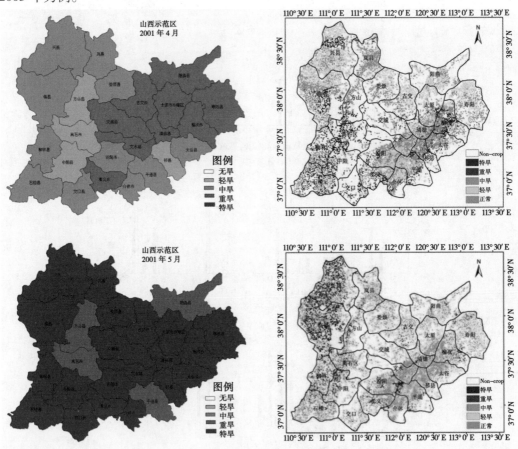

图 4-30　2001 年、2003 年 4～6 月山西示范区仿真模拟结果(左边)及
对应时间的遥感监测结果(右边)

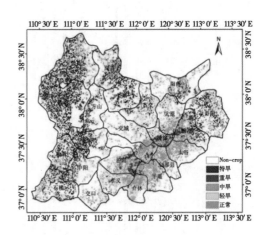

续图 4-30

通过两者对比发现,在空间范围内,旱情发生区域和程度基本一致,旱情的发展、变化趋势均能反映,但是 2001 年的 4 月两者有差异,在山西示范区东北部遥感反演与仿真模拟的旱情结果不一致。造成差异的原因可能为:仿真模拟结果区域范围内为一个数值,而遥感监测结果中区域内为更细的像元尺度数据,因此两者在具体位置上的旱情信息表达可能会不一致;另两种方法侧重不同的信息,前者以叶面的缺水状况来反映旱情,后者以作物缺水率反映旱情,会导致部分结果有差异。

在时间尺度上,利用 2000~2003 年作物生长期 4~10 月两种方法计算的旱情结果,首先计算两者的相关性,结果如图 4-31 所示,对 24 个县级区域分别统计,山西示范区 24 个单元中 75% 以上单元旱情等级吻合较好,说明两种方法计算的旱情结果具有较强的一致性。

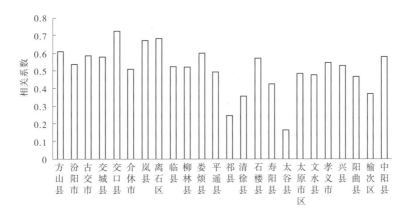

图 4-31　两种方法计算的旱情结果的相关系数(仿真模拟和遥感反演)

以交口县、岚县、离石区和中阳县为例,比较两种方法得到的旱情等级值,分析其吻合度,如图 4-32 所示。2001 年 5 月山西示范区 24 个单元比较图见图 4-33。遥感反演的结果在县级单元内统计受旱比例,通过受旱比例判断该区域整体受旱等级,仿真模拟结果直

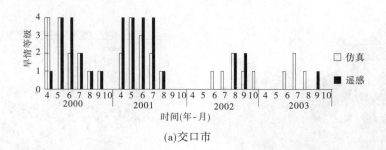

(a)交口市

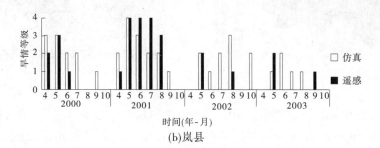

(b)岚县

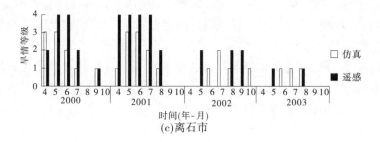

(c)离石市

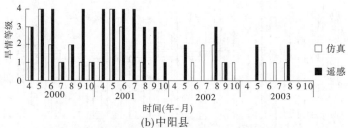

(b)中阳县

图 4-32　时间序列下仿真模拟和遥感反演结果比较

（以交口县、岚县、离石区和中阳县为例）

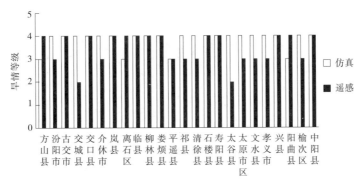

图 4-33 2001 年 5 月山西示范区仿真模拟和遥感反演结果比较

接计算出单元内受旱等级,受旱等级以 0 ~ 4 来表示,共有 5 级,0 为无旱,1 为轻旱,2 为中旱,3 为重旱,4 为特旱。在整个时间段内,四个地区两种方法计算的旱情结果几乎一致,吻合度很高,超过 50% 的月份内两者具有相同的旱情等级,但部分月份内,旱情等级有差异。仿真模拟着重考虑作物缺水引起的受旱信息,不同作物会有不同结果,而遥感反演方法综合考虑水分状况和作物长势等信息后得出的旱情结果,因此两者会存在差异。

4.5 小 结

(1)提出的作物生长过程动态模拟模型没有考虑旱作区地表以下水平方向的水量交换。在模型应用时,对作物实际受旱情况需进行监视和跟踪,根据实测土壤含水量对模型参数进行实时修正,仿真模拟旱情等级与遥感旱情等级进行了比对,80% 以上单元旱情等级相吻合,所以可用仿真模型准确模拟预测作物缺水率,预估由缺水造成的作物水稻减产量。

(2)仿真模拟与遥感识别旱情信息比对。利用 2000 ~ 2003 年作物生长期 4 ~ 10 月两种方法计算的旱情信息,分析旱情等级,结果表明两个示范区 70% 以上单元旱情等级吻合较好,说明两种方法计算的旱情结果具有较强的一致性。在空间范围内,旱情发生区域基本一致,逐月旱情的发展、变化趋势一致,但是 2003 年的 8 月两者有差异。造成差异的原因可能为:仿真模拟结果区域范围内为一个数值,而遥感监测结果中区域内为更细的像元尺度数据,因此两者在具体位置上的旱情信息表达可能会不一致;另两种方法侧重不同的信息,前者以叶面的缺水状况来反映旱情,后者以作物缺水率反映旱情,会导致部分结果有差异。

(3)仿真模拟技术的应用是研究区域作物旱情规律的一种行之有效的途径。利用水分模拟结果,掌握作物旱情发生、发展和缓解的过程,分析区域作物旱情时空分布规律,可为农业旱情预测预警提供技术支撑,为抗旱决策提供科学依据。

第 5 章　基于游程理论的水文干旱识别

5.1　水文干旱特征及识别指标

水文干旱研究,对于农业和水利部门制定经济评估和反应战略,具有特别重要的意义。从某些角度来说,水文干旱研究成果比其他干旱更能揭示干旱的实质。而且随着全球变暖等环境问题的发展,与人类生存息息相关的旱涝问题日益突出,水文干旱研究将进一步加深人们对水文现象实质的认识、丰富干旱问题的理论研究,同时为国家防旱减灾战略制定提供参考。

5.1.1　水文干旱特征分析

水文干旱一般用于描述由于降水在一定时段内显著偏少,造成区域的地表水或地下水收支不平衡,出现水分短缺,使江河流量或水库蓄水等出现持续减少、地下水位降低的现象。这反映了水文干旱在时间上的持续性和水分短缺的特性。具体在河川径流中表现为河道明显水位偏低、流量偏少;地下径流表现为地下水水位异常偏低;湖泊及水库表现为蓄水位远远低于于同期常年水位。因此,水文干旱可以定义为:在水文循环的某个环节中持续出现水量异常短缺且明显低于常年水量的变异现象。

游程理论被广泛应用于干旱事件的识别和干旱特征值的确定,是对时间序列进行分析的工具,也是将干旱特征进行量化的理论基础。应用游程理论可以识别出具体的干旱事件,并确定干旱事件的特征值(干旱历时、强度、烈度等)。水文干旱具有持续性与水分短缺的特征,因此也存在干旱历时、强度、烈度主要特征值。图 5-1 给出了根据游程理论所描述的水文干旱的特征值示意图。

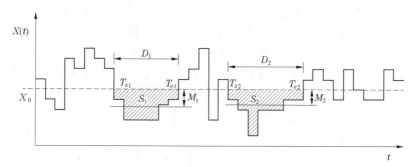

图 5-1　水文干旱特征值示意图

图 5-1 中 $X(t)$ 为时段 t 时水文干旱指标, X_0 为干旱指标对应的截取水平,若时段干旱指标连续处于截取水平以下,则可判断发生干旱事件。以基于水文变量绝对值单因素水文干旱指标为例,图中两个阴影部分分别为一次干旱事件,其中 D 为干旱历时, M 为干

旱强度,S 为干旱烈度。三个干旱特征的含义分述如下:

(1)干旱历时。水文干旱历时为干旱事件的持续时间,即为一次水文干旱事件从开始到结束的时间间隔。水文干旱历时从时间尺度上来描述水文干旱事件,反映的是水文干旱在时间上的连续性。时段 T_s 与前一时段 T_{s-1} 的水文干旱指标分别处于截取水平以上与截取水平以下,时段 T_e 与后一时段 T_{e+1} 的水文干旱指标分别处于截取水平以上与截取水平以下,若时段 $T_s < T_e$,且 T_s 至 T_e 之间各时段皆处于截取水平以下,则称 T_s 为水文干旱开始时段,T_e 为水文干旱结束时段,则干旱历时 $D = T_s - T_{e+1}$。

(2)干旱强度。水文干旱强度是指水文干旱事件历时内时段平均缺水程度,具体为干旱历时内干旱指标与截取水平的平均差值,如图 5-1 中 M 所示。

(3)干旱烈度。水文干旱烈度是指水文干旱事件的干旱历时内累计干旱缺水程度,干旱烈度是从干旱累积缺水程度上对干旱事件进行描述,反映了干旱缺水严重程度。图 5-1 中阴影部分面积 S 即为水文干旱事件的干旱烈度,$S = MD$。

5.1.2　水文干旱影响因素

水文干旱表征为地表水或地下水的收支异常不均衡。在水循环系统中,对于地表水而言,其水分收入项主要为降水,在一些地区也可能会有地下水的排泄或者外调水;而其水分支出项包括人类消耗、向区域外调水、水面蒸发以及对土壤水和地下水的入渗补给。对于地下水而言,其水分收入项主要来源于降水入渗补给,同时也会有地表水和土壤水的入渗补给;而其水分支出项则包括人工开采、潜水蒸发和排泄。这些相互联系的过程使地表水和地下水的状态处于动态变化之中,当其中某一环节受到异常干扰时,地表水和地下水的状态则会发生异常,当其异常偏少时,则发生水文干旱。因此,影响这些过程的因素甚至某些过程本身就是水文干旱形成的主要驱动因素,可概括为以下三个方面。

5.1.2.1　气候变化

气候变化导致气象干旱,可能直接引发水文干旱。气象干旱体现为降水和蒸发的异常不均衡,降水是地表水和地下水的主要来源,蒸发则影响地表水或地下水的支出,长期气象干旱必将导致地表水和地下水水分收入减少、支出增加,导致水文干旱。

5.1.2.2　土地利用变化

下垫面条件与产汇流、蒸散发等过程密切相关,主要体现为人类活动导致的土地利用方式改变。主要包括:①城市化,建设面积扩大,埋设管线、开辟交通线路等城市基础设施建设随之扩大,使天然状态的土层面变为不透水层面;②伐木种地、大范围放牧,使森林、草地变为农业用地或荒地;③水土保持,如坡地改梯田、植树造林、种草等;④水利工程建设,改变天然水域面积。这些人类活动对下垫面的改变,影响了水文产汇流的规律及蒸散发,从而影响到水文干旱的发生。

5.1.2.3　水资源开发利用

经济社会发展对水资源的刚性需求不断增加,人类对水资源系统的干扰程度加大,间接影响水文干旱。按照其作用方式,可将人类活动对水资源开发利用分为两种:①间接开发利用河道径流或地下水,造成地表水或地下水支出增加;②开发水资源造成了产流条件发生变化,造成同样降水情况下可用的水资源量发生变化,即影响地表水或地下水的收入项,对水文干旱产生影响。

5.1.3　水文干旱指标

水文干旱是指由于降水和地表水或地下水收支不平衡造成的异常水分短缺现象,反映的是江河流量或水库蓄水减少、地下水位降低的状况,可用于衡量水资源的丰枯程度。所以,可考虑选用流量 Q、蓄水量 W、水位 Z 等作为水文干旱的表征变量。水文干旱的需水条件相对复杂:河道径流可能需要满足农业灌溉、城市取水、船舶通航、生态用水等多种需要,水库蓄水同样要考虑农业灌溉、城市供水、环境生态等需要,地下水埋深在某些地区也要满足各种工农业用水需求。通常把水文干旱表征变量处理成无量纲的水文干旱指标,然后基于指标的指数值进行水文干旱分析。

水文干旱指标通常用江河径流量、湖泊水库蓄水量、地下水位或其统计量等旱情信息进行计算。水文干旱指标主要有径流量距平百分率、水库(湖泊)蓄水量距平百分率、地下水埋深下降量径流标准差、径流 Z 指数和地表水供水指数等。

5.1.3.1　径流量距平百分率

径流量距平百分率可直观表征某段时间径流量较常年偏多或偏少,计算公式为

$$R_a = \frac{R - \bar{R}}{\bar{R}} \times 100\% \tag{5-1}$$

式中:R_a 为径流量距平百分率(%);R 为某时段径流量,mm;$\bar{R}$ 为计算时段同期平均径流量,mm。

5.1.3.2　水库(湖泊)蓄水量距平百分率

水库(湖泊)蓄水量距平百分率能直观表征某段时间水库(湖泊)蓄水量较常年蓄水量的偏离程度,其计算公式为

$$V_a = \frac{V - \bar{V}}{\bar{V}} \times 100\% \tag{5-2}$$

式中:V_a 为水库(湖泊)蓄水量距平百分率(%);V 为某时段水库(湖泊)蓄水量,万 m^3;$\bar{V}$ 为计算时段同期平均水库(湖泊)蓄水量,万 m^3。

5.1.3.3　地下水埋深下降量

$$D_r = D_w - D_0 \tag{5-3}$$

式中:D_r 为地下水埋深下降量;D_w 为当前地下水埋深均值,m;D_0 为上年地下水埋深均值,m。

当 $D_r = 0.1 \sim 0.4$ 时,地下水埋深下降程度为轻度;当 $D_r = 0.41 \sim 1$ 时,地下水埋深下降程度为中度;当 $D_r > 1$ 时,地下水埋深下降程度为严重。

5.1.3.4　径流标准差指标

假定年径流量服从正态分布,用径流量的标准差(φ_R)划分旱涝等级,计算公式为

$$\varphi_R = \frac{R_i - \bar{R}}{\sigma_R} \tag{5-4}$$

式中:φ_R 为径流的标准差,mm;R_i 为年径流量,mm;$\bar{R}$ 为多年平均年径流量,mm;σ_R 为径流量的均方差。

该指标虽然简单易行,但以年径流量作为参数时,无法反映季节变化,只能反映年际变化趋势。

5.1.3.5　径流 Z 指数

假设某一时段的径流量服从 Person – Ⅲ 型分布,通过对径流量进行正态化处理,可将概率密度函数 Person – Ⅲ 型分布转换为以 Z 为变量的标准正态分布,计算公式为

$$Z = \frac{6}{C_s}\left(\frac{C_s}{2}\varphi_R + 1\right)^{\frac{1}{3}} - \frac{6}{C_s} + \frac{C_s}{6} \tag{5-5}$$

式中:φ_R 为径流的标准化变量;C_s 为偏态系数。

其中

$$\varphi_R = \frac{R_i - \bar{R}}{\sigma_R}, \quad C_s = \frac{\sum_{i=1}^{n}(R_i - \bar{R})^3}{n\sigma_R^3} \tag{5-6}$$

式中:n 为样本数;σ_R 为样本均方差。

可由实测序列计算得出,Z 指数的理论取值范围为$(-\infty, +\infty)$。

5.1.3.6　地表水供水指数

地表水供水指数(Surface Water Supply Index,$SWSI$)是在美国科罗拉多州干旱应变计划中建立的一个指标,计算基于每月不超越概率,其计算公式如下:

$$SWSI = \frac{(a \times PN_S + b \times PN_P + c \times PN_R) - 50}{12} \tag{5-7}$$

式中:PN_S、PN_P、PN_R 分别表示积雪量、降水量以及水库蓄水量的不超过概率,夏季是用径流量替换积雪量;a、b、c 为对应的权重系数。

$SWSI$ 的主要目标是监测地表水供应来源异常,因此它是用来监控城市和工业供水、灌溉用水和水力发电的干旱影响的一种措施。$SWSI$ 有四个必要的输入:积雪量、径流量、降水量和水库蓄水量,并且其系数随季节的变化而变化。

5.2　水文干旱识别方法

5.2.1　游程理论简介

游程理论是描述持续性随机事件统计规律的数学工具,是数理统计学科的重要分支,可用于揭示时间序列中游程现象的发生概率,回答持续性事件的重现规律。这里把相同随机事件持续的历程称为游程,游程现象是指持续发生相同属性的随机事件。现实生活中常见的游程现象,从时序变化上可以划分为连续和离散两大类:前者是连续随机变量在时间变化过程中的游程问题,如某河流断面水位连续低于通航水位;后者是离散随机事件的游程问题,如某地区一连多年发生干旱现象。

干旱作为持续发生的缺水现象,符合游程现象的定义。用干旱指标结合适当的截取水平,来判断时段是否处于缺水状态,时段缺水与否即是一个随机事件,而时段连续缺水便构成了游程,也即干旱事件。在应用游程理论到水文干旱分析时,对一个径流时间系列 $X(t)$,用截断水平 X_0 就可以判断出明显的干旱期($X < X_0$)。负的游程长度 $D[X < X_0]$ 为干旱历时,负游程强度 I 为干旱强度,它表示干旱期内的平均缺水量;负游程总量 S 为

干旱程度(干旱烈度),它表示干旱的总缺水量,可以表示为 $S = I \times D$,如图 5-2 所示为三次干旱过程。

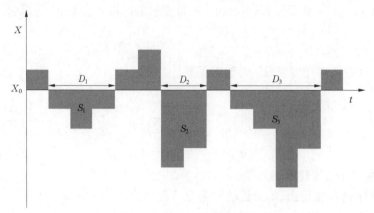

图 5-2　干旱识别过程示意图

水文干旱过程的识别,涉及时间尺度选择、指标选取与计算、阈值选取、干旱合并等多项内容,而相关研究或过于简单,或相对复杂。本书在江西示范区选取了多个水文站 40 年的长系列日流量数据及区内几个大型水库 18 年的日蓄水量数据,基于游程理论,建立适用的旬尺度水文干旱过程的识别方法。

该方法首先选择并计算旬水文干旱指标值,然后通过选取指标阈值确定各站(水库)逐旬丰枯等级值(0、1、2、3、4,分别表示不枯水、轻度枯水、中度枯水、重度枯水和极度枯水),最后提出根据等级序列确定水文干旱过程的方法。

下面将根据游程理论及分析方法建立研究示范区的水文干旱指标、等级划分和干旱识别分析。

5.2.2　江西示范区水文干旱指标及等级划分

5.2.2.1　河流指标及等级划分

选用径流量距平百分率为河流水文干旱指标,来进行水文干旱识别。以各站 4 ~ 10 月各旬为研究时段,首先计算各站年内各旬的多年平均旬流量,再计算出逐旬相对于多年平均旬值的水文干旱指标,即流量距平百分率值。

将河流水文干旱的等级划分为不枯水、轻度枯水、中度枯水、重度枯水和极度枯水共五个等级,来反映径流的丰枯状况。通过对江西示范区历史干旱资料的统计分析,并根据示范区实际情况,各等级的划分标准如表 5-1 所示。

表 5-1　基于径流量距平百分率指标值的水文干旱等级标准

干旱等级	干旱程度	划分标准
0	不枯水	$R_a \geqslant -20\%$
1	轻度枯水	$-50\% \leqslant R_a < -20\%$
2	中度枯水	$-65\% \leqslant R_a < -50\%$
3	重度枯水	$-75\% \leqslant R_a < -65\%$
4	极度枯水	$R_a < -75\%$

5.2.2.2　水库水文干旱指标及等级划分

结合江西示范区具体情况,选择了白云山、江口、老营盘、社上、飞剑潭、上游 6 座大型水库进行水库水文干旱识别。研究时段为 1992~2009 年的 4~10 月。首先,采用水库旬平均蓄水量作为水文干旱识别指标。利用上述系列资料共计 18 年的逐日蓄水量资料,求得各水库每年 4~10 月的各旬平均蓄水量值。

水库水文干旱指标的等级划分,采用经验频率作为水库水文干旱指标等级划分的标准。把各水库各旬的蓄水程度划分为 0、1、2、3、4 五级,采用水库各旬不同蓄水频率进行等级划分,见表 5-2。

表 5-2　水库水文干旱指标的等级划分标准

干旱等级	干旱程度	标准
0	蓄水满足	$V_p \geqslant 50\%$
1	蓄水略少	$25\% \leqslant V_p < 50\%$
2	蓄水偏少	$10\% \leqslant V_p < 25\%$
3	蓄水不足	$5\% \leqslant V_p < 10\%$
4	蓄水极少	$V_p < 5\%$

以某水库为例,经验频率指标计算方法为:将该水库同一旬的系列蓄水数据按照从小到大排序,序号依次为 $m = 1, 2, 3, \cdots, 17, 18$。然后利用经验频率计算公式 $P = m/(n+1)$ 计算得到各个旬的不同频率 P。

5.2.3　山西示范区水文指标及等级划分

采用旬流量距平百分率为水文干旱指标。按分年代来计算旬流量距平百分率。指标计算见式(5-1)。

以 4~10 月的旬为研究时段,首先计算各站分年代的年内各旬的多年平均旬流量,再计算出逐旬相对于多年平均旬值的水文干旱指标,即流量距平百分率值。

将水文干旱的等级划分为不枯水、轻度枯水、中度枯水、重度枯水和极度枯水共五个等级,来反映径流的丰枯状况。根据山西示范区的实际情况,经过分析和率定,确定了旬流量距平百分率等级划分标准,见表 5-3。

表 5-3　旬流量距平百分率划分水文干旱等级的标准

干旱等级	干旱程度	划分标准
0	不枯水	$R_a \geqslant -20\%$
1	轻度枯水	$-40\% \leqslant R_a < -20\%$
2	中度枯水	$-60\% \leqslant R_a < -40\%$
3	重度枯水	$-80\% \leqslant R_a < -60\%$
4	极度枯水	$R_a < -80\%$

5.3　江西示范区水文干旱识别

5.3.1　水文干旱识别规则

根据江西示范区的实际情况,确定江西水文干旱识别规则如下:

(1)当水文干旱指标的等级值为3或4时才有可能发生水文干旱。

(2)当出现以下情况之一时,可识别为水文干旱事件:①连续两旬水文干旱指标的干旱等级值为3或4;②等级值为3或4的两旬中间隔等级值为2的一旬;③相邻三旬等级值分别为2、4、2的序列。

如图5-3所示,可识别出4个场次的水文干旱过程(红色部分)。

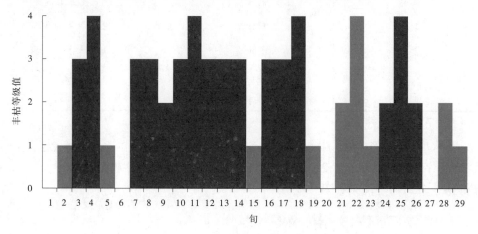

图5-3　水文干旱识别过程示意图

5.3.2　河流水文干旱的识别

按照5.3.1所述规则,对江西示范区的水文站2000~2007年4~10月的径流过程,逐一进行水文干旱过程识别。表5-4~表5-11给出了部分水文站的水文干旱识别结果。

表5-4　神山站水文干旱事件识别

年份	开始时间（月-旬）	结束时间（月-旬）	干旱历时(旬)	干旱强度	全年干旱历时(旬)	全年干旱烈度	干旱评述
2001	09-1	09-3	3	75.28	3	225.85	发生1次干旱事件,累计干旱历时1个月
2003	07-3	08-1	2	77.75	5	367.31	发生2次干旱事件,累计干旱历时近2个月
	08-3	09-2	3	70.61			
2007	04-1	04-2	2	69.19	9	702.77	发生3次干旱事件,累计干旱历时3个月
	05-1	05-3	3	80.90			
	07-1	08-1	4	80.42			

神山站 2000 ~ 2007 年,发生 6 次水文干旱事件。其中,年最长干旱历时为 9 个旬(2007 年),最大干旱烈度为 702. 77(2007 年)。图 5-4 给出了神山站 2000 ~ 2007 年水文指标过程。

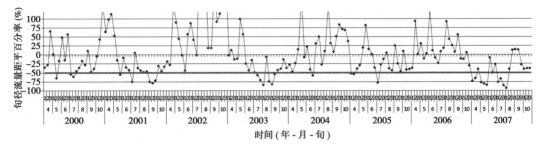

图 5-4　神山站 2000 ~ 2007 年水文指标过程

表 5-5　新田站水文干旱事件识别

年份	开始时间 (月-旬)	结束时间 (月-旬)	干旱历 时(旬)	干旱 强度	全年干旱 历时(旬)	全年干 旱烈度	干旱评述
2000	07-1	07-3	3	71. 16	3	213. 48	发生 1 次干旱事件,累计干 旱历时 1 个月
2003	06-3	08-1	5	84. 09	12	930. 13	发生 2 次干旱事件,累计干 旱历时 4 个月

新田站 2000 ~ 2007 年,发生 5 次水文干旱事件。其中,年最长干旱历时为 12 个旬(2003 年),最大干旱烈度为 930. 13(2003 年)。图 5-5 给出了新田站 2000 ~ 2007 年水文指标过程。

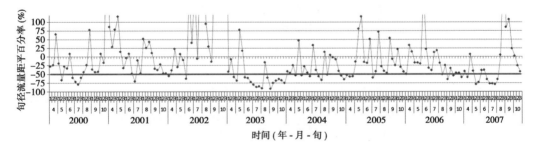

图 5-5　新田站 2000 ~ 2007 年水文指标过程

林坑站 2000 ~ 2007 年,发生 5 次水文干旱事件。其中,年最长干旱历时为 3 个旬(2000 年),最大干旱烈度为 417. 83(2003 年)。图 5-6 给出了林坑站 2000 ~ 2007 年水文指标过程。

表5-6　林坑站水文干旱事件识别

年份	开始时间（月-旬）	结束时间（月-旬）	干旱历时(旬)	干旱强度	全年干旱历时(旬)	全年干旱烈度	干旱评述
2000	07-1	07-3	3	69.26	3	207.78	发生1次干旱事件，累计干旱历时1个月
2002	10-2	10-3	2	69.99	2	137.98	发生1次干旱事件，累计干旱历时近1个月
2003	06-3	08-1	5	83.57	2	417.83	发生1次干旱事件，累计干旱历时近2个月
2005	04-2	04-3	2	73.05	2	146.10	发生1次干旱事件，累计干旱历时近1个月
2007	05-2	05-3	2	74.52	2	149.04	发生1次干旱事件，累计干旱历时近1个月

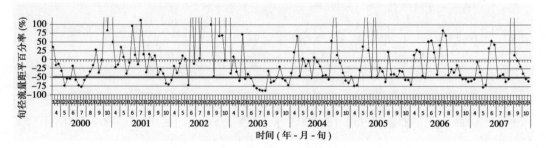

图5-6　林坑站2000~2007年水文指标过程

表5-7　赛塘站水文干旱事件识别

年份	开始时间（月-旬）	结束时间（月-旬）	干旱历时(旬)	干旱强度	全年干旱历时(旬)	全年干旱烈度	干旱评述
2003	07-1	07-2	2	68.16	4	279.35	发生2次干旱事件，累计干旱历时1个多月
	10-2	10-3	2	71.51			
2007	05-1	06-1	4	65.51	9	631.13	发生2次干旱事件，累计干旱历时3个月
	07-1	08-2	5	73.82			

赛塘站2000~2007年，发生4次水文干旱事件。其中，年最长干旱历时为9个旬（2007年），最大干旱烈度为631.13（2007年）。图5-7给出了赛塘站2000~2007年水文指标过程。

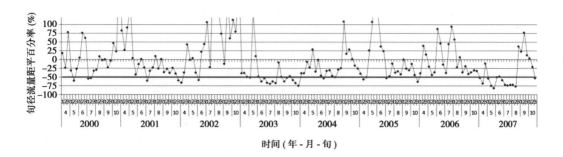

图 5-7　赛塘站 2000～2007 年水文指标过程

表 5-8　晋坪站水文干旱事件识别

年份	开始时间（月-旬）	结束时间（月-旬）	干旱历时（旬）	干旱强度	全年干旱历时（旬）	全年干旱烈度	干旱评述
2000	05-1	05-2	2	72.37	2	144.74	发生 1 次干旱事件,累计干旱历时近 1 个月
2004	04-1	04-2	2	77.82	2	155.64	发生 1 次干旱事件,累计干旱历时近 1 个月
2007	04-1	04-2	2	70.28	6	434.33	发生 2 次干旱事件,累计干旱历时 2 个月
	05-1	06-1	4	73.44			

　　晋坪站 2000～2007 年,发生 4 次水文干旱事件。其中,年最长干旱历时为 6 个旬 (2007 年),最大干旱烈度为 434.33(2007 年)。图 5-8 给出了晋坪站 2000～2007 年水文指标过程。

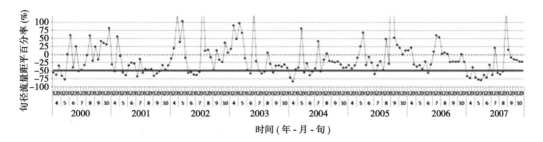

图 5-8　晋坪站 2000～2007 年水文指标过程

表 5-9　危坊站水文干旱事件识别

年份	开始时间（月-旬）	结束时间（月-旬）	干旱历时（旬）	干旱强度	全年干旱历时（旬）	全年干旱烈度	干旱评述
2001	07-3	08-1	2	70.78	4	274.75	发生 2 次干旱事件，累计干旱历时 1 个多月
	09-1	09-2	2	66.60			
2003	07-2	08-1	3	71.80	3	215.40	发生 1 次干旱事件，累计干旱历时 1 个月
2007	04-1	04-2	2	70.72	10	755.15	发生 3 次干旱事件，累计干旱历时 3 个多月
	05-1	06-1	4	74.96			
	07-2	08-2	4	78.47			

危坊站 2000～2007 年，发生 6 次水文干旱事件。其中，年最长干旱历时为 10 个旬（2007 年），最大干旱烈度为 755.15（2007 年）。图 5-9 给出了危坊站 2000～2007 年水文指标过程。

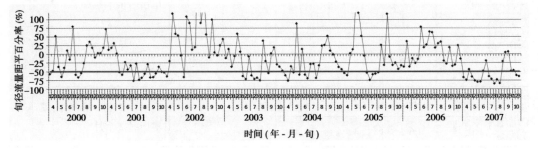

图 5-9　危坊站 2000～2007 年水文指标过程

表 5-10　上高站水文干旱事件识别

年份	开始时间（月-旬）	结束时间（月-旬）	干旱历时（旬）	干旱强度	全年干旱历时（旬）	全年干旱烈度	干旱评述
2000	07-2	07-3	2	68.64	2	137.28	发生 1 次干旱事件，累计干旱历时近 1 个月
2001	07-3	08-1	2	69.80	6	424.39	发生 2 次干旱事件，累计干旱历时 2 个月
	09-1	10-1	4	71.20			
2004	04-1	04-2	2	74.80	2	149.59	发生 1 次干旱事件，累计干旱历时近 1 个月
2007	04-1	04-2	2	71.71	11	854.82	发生 3 次干旱事件，累计干旱历时近 4 个月
	05-2	06-2	4	75.82			
	07-1	08-2	5	81.62			

上高站2000~2007年,发生7次水文干旱事件。其中,年最长干旱历时为11个旬(2007年),最大干旱烈度为854.82(2007年)。图5-10给出了上高站2000~2007年水文指标过程。

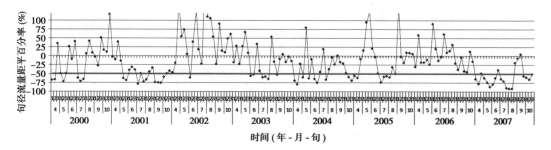

图5-10　上高站2000~2007年水文指标过程

表5-11　樟树站水文干旱事件识别

年份	开始时间（月-旬）	结束时间（月-旬）	干旱历时(旬)	干旱强度	全年干旱历时(旬)	全年干旱烈度	干旱评述
2000	07-1	07-2	2	68.56	2	137.12	发生1次干旱事件,累计干旱历时近1个月
2004	07-1	08-2	5	69.45	5	347.23	发生1次干旱事件,累计干旱历时近2个月
2007	05-2	05-3	2	70.62	5	343.48	发生2次干旱事件,累计干旱历时近2个月
	07-2	08-1	3	67.41			

樟树站2000~2007年,发生4次水文干旱事件。其中,年最长干旱历时为5个旬(2004年、2007年),最大干旱烈度为347.23(2004年)。图5-11给出了樟树站2000~2007年水文指标过程。

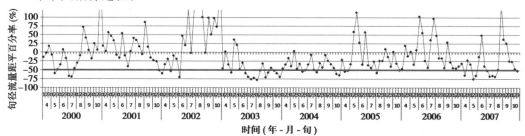

图5-11　樟树站2000~2007年水文指标过程

从前面对8个站的径流系列进行水文干旱识别,可以知道,在江西示范区2000~2007年,8年中每站出现水文干旱事件4~6次。其中,2007年水文干旱最为严重,且8个站均发生了水文干旱;其次是2003年,有6个站发生了水文干旱;此外,2000年和2001年也发生了水文干旱。从水文干旱的发生月份来看,最常发生的是7月,其次是8月,而

10月相对发生最少。从发生地区来看,发生水文干旱相对较多的站点上高、危坊和神山均位于示范区的北部。

5.3.3 水库水文干旱的识别

按照5.3.1所述规则,对江西示范区的水库蓄水过程逐一进行水文干旱过程识别。1992~2009年江西示范区部分水库水文干旱识别结果见表5-12。

表5-12 江西示范区部分水库水文干旱事件识别

水库	年份	开始时间（月-旬）	结束时间（月-旬）	干旱历时（旬）	全年干旱历时(旬)	干旱评述
白云山	2000	06-1	06-2	2	2	发生1次干旱事件,累计干旱历时近1个月
	2003	06-3	08-3	7	10	发生2次干旱事件,累计干旱历时3个多月
		10-1	10-3	3		
	2005	04-1	04-3	3	3	发生1次干旱事件,累计干旱历时1个月
	2007	05-2	05-3	2	2	发生1次干旱事件,累计干旱历时近1个月
	2009	09-1	09-2	2	2	发生1次干旱事件,累计干旱历时近1个月
江口	1993	10-2	10-3	2	2	发生1次干旱事件,累计干旱历时近1个月
	1995	09-1	09-3	3	3	发生1次干旱事件,累计干旱历时1个月
	1997	04-3	05-1	2	2	发生1次干旱事件,累计干旱历时近1个月
	2003	06-2	08-1	6	6	发生1次干旱事件,累计干旱历时2个月
	2007	08-2	08-3	2	2	发生1次干旱事件,累计干旱历时近1个月
老营盘	2003	06-3	10-3	13	13	发生1次干旱事件,累计干旱历时4个多月
	2004	04-1	04-3	3	3	发生1次干旱事件,累计干旱历时1个月
	2009	05-1	06-1	4	4	发生1次干旱事件,累计干旱历时1个多月
社上	1996	06-3	07-1	2	2	发生1次干旱事件,累计干旱历时近1个月
	2002	04-1	04-3	3	3	发生1次干旱事件,累计干旱历时1个月
	2003	07-2	10-2	10	10	发生1次干旱事件,累计干旱历时3个多月
	2007	05-2	06-1	3	3	发生1次干旱事件,累计干旱历时1个月
飞剑潭	1998	09-3	10-3	4	4	发生1次干旱事件,累计干旱历时1个多月
	1999	04-1	07-1	10	10	发生1次干旱事件,累计干旱历时3个多月
	2003	07-2	09-2	7	7	发生1次干旱事件,累计干旱历时2个多月
上游	1993	04-1	06-1	7	7	发生1次干旱事件,累计干旱历时2个多月
	1996	06-2	07-2	4	4	发生1次干旱事件,累计干旱历时1个多月
	2001	07-3	10-3	10	10	发生1次干旱事件,累计干旱历时3个多月

从前面对 6 个水库的蓄水量系列进行水文干旱识别可以知道,在江西示范区 1992 ~ 2009 年,18 年中每站出现水文干旱事件 3 ~ 6 次。

5.4　山西示范区水文干旱识别

这里对示范区 2000 ~ 2007 年 4 ~ 10 月的水文干旱事件进行了识别分析。考虑到水利工程的影响,选择了示范区中的 8 个水文站的径流系列进行了水文干旱事件识别。

5.4.1　水文干旱识别规则

根据山西示范区的实际情况,确定水文干旱事件识别规则如下:

(1)以旬流量距平百分率为水文干旱指数,其等级划分标准见表 5-3。

(2)当水文干旱指数连续 3 旬为 2 级以上等级,则确定为发生一次水文干旱。

(3)水文干旱事件的第 1 旬水文干旱指数应为 2 级以上等级,认为干旱开始。

(4)当水文干旱指数连续出现两个旬为 1 级或以下等级时,水文干旱解除,水文干旱结束。

(5)干旱事件开始到结束的持续时间为水文干旱历时。

(6)水文干旱强度用水文干旱事件内所有旬的水文干旱指数值的平均数的绝对值表示,平均数越大,干旱事件强度越强。水文干旱烈度为干旱历时与干旱强度之积。

5.4.2　水文干旱事件识别

根据以上规则,山西示范区 2000 ~ 2007 年,8 个水文站 4 ~ 10 月的水文干旱事件及强度和烈度识别见表 5-13 ~ 表 5-20。

表 5-13　林家坪站水文干旱事件识别

年份	开始时间（月-旬）	结束时间（月-旬）	干旱历时（旬）	干旱强度	全年干旱历时（旬）	全年干旱烈度	干旱评述
2000	04-3	06-2	6	96.48	12	930.8	发生 2 次干旱事件,累计干旱历时 4 个月。4 月下旬到 6 月中旬发生极度枯水,9 ~ 10 月发生枯水
	09-1	10-3	6	58.65			
2001	05-2	09-1	13	70.42	16	1 086	发生 2 次干旱事件,累计干旱历时 5 个多月。5 月中旬到 9 月上旬发生严重枯水,10 月发生枯水
	10-1	10-3	3	56.7			
2002	07-1	08-2	5	55.4	8	472.1	发生 2 次干旱事件,累计干旱历时 3 个多月。7 月上旬到 8 月中旬发生枯水,10 月发生严重枯水
	10-1	10-3	3	65.03			

续表 5-13

年份	开始时间（月-旬）	结束时间（月-旬）	干旱历时（旬）	干旱强度	全年干旱历时（旬）	全年干旱烈度	干旱评述
2003	10-1	10-3	3	67.57	3	202.7	发生 1 次干旱事件,干旱历时 1 个月
2004	08-1	08-3	3	57.1	6	358.1	发生 2 次干旱事件,累计干旱历时 2 个月。8 月发生枯水,10 月发生严重枯水
	10-1	10-3	3	62.23			
2005	04-3	10-3	19	54.91	19	1 043	发生 1 次干旱事件,干旱历时 6 个多月。6 月下旬到 7 月下旬、8 月下旬到 9 月中旬、10 月这三个时段发生极度枯水,其他时段发生枯水
2006	04-1	08-1	13	59.29	18	1 122	发生 2 次干旱事件,累计干旱历时 6 个月。4 月、6 月、7 月中旬到 8 月上旬发生极度枯水,其他时段发生严重枯水
	09-2	10-3	5	70.28			
2007	05-1	07-1	7	76.69	7	536.8	发生 1 次干旱事件,干旱历时 2 个多月。5 月发生严重枯水,6 月上旬到 7 月上旬发生极度枯水

　　林家坪站 2000～2007 年,每年都有水文干旱发生。其中,年最长干旱历时为 19 个旬(2005 年),最大干旱烈度为 1 122(2006 年)。图 5-12 给出了林家坪站 2000～2007 年水文指标过程。

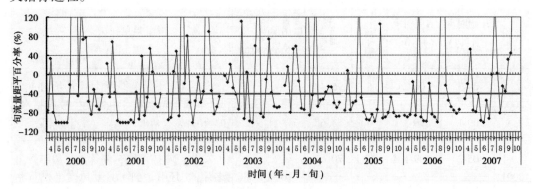

图 5-12　林家坪站 2000～2007 年水文指标变化

　　圪洞站 2000～2007 年,有 7 年有水文干旱事件发生。其中,年最长干旱历时为 13 个旬(2000 年和 2001 年),最大干旱烈度为 826.2(2000 年)。图 5-13 给出了圪洞站 2000～2007 年水文指标过程。

表 5-14　圪洞站水文干旱事件识别

年份	开始时间（月-旬）	结束时间（月-旬）	干旱历时（旬）	干旱强度	全年干旱历时（旬）	全年干旱烈度	干旱评述
2000	04-1	06-2	8	64.74	13	826.2	发生 2 次干旱事件，累计干旱历时 4 个多月。2 次是严重枯水
	08-3	10-1	5	61.66			
2001	06-1	10-1	13	55.06	13	715.8	发生 1 次干旱事件，干旱历时 4 个多月。该时段发生中度枯水
2002	08-2	10-3	8	59.70	8	477.6	发生 1 次干旱事件，干旱历时 2 个多月，该时段为中度枯水
2003	08-2	09-1	3	47.7	3	143.2	发生 1 次干旱事件
2005	07-2	10-3	11	50.53	11	555.8	发生 1 次干旱事件，持续时间 3 个多月。该时段发生中度枯水
2006	06-1	08-1	7	62.24	10	611.3	发生 2 次干旱事件，累计持续时间 3 个多月。6 月上旬到 8 月上旬发生严重枯水，10 月发生中度枯水
	10-1	10-3	3	58.53			
2007	06-3	07-2	3	51.43	8	442.5	发生 2 次干旱事件，累计干旱历时 2 个多月。两个时段都为中度枯水
	08-2	09-3	5	57.64			

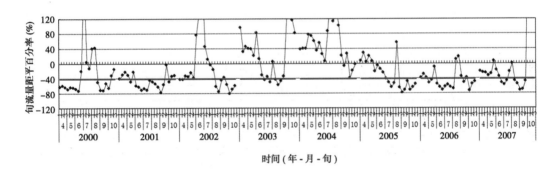

图 5-13　圪洞站 2000~2007 年水文指标变化

表 5-15　裴沟站水文干旱事件识别

年份	开始时间（月-旬）	结束时间（月-旬）	干旱历时（旬）	干旱强度	全年干旱历时（旬）	全年干旱烈度	干旱评述
2000	05-2	06-3	5	60	5	300	发生 1 次干旱事件,干旱历时 1 个月,发生枯水
2001	05-3	07-3	7	76.2	10	666.9	发生 2 次干旱事件,累计干旱历时 3 个多月。5 月下旬到 7 月下旬发生严重枯水,9 月发生枯水
2001	09-1	09-3	3	44.5	10	666.9	发生 2 次干旱事件,累计干旱历时 3 个多月。5 月下旬到 7 月下旬发生严重枯水,9 月发生枯水
2002	05-1	06-1	4	54.25	7	669.4	发生 2 次干旱事件,累计干旱历时 2 个多月。5 月上旬到 6 月上旬发生枯水,7 月发生严重枯水
2002	07-1	07-3	3	75.4	7	669.4	发生 2 次干旱事件,累计干旱历时 2 个多月。5 月上旬到 6 月上旬发生枯水,7 月发生严重枯水
2003	06-3	08-2	6	65.7	6	394.2	发生 1 次干旱事件,干旱历时 2 个月,发生严重枯水
2006	07-3	10-1	8	59.04	8	472.32	发生 1 次干旱事件,干旱历时 2 个多月,该时段发生枯水
2007	06-3	08-2	6	55.6	6	333.6	发生 1 次干旱事件,干旱历时 2 个月。发生严重枯水

　　裴沟站 2000~2007 年,有 6 年有水文干旱事件发生。其中,年最长干旱历时为 10 个旬(2001 年),最大干旱烈度为 669.4(2002 年)。图 5-14 给出了裴沟站 2000~2007 年水文指标过程。

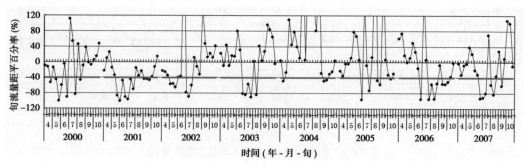

图 5-14　裴沟站 2000~2007 年水文指标变化

表 5-16　万年饱站水文干旱事件识别

年份	开始时间（月-旬）	结束时间（月-旬）	干旱历时（旬）	干旱强度	全年干旱历时（旬）	全年干旱烈度	干旱评述
2000	05-2	06-2	4	55.58	4	222.3	发生 1 次干旱事件,干旱历时 1 个多月,发生枯水
2001	06-1	07-3	6	54.43	6	326.6	发生 1 次干旱事件,干旱历时 2 个月,发生枯水
2003	04-1	05-3	6	48.52	9	460.1	发生 2 次干旱事件,累计干旱历时 3 个月,两个时段都发生枯水
2003	07-3	08-2	3	56.33	9	460.1	发生 2 次干旱事件,累计干旱历时 3 个月,两个时段都发生枯水
2006	07-3	08-2	3	57.43	3	172.3	发生 1 次干旱事件

　　万年饱站 2000～2007 年,有 4 年有水文干旱事件发生,其中,年最长干旱历时为 9 个旬(2003 年),最大干旱烈度为 460.1(2003 年)。图 5-15 给出了万年饱站 2000～2007 年水文指标过程。

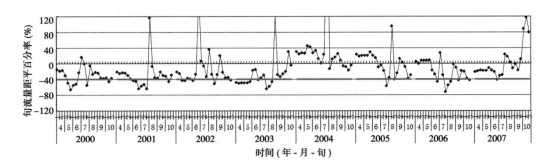

图 5-15　万年饱站 2000～2007 年水文指标过程

　　芦家庄站 2000～2007 年,每年有水文干旱事件发生。其中,年最长干旱历时为 19 个旬(2000 年),最大干旱烈度为 1 598.9(2000 年)。图 5-16 给出了芦家庄站 2000～2007 年水文指标过程。

表 5-17　芦家庄站水文干旱事件识别

年份	开始时间（月-旬）	结束时间（月-旬）	干旱历时（旬）	干旱强度	全年干旱历时（旬）	全年干旱烈度	干旱评述
2000	04-1	07-1	10	79.42	19	1 598.9	发生 2 次干旱事件，累计干旱历时 6 个多月。4 月到 7 月上旬发生严重枯水，8 ~ 10 月发生极度枯水
	08-1	10-3	9	89.41			
2001	04-1	07-2	11	74.30	18	1 462.5	发生 2 次干旱事件，累计干旱历时 6 个月。4 月到 7 月中旬发生严重枯水，8 月下旬到 10 月发生极度枯水
	08-3	10-3	7	92.17			
2002	04-1	05-3	6	68.25	9	600.6	发生 2 次干旱事件，累计干旱历时 3 个月。两个时段都发生严重枯水
	08-2	09-1	3	63.70			
2003	08-2	09-3	5	79.78	5	398.9	发生 1 次干旱事件，干旱历时 1 个多月，发生严重枯水
2004	09-1	10-3	6	66.00	6	396.0	发生 1 次干旱事件，干旱历时 2 个月，发生严重枯水
2005	05-2	07-3	8	53.13	11	694.7	发生 2 次干旱事件，累计干旱历时 3 个多月。5 月中旬到 7 月下旬发生枯水，8 月下旬到 9 月中旬发生极度枯水
	08-3	09-2	3	89.90			
2006	06-2	07-2	4	60.25	4	241.0	发生 1 次干旱事件，干旱历时 1 个多月。该时段发生严重枯水
2007	04-3	07-2	9	48.11	12	631.3	发生 2 次干旱事件，累计干旱历时 4 个月。4 月下旬到 7 月中旬发生枯水，8 月下旬到 9 月中旬发生严重枯水
	08-3	09-2	3	66.10			

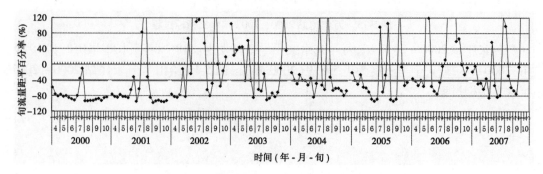

图 5-16　芦家庄站 2000 ~ 2007 年水文指标过程

表 5-18　岔口站水文干旱事件识别

年份	开始时间（月-旬）	结束时间（月-旬）	干旱历时（旬）	干旱强度	全年干旱历时（旬）	全年干旱烈度	干旱评述
2000	04-1	06-3	9	−68.94	14	951.8	发生 2 次干旱事件，累计干旱历时 4 个多月。两个时段都发生严重枯水
	08-3	10-1	5	−66.26			
2001	04-1	09-2	17	−71.78	17	1 220	发生 1 次干旱事件，干旱历时 5 个多月。发生极度枯水
2004	06-1	07-2	5	−50.30	11	606.4	发生 2 次干旱事件，累计持续时间 3 个多月。两个时段都发生枯水
	09-1	10-3	6	−59.15			
2005	04-2	10-3	20	−64.79	20	1 296	发生 1 次干旱事件，持续时间 6 个多月，发生严重枯水
2006	04-1	08-2	14	−58.99	17	989.5	发生 2 次次干旱事件，累计持续时间 5 个多月。两时段都发生枯水
	10-1	10-3	3	−54.53			
2007	07-1	07-3	3	−56.07	7	396.6	发生 2 次干旱事件，累计干旱历时 2 个多月。两时段都发生枯水
	08-3	10-1	4	−68.94			

　　岔口站 2000～2007 年，有 6 年有水文干旱事件发生。其中，年最长干旱历时为 20 个旬(2005 年)，最大干旱烈度为 1 296(2005 年)。图 5-17 给出了岔口站 2000～2007 年水文指标过程。

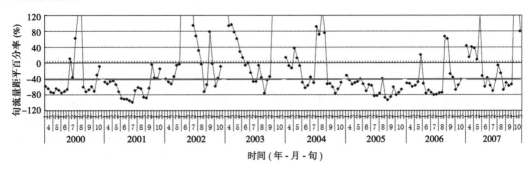

图 5-17　岔口站 2000～2007 年水文指标过程

表 5-19　静乐站水文干旱事件识别

年份	开始时间（月-旬）	结束时间（月-旬）	干旱历时（旬）	干旱强度	全年干旱历时（旬）	全年干旱烈度	干旱评述
2000	04-1	07-3	12	68.43	18	1 235	发生 2 次干旱事件，累计干旱历时 6 个月。两个时段都发生严重枯水
	09-1	10-3	6	68.95			
2001	04-1	10-3	21	71.17	21	1 495	发生 1 次干旱事件，干旱历时 7 个月。发生严重枯水
2002	04-1	05-3	6	63.40	6	380.4	发生 1 次干旱事件，干旱历时 2 个月。发生严重枯水
2003	04-2	07-2	10	52.50	10	525	发生 1 次干旱事件，干旱历时 3 个多月。发生枯水
2004	06-2	07-2	4	56.80	4	227.2	发生 1 次干旱事件，持续时间 1 个多月。发生枯水
2007	04-1	05-1	4	56.23	4	224.9	发生 1 次干旱事件，干旱历时 1 个多月。发生枯水

　　静乐站 2000~2007 年，有 6 年有水文干旱事件发生。其中，年最长干旱历时 21 个旬（2001 年），最大干旱烈度为 1 495（2001 年）。图 5-18 给出了静乐站 2000~2007 年水文指标过程。

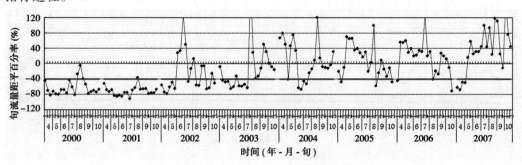

图 5-18　静乐站 2000~2007 年水文指标过程

表 5-20　盘陀站水文干旱事件识别

年份	开始时间（月-旬）	结束时间（月-旬）	干旱历时（旬）	干旱强度	全年干旱历时（旬）	全年干旱烈度	干旱评述
2000	04-1	06-3	9	100.00	16	1 437	发生 2 次干旱事件，累计干旱历时 5 个多月。4 月到 6 月发生断流，8 月下旬到 10 月发生严重枯水
	08-3	10-3	7	76.77			
2001	04-1	10-3	21	82.49	21	1 732	发生 1 次干旱事件，干旱历时 7 个月。发生极度枯水
2002	04-1	06-2	8	88.74	15	1 185	发生 3 次干旱事件，累计干旱历时 5 个月。4 月到 6 月中旬发生极度枯水，8 月到 9 月上旬发生严重枯水，10 月发生枯水
	08-1	09-1	4	69.95			
	10-1	10-3	3	65.23			
2004	09-1	10-3	6	69.72	6	418.3	发生 1 次干旱事件，持续时间 2 个月。发生严重枯水
2005	04-2	08-1	12	83.98	12	1 008	发生 1 次干旱事件，持续时间 4 个月。发生极度枯水
2006	04-1	06-2	8	43.75	12	653.9	发生 2 次干旱事件，累计持续时间 4 个多月。4 月到 6 月中旬发生枯水，9 月下旬到 10 月发生严重枯水
	09-3	10-3	4	75.98			
2007	04-1	07-2	11	90.41	11	994.5	发生 1 次干旱事件，干旱历时 3 个多月。发生极度枯水

　　盘陀站 2000～2007 年，有 7 年有水文干旱事件发生。其中，年最长干旱历时 21 个旬（2001 年），最大干旱烈度为 1 732（2001 年）。图 5-19 给出了盘陀站 2000～2007 年水文指标过程。

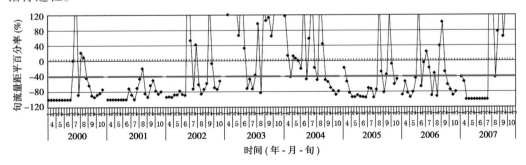

图 5-19　盘陀站 2000～2007 年水文指标过程

从前面对 8 个站的径流系列进行水文干旱识别可以知道，在山西示范区几乎每年都会有水文干旱事件发生,平均每年出现水文干旱事件 1~2 次,最常发生水文干旱的月份在 7~9 月,平均每 2 年就会发生 1 次水文干旱事件。从分析的 2000~2007 年中可以看出,在 2000 年和 2001 年的春夏季,示范区内 8 个水文站都发生了水文干旱,说明这 2 年水文干旱较为严重。

5.5　小　结

本章主要研究水文干旱的识别问题。首先阐述了水文干旱的定义与表征变量,讨论了水文干旱的指标与水文干旱识别方法,讨论了游程理论在水文干旱识别中的应用。基于游程理论的思想,提出了河流和水库水文干旱识别的指标与方法,并在江西示范区和山西示范区进行了水文干旱识别的应用。

本章根据示范区实际情况,确定了水文干旱指标、等级划分标准和识别规则,对示范区内的主要水文站的径流系列进行了识别,取得了较好的成果,为应用游程理论和方法进行水文干旱的识别提供了很好的思路、方法和案例。

第 6 章　基于信息融合的旱情综合评估

6.1　旱情评估指标体系

6.1.1　旱情评估指标

旱情评估指标是表示旱情严重程度的特征量。它是根据获取的信息,用数值来对旱情进行描述,在旱情评估分析中起着度量、对比和综合等重要作用。本书对旱情评估指标的选择,考虑了以下几点:

(1)指标的时间尺度应与所考虑旱情匹配。

(2)指标应可以对干旱进行连续的定量度量。

(3)指标应能够反映实际旱情的某一特征。

(4)指标应能进行长系列的计算。

(5)不同地点、时段的旱情指标应具有可比性。

(6)旱情指标计算所需数据易于获得。

旱情实际上是指相关水信息出现异常,出现持续少水、缺水的过程和状态。它通常是认定一个具有物理概念的水信息值为正常值,用实际值相对于正常值的负偏离多少来反映水信息的异常状态,也就是旱情严重程度。旱情评估指标常用距平百分比、缺少率、偏离程度来表示。下面讨论不同类型干旱所采用的旱情指标。

6.1.1.1　气象干旱指标

气象干旱指标是指利用气象要素,根据一定的计算方法所获得的指标,用于监测和评价某区域某时段内天气气候异常引起的水分亏欠程度,反映气象干旱严重程度。降水是气象干旱的主要影响因素,因此气象旱情指标多以降水量为基础制定。国内外常见的气象干旱指标有降水量距平百分率、综合气象旱情指数(CI)、标准差、H. N. Bhalme – Mooley 干旱指标(BMDI)、降水 Z 指标、标准化降水指数(SPI)和相对湿度指数等。同时考虑降水量和气温的指数有德马顿(De martonne)干旱指数和降水均一化指数等。

诸多气象干旱指标的优点是简单而易于计算,但难免粗糙,而且因为各地产生干旱的气象条件变化很大,根据气象干旱指标划分的干旱等级在不同地区一般不具备普适性。因此,研究干旱时应根据研究区域状况来选择干旱指标。

《气象干旱等级》(GB/T 20481—2006)给出了评价气象干旱的指标:降水量距平百分率、标准化降水指数、相对湿度指数和综合气象干旱指数等来进行研究区气象干旱的分析。这些指标的计算公式和等级划分标准如下。

1. 降水量距平百分率 P_a

降水量距平百分率 P_a 是表征某时段降水量较常年值偏多或偏少的指标之一,能直接反映降水异常引起的干旱(见表6-1)。

表6-1 降水量距平百分率干旱等级划分标准*(月尺度)

等级	类型	降水量距平百分率(%)
0	无旱	$-40 < P_a$
1	轻旱	$-60 < P_a \leqslant -40$
2	中旱	$-80 < P_a \leqslant -60$
3	重旱	$-95 < P_a \leqslant -80$
4	特旱	$P_a \leqslant -95$

注:*引自《气象干旱等级》(GB/T 20481—2006)。

降水量距平百分率 P_a 计算公式为

$$P_a = \frac{P - \overline{P}}{\overline{P}} \times 100\% \tag{6-1}$$

式中:P 为某时段降水量,mm;$\overline{P}$ 为计算时段同期气候平均降水量,mm。

2. 标准化降水指数 SPI

标准化降水指数 SPI 用于度量多种时间尺度上的降水不足,是表征某时段降水量出现概率多少的指标之一(见表6-2)。本书中,将降水时间序列的经验累计概率分布等概率转化为标准正态分布,SPI 值即为所计算时段降水量低于或超过平均值的标准差。

表6-2 标准化降水指数干旱等级划分标准*

干旱等级	类型	标准化降水指数
0	无旱	$-0.5 < SPI$
1	轻旱	$-1.0 < SPI \leqslant -0.5$
2	中旱	$-1.5 < SPI \leqslant -1.0$
3	重旱	$-2.0 < SPI \leqslant -1.5$
4	特旱	$SPI \leqslant -2.0$

注:*引自《气象干旱等级》(GB/T 20481—2006)。

3. 相对湿度指数 M

相对湿度指数是表征某时段降水量与蒸发量之间平衡的指标之一(见表6-3)。可反映作物生长季节的水份平衡特征。相对湿度指数 M 的计算公式为

$$M = \frac{P - PE}{PE} \tag{6-2}$$

式中:P 为某时段的降水量,mm;PE 为某时段的可能蒸散量,mm。本书采用了 Thornthwaite 方法计算。

表 6-3　相对湿度指数干旱等级划分表 *

等级	类型	标准化降水指数
0	无旱	$-0.5 < SPI$
1	轻旱	$-1.0 < SPI \leqslant -0.5$
2	中旱	$-1.5 < SPI \leqslant -1.0$
3	重旱	$-2.0 < SPI \leqslant -1.5$
4	特旱	$SPI \leqslant -2.0$

注:* 引自《气象干旱等级》(GB/T 20481—2006)。

4. 综合气象干旱指数 CI

综合气象干旱指数是利用近 30 天(相当月尺度)和近 90 天(相当季尺度)降水量标准化降水指数,以及近 30 天相对湿度指数进行综合而得,该指标可反映降水气候异常情况。综合气象干旱指数 CI 计算见下式:

$$CI = aZ_{30} + bZ_{90} + cM_{30} \tag{6-3}$$

式中: Z_{30}、Z_{90} 分别为近 30 天和近 90 天标准化降水指数; M_{30} 为近 30 天相对湿度指数; a 为近 30 天标准化降水系数; b 为近 90 天标准化降水系数; c 为近 30 天相对湿系数。

综合气象干旱指数干旱等级划分标准见表 6-4。

表 6-4　综合气象干旱指数等级划分标准 *

等级	类型	标准化降水指数
0	无旱	$-0.6 < CI$
1	轻旱	$-1.2 < CI \leqslant -0.6$
2	中旱	$-1.8 < CI \leqslant -1.2$
3	重旱	$-2.4 < CI \leqslant -1.8$
4	特旱	$CI \leqslant -2.4$

注:* 引自《气象干旱等级》(GB/T 20481—2006)。

6.1.1.2　农业干旱指标

农业干旱是干旱问题中最重要的方面,鉴于农业干旱与气象干旱的区别,农业干旱指数的研究更多的关注于作物不同生长期的供需水关系及土壤墒情特征等。常见的农业干旱指标有土壤水分指标、Palmer 指数、作物水分指数(Crop Moisture Index, CMI)、作物缺水率、连续无雨日数、断水天数等。土壤水分指标常用的有土壤相对湿度(土壤水分重量占干土重的百分率)和土壤有效水分存储(土壤某一层中存储的能被植物根系吸收的水分)。对作物而言,有水分亏缺指数 WDI(Water Deficit Index)、积分湿度指数、供需水比例指数和农作物综合指数等。

目前,土壤水分还不能实现大面积的准确监测,而水文模型关于土壤结构及土壤含水量计算等方面的描述已比较成熟,借鉴水文模型的优势,更好地描述土壤含水量的时空变化,同时把干旱指数与农业灾害的实际统计资料统一起来,以更好地验证建立的干旱指标,将是农业干旱指标研究未来的重点关注方向。

土壤墒情指标是反映农业干旱的重要指标之一,通常采用土壤相对含水量来反映土壤水分的盈亏,采用 10～20 cm 深度的土壤相对湿度。由于不同土壤性质的土壤相对含水量存在一定差异,需要根据当地土壤性质,对等级划分范围作适当调整。由土壤评价层平均含水量与平均田间持水量的比值,得出相对土壤含水量,并以此作为旱情评估指标。土壤相对含水量按下列公式计算:

$$W = \frac{\bar{\theta}}{\theta_m} \times 100\% \tag{6-4}$$

式中:W 为监测土层深度平均土壤相对含水量(%);$\bar{\theta}$ 为监测土层深度平均土壤含水量(%);θ_m 为监测土层深度平均田间持水量(%)。

土壤相对湿度旱情等级划分标准见表 6-5。

表 6-5　土壤相对湿度旱情等级划分标准*

旱情程度	不缺墒	轻度缺墒	中度缺墒	重度缺墒	极度缺墒
旱情等级号	0	1	2	3	4
土壤相对湿度 W(%)	$65 \leq W$	$55 \leq W < 65$	$45 \leq W < 55$	$36 \leq W < 45$	$W < 36$

注: * 引自水利部行业标准《旱情等级标准》(SL 424—2008)。

面土壤含水量指标在土壤干旱评价中起着重要的作用,它可反映土壤中水分的缺失程度。但在实际上,所能得到的是通过监测仪器实测到的不同深度土壤含水量观测点的数据,而非面上的数据。这就需要通过建立实测与模拟出的土壤墒情关系,来获取面平均土壤含水量信息。

本书开发了土壤墒情的点—面同化技术。该项技术应用模拟技术构建示范区分布式水文模型(VIC 模型),按照示范区下垫面植被覆盖及土地利用情况,建立所需参数数据集。依据能量平衡和水量平衡原理,模拟计算每个网格的水循环过程,模拟面上土壤含水量的变化,然后应用数据同化方法,将土壤含水量实测数据与水文模型模拟的土壤含水量结果进行同化分析,通过优化和更新水文模型状态变量与参数,提高水文模型对土壤含水量模拟的效果。对模型结果验证表明,在山西示范区的 11 个墒情站实测数据与模型计算的墒情数据的平均相关系数为 0.62,平均相对误差为 0.55%。模型整体上较好地模拟了各墒情站的土壤含水量变化过程(详见第 3 章),根据研究区内网格点的土壤含水量计算结果可以得到面土壤含水量的分布情况。

农作物受旱信息的获取有以下几种方式:一种方式是各有关部门在作物受旱期间,根据实地调查情况采用统计的方式获得,主要旱情信息为受旱面积、受灾面积和成灾面积,这种信息反映了不同严重程度的农业旱情及其分布情况,可以与遥感信息进行同化比对;另一种方式是应用仿真技术对农作物生长过程进行模拟计算得到(这是本书获取农作物受旱信息的方式,农作物生长模拟模型的开发请参阅第 5 章),模型计算输出的农作物的各时段作物缺水指标,从水分亏缺程度来反映作物的受旱情况。农作物缺水率常常被用

作农业旱情的评估指标。作物缺水率是指时段作物缺水量与该时段作物实际需水量之比,其计算公式为

$$B = \frac{QET}{ET_M} \times 100\% \tag{6-5}$$

式中:B 为作物缺水率(%);QET 为作物缺水量,mm;ET_M 为作物需水量,mm。

　　由于农作物的品种不同,作物的耐旱性能不同,对于作物缺水率的等级划分标准各不相同,目前国内还没有国家标准和行业标准给出统一的等级划分标准。本书中,根据示范区实际情况和该区域历史干旱情况,拟定了旱作物和水稻缺水率的等级划分标准,见表 6-6、表 6-7。

表 6-6　旱作物缺水率等级划分标准

旱情程度	不缺水	轻度缺水	中度缺水	重度缺水	极度缺水
旱情等级号	0	1	2	3	4
作物缺水率 B	$L \leqslant 45$	$45 < L \leqslant 65$	$65 < L \leqslant 85$	$85 < L \leqslant 95$	$L > 95$

表 6-7　水稻缺水率等级划分标准

旱情程度	不缺水	轻度缺水	中度缺水	重度缺水	极度缺水
旱情等级号	0	1	2	3	4
作物缺水率 B	$L \leqslant 20$	$20 < L \leqslant 35$	$35 < L \leqslant 50$	$50 < L \leqslant 60$	$L > 60$

6.1.1.3　水文干旱指标

　　水文干旱指标一般以时段径流量小于某临界值来定义水文干旱。对于水文干旱,研究较多的是水文干旱的概率问题,将水文干旱的发生看作一种随机事件,利用随机理论方法分析研究水文干旱,如游程理论、马尔可夫过程等。从水文干旱的研究现状看,大多数的工作偏重于研究天然条件下水文干旱的要素及过程特征,较少考虑人类活动对水文过程的影响,而事实上人类活动对天然水文过程产生了不可忽略的影响。

　　水文干旱通常用径流量大小、水库蓄水量多少和地下水位高低来描述。径流量评价指标一般用河川径流量距平百分比作为旱情评估指标,水库蓄水和地下水位一般分别以水库蓄水量距平百分比和地下水位指标来作为水文干旱评估指标。径流量距平百分比指数反映了河流来水偏离常年值的情况,可直接反映地表来水异常偏少引起干旱的现象。

　　由于径流受到自然地理形态、河流类型等多种因素影响,国内目前还没有一个统一对径流量距平百分率进行等级划分的标准,本书根据示范区的实际情况和该区域历史干旱情况,拟定了示范区径流量距平百分率划分标准,作为水文干旱的判断依据(见表 6-8)。由于没有在不同区域、不同河流上做过检验,该标准不具有普适性。

表 6-8　　旬径流量距平百分率 R_a 干旱等级划分标准

程度	特枯	严重枯水	一般枯水	偏枯	平水以上
等级	4	3	2	1	0
$R_a(\%)$	$R_a < -80$	$-80 \leq R_a < -60$	$-60 \leq R_a < -40$	$-40 \leq R_a < -20$	$R_a \geq -20$

注: 此划分标准根据示范区的实际情况拟定。

　　水库蓄水量距平百分比的计算公式同径流指数的计算,这里不详细叙述。水库蓄水指标通常以水库蓄水量低于水库常年蓄水量的程度来反映旱情严重程度。地下水指标通常用地下水位低于某一阈值时,即不能正常为作物供水或是达到开采下限的状况来反映旱情严重程度。

　　还有一种直接通过对历史观测资料的分析来判断干旱的方法,就是百分位法。这是将一组历史数据按照大小次序排序,并计算相应的累计百分位值,则某一百分位所对应数据的值就称为这一百分位值的百分位数。这种方法反映了某一特定值所反映的特征事件。如果确定某个百分位值为极端事件的阈值,那么超过这一百分位值的值被认为是极端事件。例如,在 IPCC 的第 4 次评估报告中基于气象要素的概率分布,定义小于等于第10 个(或大于等于第 90 个)百分位的事件做为极端事件。在水文干旱分析中,在历史资料系列足够的情况下,也可采取同样方法计算判别干旱事件。取某个水文要素 n 个($n >$ 30),将这 n 个值从小到大排列 $X_1, X_2, \cdots, X_{n-1}, X_n$,就可定义 $P_m = 10\%$ 为干旱阈值,如果水文要素值 X_i 小于等于 P_m 对应的值 X_m,就可认定 X_i 为干旱事件。本书中对前面两种方法计算的指标进行了对比分析。

6.1.1.4　遥感干旱指标

　　遥感技术具有覆盖范围广、空间分辨率高、时效性强、数据获取快捷等优点,从 20 世纪 90 年代开始已成为干旱监测领域一个很有潜力的研究方向。

　　目前,干旱的遥感监测主要分为可见光—近红外、热红外和微波遥感三大类型。可见光—近红外方法借助于土壤反射率随土壤水分增加而降低的特点,综合考虑植被生长状况和水分胁迫状况估算土壤含水量。比较常用的指标有归一化植被指数(NDVI)、植被状态指数和植被温度状态指数(VTCI)。微波遥感方法基于土壤介电常数、后向散射系数和土壤水分含量之间的关系。微波遥感不受光照的限制,对地表植被、云层、土壤都具有一定的穿透力,对土壤水分监测精度较高,而且可以全天候工作,但成本高。遥感技术的引入为干旱研究注入了活力,使开展大范围的干旱监测成为可能。无论哪种遥感干旱指数,核心仍是间接估算土壤水分,而遥感资料与不同土壤层水分的相关关系并不相同,有些甚至不佳。同时,遥感数据因为云层、地表覆盖的影响本身就有误差,利用遥感干旱指标反演土壤水分的精度还需提高。

　　利用卫星图片获取遥感信息,并从中提取旱情信息,对地面进行旱情分析是近年来开展旱情监测的新技术手段之一,但是还不成熟,需要不断完善。最常用的遥感旱情指数有植被指数和地表温度。植被指数是基于植物叶绿素在红光通道的强吸收以及近红外的强反射特征,利用这两个通道的简单或线性组合比值表达植被状态信息。目前,建立的植被指数有多种,如简单植被指数、比值植被指数、归一化植被指数和土壤校准植被指数等,其

中最常用的是归一化植被指数（$NDVI$），其定义为

$$NDVI = \frac{\rho nir - \rho red}{\rho nir + \rho red} \tag{6-6}$$

式中：ρnir、ρred 分别为植被在近红外波段和红光波段上的反射率（对 modis 来说，分别为第 2 波段和第 1 波段）。

地表温度的计算是根据分裂窗算法，利用 31 和 32 通道的亮温计算得到。算法公式为

$$T_s = aBT_{31} - bBT_{32} + c \tag{6-7}$$

式中：BT_{31}、BT_{32} 为与 31 和 32 通道的辐射亮温；a、b、c 为与 31、32 通道透过率或比辐射率相关的参数。

目前，遥感指数受到多种因素的影响，在不同季节、不同下垫面的条件下，其适用性不一样。本书中主要用于与地面观测数据的拟合、比对和校验，实现旱情信息的同化，以及对遥感指标进行不同地区适用性的分析。为其与地面观测、模拟数据的拟合、比对和校验，实现旱情信息的同化打下基础。

6.1.2 旱情评价指标体系构建

将多个来源旱情信息特性以指标形式来表达，从中选取具有代表性，物理意义明确，并且易于获取的指标来构建旱情评估指标体系，这些指标信息来源不同，反映旱情的类型不同，对于所关注的综合旱情，可将这些从不同角度反映旱情的信息，通过融合技术进行综合，诠释综合旱情。本书中，根据信息来源，将旱情评估指标依据信源分为气象、水文、土壤、农情、遥感 5 个部分，每个部分由多个指标组成，表 6-9 列出了从 5 个信源选择出的 12 个旱情评价指标。

表 6-9　旱情评价指标

序号	信息源	旱情指标
1	气象	降水量距平百分率、标准化降水指数、相对湿度指数、综合气象干旱指数
2	水文	径流量距平百分率、水库蓄水指标、地下水位指标
3	土壤	土壤相对含水量（不同深度）
4	农情	作物缺水率、作物受旱面积、作物成灾面积
5	遥感	植被指数、地面温度

从资料代表性、易获取性出发，初步建立了以农业旱情为主的旱情评估指标体系。其中包括气象指标 4 个、水文指标 3 个、墒情指标 1 个、农情指标 3 个、遥感指标 2 个，见图 6-1。

在后面的应用研究中，将根据示范区的自然地理情况、农作物耕作制度、旱情信息获取情况，从中选取适合的指标来构建具有当地旱情特点的旱情评估指标体系。

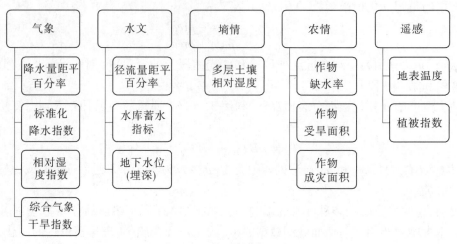

图 6-1　旱情评估指标体系

6.1.3　示范区旱情评估指标体系

6.1.3.1　山西示范区旱情评估指标体系

　　山西示范区位于我国北方,根据当地的实际情况和资料情况,在对多源信息的多个指标的分析基础上,建立了山西示范区旱情评价指标体系,这个体系由来自 4 个信息来源的 5 个指标组成,这些指标分别是气象干旱、水文干旱、土壤干旱和农业干旱的代表性指标。对于农业干旱,选择了山西示范区代表性作物:小麦、玉米的生长进行受旱过程模拟和评估。山西示范区旱情评估指标见表 6-10。

表 6-10　山西示范区旱情评估指标

信息来源	气象	水文	下垫面	农情
评估指标	降水量距平百分率、综合气象干旱指数	径流量距平百分率	土壤相对湿度	作物缺水率

　　这些指标构成了山西示范区旱情评估指标体系。在这个评估指标体系中,气象和水文指标由实测数据计算得到,下垫面指标由根据水文分布式模型模拟计算得到,作物缺水指标根据农作物生长模拟模型对小麦玉米生长模拟计算得到。

6.1.3.2　江西示范区旱情评估指标体系

　　江西示范区位于我国南方,南方干旱的特点是季节性干旱。虽然南方降水比较丰沛,但是如果在作物关键生长期,降水量不能满足作物需水要求,就会出现作物缺水。与北方作物不同的是,水稻耐旱能力较差,只要 7～10 天没有降水,就会发生农业干旱;所以,南方干旱与时段降水量关系密切;另外,水稻是南方最主要的种植作物,其对水田里的水位要求较高,在水稻生长期除晒田期和黄熟期外,土壤含水量都处于饱和状态,如果以土壤墒情作为指标就不能反映水稻的受旱情况。因此,在选择旱情评估指标时,考虑到上述因素,选择了气象、水文和农情三个信源的 5 个指标建立了江西示范区旱情评估指标体系,见表6-11。

表6-11　江西示范区旱情评估指标体系

信息来源	气象	水文	农情
评估指标	降水量距平百分率、降水标准化指数、综合气象干旱指数	径流量距平百分率	作物缺水率

江西旱情指标:气象和水文指标采用实测数据进行计算,作物指标采用了农作物生长模型模拟的作物缺水率。

6.2　综合旱情评估模型

6.2.1　综合旱情评估方法

应用信息同化融合技术对从 5 个信源获取的旱情信息进行了同化融合处理,其处理和评估过程见图6-2。

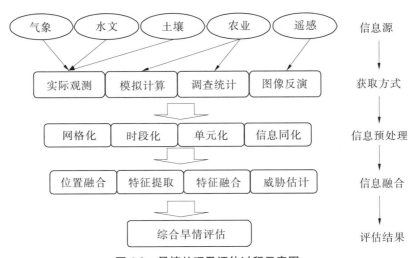

图6-2　旱情处理及评估过程示意图

6.2.1.1　旱情信息获取

从前面可知,旱情信息来自于气象、土壤、农作物、水文和遥感,这些信息的获取方式有实际观测值,比如降水量、土壤含水量、径流量;有的通过模拟模型计算得到,比如作物缺水率、土壤墒情;有的来自于调查统计,比如作物受旱面积、成灾面积;还有一些通过图像反演推算得到,比如遥感信息。这些信息来源不同,获取方式不同,时空尺度不同,表达形式不同,反映的旱情也是不同的。因此,首先需要对这些数据进行预处理,使其满足同化融合的基本要求。

从信息获取方式可知,实测信息除径流外,其他基本反映的是逐日的点信息,统计信息和反演信息反映的是时段的面信息,模拟信息反映的是逐日的面信息。因此,进行数据网格化、时段化、单元化和同化处理,十分必要。本书中,考虑到干旱形成特点和历史资料情况,统一选取以旬为计算时段,县级行政区为统计单元,对所有数据都统一到同样的时空尺度上来讨论。对于同一信息的点、面关系的处理,应用数据同化技术进行处理。

6.2.1.2　信息同化处理

信息同化包括了降水量的点—面同化、土壤墒情的点—面同化、作物生长的面—面同化。主要有几个方面:一是对降水量的点—面同化处理,利用 GIS 技术将降水数据网格化,通过插值方式将点降水转化为网格点降水,再根据单元范围计算出单元降水;二是利用示范区内墒情观测点的实测土壤含水量数据、卫星遥感图片反演达到的土壤墒情数据、与分布式水文模型(VIC 模型)模拟的土壤墒情进行同化分析,对模型参数进行调试,这方面的研究分析工作详见第 3 章;三是将遥感反演得到的植被情况与农作物生长仿真模型所模拟农作物受旱情况进行比对,修正模型参数,提高模型模拟精度。

6.2.1.3　信息融合处理

在获取多源旱情信息进行数据预处理和信息同化后,就可以计算旱情评估指标体系,应用信息融合技术对评估指标进行信息融合计算,主要有:

(1)针对干旱形成是渐变过程的特性,比如干旱形成不仅与本时段降水有关,而且与前期降水密切相关;又如作物受旱不仅与其当前时段缺水有关,而且与作物前期累积缺水有关。对这类旱情指标采用了时间滑动递归方法进行时间融合计算;针对干旱发生是成片的特点,对旱情分析采用了根据示范区特点,对旱情信息进行单元化的空间融合处理,以反映面上的旱情,比如降水、气温、墒情等信息。

(2)对各项旱情指标进行指标特征确认,采用已有的国家标准或行业标准中已经明确的等级划分标准,例如气象干旱指标、土壤墒情指标。对于没有国家标准和行业标准的旱情指标特征提取,采用了聚类分析方法与历史干旱记录以及试验资料相结合的方法,来确定旱情指标的等级划分,例如作物缺水指标、径流指标等。根据旱情指标等级划分标准,可以得到各项旱情指标的等级系列,为各项旱情指标的等级融合做准备。

6.2.1.4　旱情指标特征融合

进行应用模糊识别方法进一步明确旱情指标体系中各项旱情指标的属性和归类,进行旱情指标特征的融合。通过主成分分析将旱情指标 $(X_1, X_2, \cdots, X_{n-1}, X_n)$ 划分为 k 个主要成分 $(Y_1, Y_2, \cdots, Y_k)$,建立各主要成分与各单项指标之间的关系,其函数为

$$
\begin{aligned}
Y_1 &= A_{11}X_1 + A_{12}X_2 + \cdots + A_{1(n-1)} + A_{1n}X_n \\
Y_2 &= A_{21}X_1 + A_{22}X_2 + \cdots + A_{2(n-1)}X_{n-1} + A_{2n}X_n \\
&\vdots \\
Y_j &= A_{j1}X_1 + A_{j2}X_2 + \cdots + A_{j(n-1)}X_{n-1} + A_{jn}X_n \\
&\vdots \\
Y_k &= A_{k1}X_1 + A_{k2}X_2 + \cdots + A_{k(n-1)}X_{n-1} + A_{kn}X_n
\end{aligned}
\tag{6-8}
$$

式中:X_i 为标准化后的旱情评估指标,$i = 1 - n$;Y_j 为旱情评估指标体系的主要成分 $j = 1 - k$。

在对旱情进行综合评估时,建立了综合旱情指标与主要成分的回归方程,方程中采用

了主要成分加权总分的方法。对旱情指标的融合,其中融合权重 f_i 的决定是关键,可以有专家打分方法、层次分析法等,这里以各主要成分的方差贡献率为权重,得到了综合旱情评估指标 Y 的计算公式:

$$Y = f_1 Y_1 + f_2 Y_2 + f_3 Y_3 + \cdots + f_k Y_k \tag{6-9}$$

利用这个公式可计算出综合旱情指标值。

6.2.2　综合旱情等级及标准划分

在对旱情指标等级系列进行融合处理后,得到了综合旱情指标系列。应用聚类分析方法,根据数据的特征和亲疏关系进行分类,并参考研究区历史干旱情况,将旱情分为特旱、重旱、中旱、轻旱和无旱五个等级,得到了综合旱情评估指标等级划分标准。

针对示范区的综合旱情评估结果,参照示范区历史干旱情况,分别得到了两个示范区综合旱情指标等级划分标准,如表 6-12 所示。

表 6-12　综合旱情指标等级划分标准

旱情程度	旱情等级	示范区综合旱情指标值	
		山西示范区	江西示范区
无旱	0	< -0.5	< -0.15
轻旱	1	-0.5 ~ -0.1	-0.15 ~ 0.25
中旱	2	-0.1 ~ 0.5	0.25 ~ 0.70
重旱	3	0.5 ~ 1.5	0.7 ~ 1.5
特旱	4	>1.5	>1.5

6.2.3　综合旱情评估模型结构

建立了基于信息融合的综合旱情评估模型,模型分为信息处理、旱情指标计算和旱情评估三部分。

第一部分是信息处理部分。主要是对数据进行预处理,应用了 GIS 技术和时间序列技术,包括数据网格化模块、数据单元化模块和数据时段化模块。

第二部分是旱情指标计算部分。依据标准化后的信息进行旱情指标计算,包括气象指标、墒情指标、农作物生长指标、水文指标的计算模块。

第三部分是旱情评估部分。应用信息融合技术对旱情指标进行模糊识别和评判,进行旱情单项指标等级判别。依据证据理论,对单项指标进行等级综合,计算出综合旱情指标,并依据由综合旱情指标系列数据分析后得到的等级划分标准,给出综合旱情的评估。这部分包括旱情等级划分模块、综合指标计算模块、综合旱情评估模块。

图 6-3 为综合旱情评估模型的结构示意图。

依据前面建立的示范区旱情评估指标体系和旱情融合技术构建了示范区综合旱情评估模型,并利用示范区的旱情系列数据,应用综合旱情评估模型对示范区 1970 ~ 2007 年历史旱情进行了评估。为检验模型计算结果的合理性和可信性,对两个示范区的综合旱

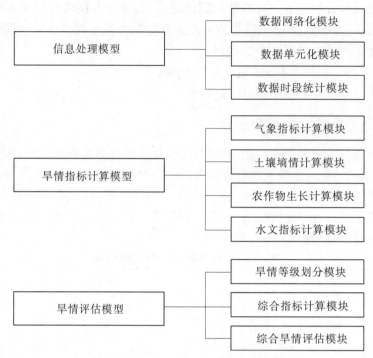

图 6-3　综合旱情评估模型的结构示意图

情评估模型旱情评估结果进行了检验,分析了综合指标和单项指标的关系,验证方法和结果见后续内容。

6.3　综合旱情评估模型检验

6.3.1　评估模型验证方法

考虑到综合旱情评估来源于对多源旱情信息的同化和融合,在信息融合中采取了旱情指标特征的提取和融合,这个过程存在许多不确定因素,因此需要对基于信息融合的综合旱情模型描述旱情的能力、效果和准确程度进行检验,以保证综合旱情评价模型计算结果的合理性和可信性。在进行综合旱情模型验证时,主要从以下几个方面来进行检验:一是检验有模型计算的综合旱情指标与单项指标密切程度;二是检验综合旱情指标等级与各单项指标等级的准确程度;三是检验综合旱情指标等级与历史旱情等级的匹配程度。

本书采用相关分析法、集对分析法进行综合旱情评估结果检验。

相关分析法是测定现象之间相关关系的规律性,判定现象之间相关关系的密切程度,通常用相关系数 R 来表达。

集对分析是处理不确定性问题的方法,在一个系统中确定性与不确定性相互联系、影响、制约,并在一定条件下相互转化,用联系度及其数学表达式统一描述系统的各种不确定性,由此实现对系统的评价和决策。集对分析的基本思路是在一定问题背景下对一个集合对子的特性展开分析,建立起这两个集合在指定问题背景下的同异反联系度表达式,

再推广到系统由 $m > 2$ 个集合组成时的情况,在此基础上深入研究系统的有关问题。

联系度是集对分析中一个重要概念,用 μ 表示,它在一般情况下是一个表达式:

$$\mu = \frac{S}{N} + \frac{F}{N}i + \frac{P}{N}j \tag{6-10}$$

式中:N 为所论集对所具有的特性总数;S 为集对中两个集合共同具有的特性数;P 为集对中两个集合相互对立的特性数,$F = N - S - P$,是集对中既不共同具有,又不互相对立的特性数,$S/N = a$,$F/N = b$,$P/N = c$,分别称为所论两个集合在指定问题背景下的同一度、差异度、对立度;j 为对立度的系数,规定取值为 -1;i 为差异度的系数,规定在 $\{1, -1\}$ 区间视不同情况取值。

集对分析的特点是:

(1)全面性。集对分析在具体的问题背景下,既分析两个系统的同一性,又分析两个系统的对立性和差异性。

(2)定性定量相结合。集对分析不仅对具体分析得到的特性进行两个集合是否共同具有还是相互对立或者差异的分析、判断、分类,还要采用一定的数学运算对同异反做定量刻画。

(3)将确定性分析结果与不确定性分析结果有机地结合,集对分析把确定性分析结果和不确定性分析结果统一在一个同异反联系度表达式中,便于人们对实际问题做辩证、定量和完整的分析研究。

本次研究分别建立了山西示范区和江西示范区的综合旱情评估模型,对示范区 1970 ～ 2007 年的旱情数据进行了计算,得到了两个示范区 38 年的综合旱情评估系列。根据已有的历史旱情记载,检验时对山西示范区采用了 2000 ～ 2007 年 4 ～ 10 月作物生长期的实际旱情记录,即各计算单元的实际农业旱情上报数据,江西示范区采用了 2007 ～ 2009 年 4 ～ 6 月作物生长期的各计算单元的实际农业旱情上报数据来进行验证。两个示范区综合旱情评估模型的验证如下。

6.3.2　山西示范区模型验证

6.3.2.1　相关系数分析

采用 2000 ～ 2007 年 4 ～ 10 月计 8 年逐旬的综合旱情指标与相应时段的其他 5 个旱情评估指标之间相关程度进行了计算,它们之间的相关关系见表 6-13。

表 6-13　综合旱情指标与单项指标相关关系

旱情评估指标	相关系数
作物缺水率	0.67
土壤相对湿度	0.70
综合气象干旱指数	0.64
降水量距平百分率	0.69
径流量距平百分率	0.61
平均相关系数	0.66

由表 6-13 可知,经过信息融合后得到的综合旱情指标与旱情评估体系中的 5 个指标具有较好的相关性,相关系数为 0.61 ~ 0.70。相关系数最好的是综合旱情指标与土壤相对湿度,其次为综合旱情指标与降水距平百分率,这说明综合旱情指标可以较好反映大气和下垫面的旱情主要特征。

6.3.2.2　准确度分析

应用集对分析法进行综合旱情指标与其他指标准确度分析。通过计算综合旱情指标的准确度来评判综合旱情指标对其他指标的综合效果,评估标准见表 6-14。

表 6-14　综合旱情指标准确度评估标准

标准	优	良	一般	较差	差
等级相比	相同	差一级	差两级	差三级	差四级

表 6-15 给出了示范区集对分析给出的分析结果。

表 6-15　综合指标与各项指标等级准确度统计

指标	相同	差一级	差两级	差三级	差四级
作物缺水率	0.459	0.429	0.090	0.022	0.001
土壤相对湿度	0.376	0.486	0.131	0.007	0
综合气象干旱指数	0.243	0.382	0.332	0.042	0
降水量距平百分率	0.442	0.479	0.079	0.001	0
径流量距平百分率	0.372	0.424	0.179	0.023	0.001
平均准确度	0.378	0.440	0.162	0.019	0.001

可以看出,综合旱情指标对研究区旱情评估效果较好,与其他单项旱情评估指标的平均准确率在良好以上的达到了 0.82。

通过对综合旱情指标相似度和准确度的分析来看,该指标保留了前面五项旱情指标所包含的主要信息,它能够反映各类干旱相互影响下的综合旱情过程,对于旱情严重程度的描述平均准确率在 82%。

6.3.2.3　与实际旱情过程比较

图 6-4 给出了山西示范区太原市、汾阳县、岚县 2000 ~ 2007 年 4 ~ 10 月实际农业旱情过程与综合旱情指标等级过程的对比。

从图 6-4 来看,综合旱情指标捕捉到了每年所发生的农业旱情事件,并且在一些年作物生长后期的 9 ~ 10 月综合旱情指标指示有旱情发生,经过对单项指标分析,发现当时径流出现了枯水,说明综合旱情指标对单类干旱事件也有所反应。因此,可以说综合旱情指标除了反映水文、气象、农业 3 类干旱的综合旱情,也可以反映只有单类干旱发生的情况。应用结果证明所得到的综合旱情指标可反映各类干旱相互作用的结果,为全面、完整进行

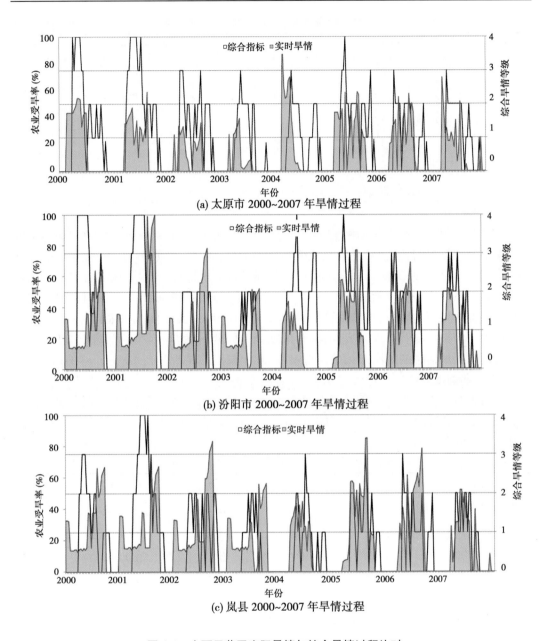

图 6-4　山西示范区实际旱情与综合旱情过程比对

旱情评估提供了一种新的技术手段和方法。

6.3.3　江西示范区模型验证

6.3.3.1　相关系数分析

由于江西在 2007 年以前缺乏旱情上报数据,因此模型增加了对 2008 ~ 2009 年的综合旱情评估,采用了 2007 ~ 2009 年 4 ~ 10 月计 3 年逐旬的综合旱情指标与相应时段的其他 5 个旱情评估指标之间相关程度进行了计算,它们之间的相关关系见表 6-16。

表 6-16　综合旱情指标与旱情评估相关关系

旱情评估指标	相关系数
降水量距平百分率	0.732
标准化降水指数	0.799
综合气象干旱指数	0.839
作物缺水率	0.421
径流量距平百分率	0.669
平均相关系数	0.692

由表 6-16 可知,经过信息融合后得到的综合旱情指标与旱情评估体系中的 5 个指标中的 4 个具有较好的相关性,平均相关系数为 0.692。相关系数最好的是综合旱情指标与综合气象干旱指数,其次为综合旱情指标与标准化降水指数,这说明南方干旱与降水有着密切的关系。但是与作物缺水率的相关性并不是很好,究其原因,主要是对作物生长期缺水的模拟效果不是很好,水稻受旱除了受天气影响,最主要受到人工灌溉影响,而在实际模拟中只模拟了自然降水影响,没有考虑灌溉。因此,作物缺水率的信息误差较大,还需要通过与其他信息的对比来调整模型参数,减少模拟的误差。

6.3.3.2　准确度分析

应用集对分析法进行综合旱情指标与其他指标准确度分析。通过计算综合旱情指标的准确度来评判综合旱情指标对其他指标的综合效果,评估标准同前。表 6-17 给出了集对分析给出的分析结果。

表 6-17　综合指标与各项指标等级准确度统计

指标	相同	差一级	差两级	差三级	差四级
降水量距平百分率	0.292	0.680	0.028	0	0
标准化降水指数	0.521	0.338	0.126	0.015	0
综合气象干旱指数	0.591	0.292	0.112	0.004	0
作物缺水率	0.510	0.235	0.124	0.112	0.019
径流量距平百分率	0.484	0.399	0.094	0.022	0.001
平均准确度	0.659	0.248	0.068	0.020	0.004

可以看出,综合旱情指标对于研究区旱情评估效果较好,其与旱情指标的平均准确率在良好以上的,达到了 0.91。

通过对综合旱情指标相似度和准确度的分析来看,该指标保留了 4 项旱情指标所包含的主要信息,反映各类干旱相互影响下的综合旱情过程,对于旱情严重程度的描述平均准确率在 91%。

6.3.3.3　与实际旱情过程比较

图 6-5 给出了江西示范区吉安市、万安县、分宜县 2007～2009 年 4～10 月实际农业

旱情过程与综合旱情指标等级过程的对比。

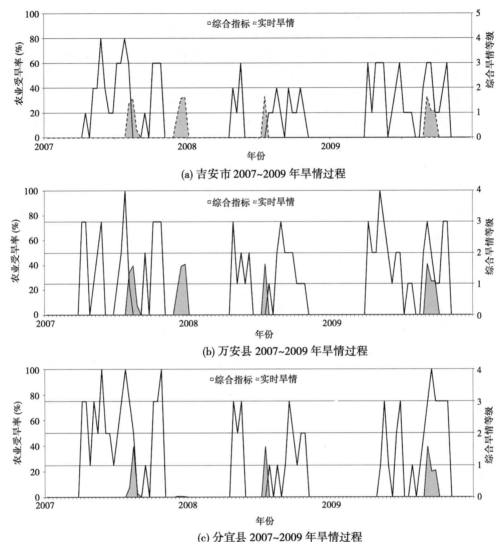

(a) 吉安市 2007~2009 年旱情过程

(b) 万安县 2007~2009 年旱情过程

(c) 分宜县 2007~2009 年旱情过程

图 6-5　江西示范区实际旱情与综合旱情的过程比对

从图 6-5 来看,综合旱情指标捕捉到了这 3 年 8~9 月所发生的农业旱情事件,在作物生长期的 5 月、7 月综合旱情指标指示有旱情发生,经过对单项指标分析,发现这段时间降水偏少,说明综合旱情指标对单类干旱事件也有所反映。

但是另外也看到,有些时段虽然没有农业旱情发生,但是综合旱情仍然提示有旱情发生,经对单项指标分析,发现确实有某种干旱发生,但由于一些原因并未发生农业干旱。

6.4　小　结

本章在对多源旱情信息讨论基础上,建立了旱情评估指标体系,克服了采用单一指标评估旱情的片面性。建立的基于信息融合的旱情评估模型,应用信息融合技术,通过对数据的网格化、时段化和单元化完成了对旱情信息预处理、旱情指标位置级融合、旱情指标特征级融合,达到了利用多源信息全面评估综合旱情的目的。

综合旱情评估成果的检验结果证明,由该模型所得到的综合旱情评估可反映各类干旱相互作用的结果,综合旱情指标保留了多源旱情指标的主要信息,不仅捕捉到了验证年份的所有旱情,也捕捉到了在历史记录中未能体现的、其他单项干旱的旱情。这些说明综合旱情评估模型计算结果是可信的、合理的,基于信息融合的综合旱情评估模型的应用为全面、完整进行旱情评估提供了一种新的技术手段和方法。

第 7 章 基于模拟和概率统计的旱情预测

7.1 水文过程预测

7.1.1 蒸发计算与预测

VIC 模型将蒸发计算分为冠层截留蒸发、植被蒸腾和裸土蒸发。模型运用 Penman － Monteith 联合方程计算日蒸发,其中需要计算的有饱和水汽压曲线的斜率、阻抗因子、植被阻抗、基于平均温度计算基准高度。模型将土壤分为三层,分别是表层、上层(包括表层)和下层。VIC 模型将流域按网格划分,在每个计算网格内,假定有 $N+1$ 种类型地表,第 1 种到第 N 种为植被,第 $N+1$ 种为裸土。每个网格内土层间的水分交换、蒸散发及产流是由不同的植被类型决定的,通过每种植被类型的叶面积指数(LAI)、植被阻抗和植被根系在上下层土壤中的比例来计算,而这些植被参数是根据植被的蒸散发潜力以及空气动力学阻抗、地表蒸发阻抗和叶面气孔阻抗等属性分别确定的。在模型中,网格内总的蒸散发通过对各种地表覆盖类型上的蒸散发进行面积加权平均来计算,对有植被覆盖的部分,考虑植被冠层截留的蒸发和植被蒸腾,对于无植被覆盖的裸土则只考虑裸土蒸发。根据以上原则,可以把图 7-1 所表示的模型垂直和水平特性概化。

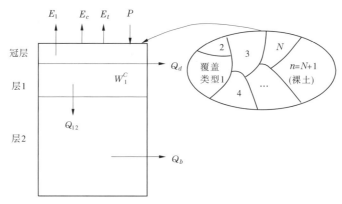

图 7-1 VIC 模型垂直与水平概化

最大冠层蒸发量 E_c^* 可以通过式(7-1)计算:

$$E_c^* = \beta E_p \tag{7-1}$$

式中: β 为折减系数,与冠层截留总量和冠层最大截流量的比值相关; E_p 为将叶面气孔阻抗设为零时的地表蒸发潜力,可根据 Penman － Monteith 公式计算得出。

$$\beta = \left[\frac{W_i}{W_{im}} \right]^{2/3} \frac{r_w}{r_w + r_0} \tag{7-2}$$

式中:W_i 为冠层的截流总量;W_{im} 为冠层的最大截流量;2/3 为指数,可根据 Deardorff 所给的指数确定;r_0 为由叶面和大气湿度梯度差产生的地表蒸发阻抗;r_w 为水分传输的空间动力学阻抗。

冠层截留 W_i 通过式(7-3)计算:

$$\frac{\mathrm{d}W_i}{\mathrm{d}t} = P - E_c - P_t, \quad 0 \leqslant W_i \leqslant W_{im} \tag{7-3}$$

式中:P_t 为当该植被达到最大截留能力 W_{im} 时,降雨量透过冠层落到地面的部分。

$$W_{im} = K_L \times LAI \tag{7-4}$$

式中:K_L 为常数,一般取 0.2 mm;LAI 为叶面积指数。

在通过 Penman – Monteith 公式计算 E_p 时,需要净辐射和水汽压差数据,在没有这些数据的情况下,可以通过日最高气温、最低气温与净辐射、水汽压差之间的函数方程迭代计算得出。其中,大气顶层的潜辐射通过纬度和儒略日(Julian day)计算得出。假定日最低气温为露点温度,水汽压差为日平均气温处的饱和水汽压与日最低气温处的饱和水汽压之差。

VIC 模型计算蒸散发是采用单层模型,单层模型的特点是其蒸发的能量源计算采用了"大叶"模型的假设,即假设所有的热量、物质和能量交换均在冠层和大气的某个假设的平面上进行,即在冠层高度的 3/4 处。

VIC 模型中对于蒸发能力的计算采用 Penman – Monteith 公式计算 E_p:

$$\lambda E_p = \frac{\Delta(R_n - G) + \dfrac{\rho C_p D_0}{r_{as}}}{\Delta + \gamma\left(1 + \dfrac{r_s}{r_{as}}\right)} \tag{7-5}$$

式中:λ 为蒸发潜热,MJ/kg;Δ 为饱和水汽压梯度,kPa/℃;R_n 为净辐射,W/m^2;G 为土壤热通量,W/m^2;ρ 为大气密度,kg/m^3;C_p 为空气定压比热,kJ/(kg·℃);D_0 为源汇高度层上的水汽压差,kPa;γ 为干湿表常数;r_s 为土壤阻力,s/m;r_{as} 为土壤表面与大气源汇间的空气动力学阻抗,s/m。

植被的蒸腾与冠层蒸发相同,其折减系数与各层土壤的实际蓄水容量、田间持水量、凋萎含水量及植被根系在上下层土壤中的比例有关。当植被截留量不能满足大气蒸发时,模型考虑植被蒸腾。植被蒸腾 E_t 由式(7-6)计算:

$$E_t = \left[1 - \left(\frac{W_i}{W_{im}}\right)^{2/3}\right]\frac{r_w}{r_w + r_0 + r_c}E_p \tag{7-6}$$

式中:r_c 为叶面气孔阻抗,由式(7-7)求得:

$$r_c = \frac{r_{0c}g_{sm}}{LAI} \tag{7-7}$$

式中:r_{0c} 为最小叶面气孔阻抗;g_{sm} 为土壤湿度压力系数,可以由植被根系比例确定,具体计算式为

$$g_{sm}^{-1} = \begin{cases} 1, & W_j \geqslant W_j^{cr} \\ \dfrac{W_j - W_j^w}{W_j^{cr} - W_j^w}, & W_j^w \leqslant W_j \leqslant W_j^{cr} \\ 0, & W_j < W_j^w \end{cases} \tag{7-8}$$

模型中 W_j 表示第 j 层 $(j = 1,2)$ 土壤含水量，W_j^{cr} 表示不被土壤水分影响的蒸腾临界值，W_j^w 表示土壤凋萎含水量。水分从上层被吸到下层，蒸腾是由根系在上层和下层的分配比例 f_1、f_2 来确定的。如果：①W_2 大于或等于 W_1^{cr}，并且 $f_2 \geqslant 0.5$；②W_1 大于或等于 W_2^{cr}，并且 $f_1 \geqslant 0.5$，那么这时就没有土壤湿度压力。在上述①情况下，蒸腾量是由下层来供给的，$E_t = E_2'$（不考虑第一层水分的供给量）；在②情况下，蒸腾的水来自上层，$E_t = E_1'$，同样没有土壤水分压力。其他情况蒸腾量可由式(7-9)计算：

$$E_t = f_1 E_1^t + f_2 E_2^t \tag{7-9}$$

式中：E_1^t、E_2^t 分别为上、下层土壤的蒸腾量，由式(7-6)计算。

如果根系只在上层分布，那么 $E_t = E_1^t$。

对于连续降雨，而降雨强度又小于叶面蒸发的情况，如果在计算时段内没有足够的截留水分满足大气蒸发需要，那么就必须考虑植被的蒸腾。在这种情况下，植被冠层的蒸发 E_c 可以表示为

$$E_c = f E_c^* \tag{7-10}$$

式中：f 为冠层蒸发耗尽冠层截留水分所需时间段的比例，可通过式(7-11)计算：

$$f = \min\left(1, \frac{W_i + P\Delta t}{E_c^* \Delta t}\right) \tag{7-11}$$

式中：P 为降雨强度；Δt 为计算时段步长。

在模型的计算中取 1 h，所以时段步长内蒸腾量计算式为

$$E_t = (1.0 - f)\frac{r_w}{r_w + r_0 + r_c}E_p + f\left[1 - \left(\frac{W_i}{W_{im}}\right)^{2/3}\right]\frac{r_w}{r_w + r_0 + r_c}E_p \tag{7-12}$$

式中：第一项为没有冠层截留水分蒸发的时段步长比例；第二项为有冠层蒸腾发生的时段步长比例。

土壤蒸发计算模块中，饱和地区按照潜在蒸发能力进行计算，部分饱和地区按照潜在蒸发能力的百分比进行计算，裸土蒸发只计算最上层，下层土壤的蒸发量假设为零。土壤临时渗透率根据土壤湿度计算，通过 Liang 的三层能量平衡公式，估计第一层、第二层之间的温度，来解决以前各层独立计算的问题。当上层土壤达到饱和含水量时，按照蒸发潜力蒸发，则

$$E_1 = E_p \tag{7-13}$$

如果上层土壤不饱和，那么蒸发量 E_1 随裸地入渗、地形和土壤特性的空间不均匀性而变化。E_1 的计算采用 Francini 和 Pacciani 公式，该公式参考了新安江模型蓄水容量曲线的思想，引入了流域饱和容量曲线（见图 7-2）。假设在计算区域内，土壤蓄水容量是变化的，这个方法解释了次网格裸土的土壤蓄水容量空间分布不均匀性问题。

VIC 模型参考了新安江模型的思想，但与新安江模型又有差别。新安江模型中的流

域蓄水容量曲线假设流域在达到田间持水量的面积上产生径流,而 VIC 模型中的饱和容量曲线假设流域在达到饱和含水量的面积上产生直接径流。关于蓄水容量曲线与饱和容量曲线区别的详细论述可以参考芮孝芳主编的《水文学原理》一书。

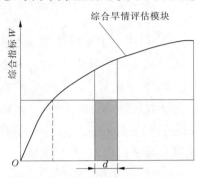

图 7-2　流域饱和容量曲线示意图

VIC 模型中蓄水容量 W'_m 由式(7-14)计算:

$$W'_m = W'_{sm}\left[1 - (1 - A)^{1/b}\right] \tag{7-14}$$

式中:W'_m 和 W'_{sm} 分别为蓄水容量和饱和容量;A 为土壤含水量小于 W'_m 的面积比例;b_i 为饱和容量曲线的形状参数。

如果 A_s 表示裸地中土壤达到饱和含水量的面积比例,W 表示相应点的蓄水容量,则 E_1 可表示为

$$E_1 = E_p\left\{\int_0^{A_s}\mathrm{d}A + \int_{A_s}^1 \frac{W}{W'_{sm}\left[1 - (1 - A)^{1/b}\right]}\mathrm{d}A\right\} \tag{7-15}$$

式中:第一个积分项为发生在土壤达到饱和含水量时面积的蒸发量,按照蒸发潜力蒸发;第二个积分项为没有解析表达形式,所以 E_1 通过级数展开表示为

$$E_1 = E_p\left\{A_s + \frac{W}{W'_{sm}}(1 + A_s)\left[1 + \frac{b_i}{1 + b_i}(1 - A_s)^{1/b_i} + \frac{b_i}{2 + b_i}(1 - A_s)^{2/b_i} + \right.\right.$$
$$\left.\left. \frac{b_i}{3 + b_i}(1 - A_s)^{3/b_i} + \cdots\right]\right\} \tag{7-16}$$

7.1.2　径流计算与预测

VIC 模型采用由 Lohmann 等(1998)开发的汇流模型进行汇流计算,计算方案见图 7-3。模型假设水流总是通过其相邻八个网格方向的一个网格流出,将各网格产生的河网总入流先汇流至网格出口,再进入河流系统,最后到达流域出口。网格内的汇流采用单位线的方法,河道汇流采用线性圣维南方程(Saint – Venant Equation)计算。具体描述如下(Lohmann et al,1998)。

降雨形成的不同径流成分的汇流历时有所不同,因此需要把流量分成快速流和慢速流两部分,用公式表示如下:

$$\frac{\mathrm{d}Q^S(t)}{\mathrm{d}t} = -kQ^S(t) + bQ^F(t) \tag{7-17}$$

式中:$Q^S(t)$ 为慢速流;$Q^F(t)$ 为快速流,总的流量为

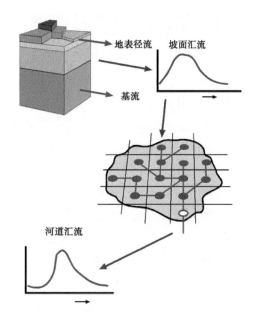

图 7-3　VIC 模型汇流方案

$$Q(t) = Q^S(t) + Q^F(t) \tag{7-18}$$

假定每一个计算时段上参数 k 和 b 是常数。快速流和慢速流大致对应于产流模型的直接表面径流和基流过程。快速流和慢速流的解析关系式为

$$Q^S(t) = b\int_0^1 \exp(-k(t-\tau))Q^F(\tau)\mathrm{d}\tau + Q^S(0)\exp(-kt) \tag{7-19}$$

初始的 $Q^S(0)$ 随着 $\exp(-k\Delta t)$ 项而衰减,其中 $1/k$ 是慢速流的平均驻留时间。对于离散性数据,$Q^S(t)$ 可由下式求解:

$$Q^S(t) = \frac{\exp(-k\Delta t)}{1 + b\Delta t}Q^S(t - \Delta t) + \frac{b\Delta t}{1 + b\Delta t}Q(t) \tag{7-20}$$

假设流量与净雨 P^{eff}(有效降雨)具有线性关系,又因为快速流和慢速流具有方程(7-19)的关系,所以可以找到一个把快速流 Q^F 和 P^{eff} 联系起来的脉冲响应函数。脉冲响应函数和 P^{eff} 可通过以下方程迭代求得:

$$Q^F(t) = \int_0^{t_{max}} UH^F(\tau)P^{eff}(t-\tau)\mathrm{d}\tau \tag{7-21}$$

式中:$UH^F(\tau)$ 为传输过程中快速流的脉冲相应函数(瞬时单位线);t_{max} 为快速流完全衰退的时间。

在离散情况下,方程(7-21)可写成方程(7-22)和方程(7-23),其中 $n\Delta t$ 为数据的时段长度,$t_{max} = (m-1)\Delta t$。将净雨量作为起始条件代入式(7-22),并对两式迭代求解。

$$\begin{pmatrix} Q_m^F \\ \vdots \\ Q_n^F \end{pmatrix} = \begin{pmatrix} P_m^{eff} & \cdots & P_1^{eff} \\ \vdots & \ddots & \vdots \\ P_n^{eff} & \cdots & P_{n-m-1}^{eff} \end{pmatrix} \begin{pmatrix} UH_0^F \\ \vdots \\ UH_{m-1}^F \end{pmatrix} \tag{7-22}$$

每一次迭代过程中对任意 i, $UH_i^F \geqslant 0$ 须满足条件:

$$\sum_{i=0}^{m-1} UH_i^F = \frac{1}{1 + \dfrac{b}{k}} \tag{7-23}$$

然后把 UH^F 代入方程(7-24),可求得 P^{eff}。

$$\begin{pmatrix} Q_m^F \\ \vdots \\ Q_n^F \end{pmatrix} = \begin{pmatrix} UH_{m-1}^F & \cdots & UH_0^F & 0 & \cdots & 0 \\ 0 & \cdots & \cdots & \cdots & \cdots & \vdots \\ \vdots & \cdots & \cdots & \cdots & \cdots & 0 \\ 0 & \cdots & 0 & UH_{m-1}^F & \cdots & UH_0^F \end{pmatrix} \begin{pmatrix} P_1^{eff} \\ \vdots \\ P_n^{eff} \end{pmatrix} \tag{7-24}$$

同理,迭代过程满足 $0 = P_i^{eff} \leqslant P_i$, i 为任意值。然后把方程(7-24)中的 P^{eff} 代入方程(7-22),反复计算直到收敛。

河道汇流可用线性圣维南方程表示:

$$\frac{\partial Q}{\partial t} = D \frac{\partial^2 Q}{\partial x^2} - C \frac{\partial Q}{\partial x} \tag{7-25}$$

式中: C 为波速; D 为扩散系数,需要根据实际河道的特性来估计。

回水的影响在大尺度水文模型中很小,所以忽略不计。方程(7-25)可采用脉冲响应函数(或格林函数)的卷积公式来求解。

汇流模型对流量在时间尺度上的分割与 VIC 产流模型求解过程具有很强的相似性。方程(7-17)中快速流和慢速流对应于 VIC 产流模型中的直接表面径流和 Arno 模型中的基流。VIC 产流模型中的直接表面径流是与降雨同时产生的,对应于有效降雨 P^{eff} 的假设,而 UH^F 反映了水流到出口断面的汇流时间。

Arno 模型关于底层土壤出流的概念,是基于包含线性和非线性的蓄泄关系的假设建立的,而这种关系暗含水平水运动。另外,VIC 模型也解决了由于植被蒸散发而引起的底层土壤水分的流失。所以,方程(7-17)中的时间尺度分割反映一种有效的蓄泄关系,可由参数 b 和 k 确定。参数 b 也可被看作是一种有效垂直水力传导度。为了计算慢速流,有效蓄泄关系中的出流必须通过 UH^F 卷积求出。至此,整个模型被连贯地建立起来,使得 VIC 模型基流和直接径流之和可由一个标准化的快速响应函数 UH^F 来卷积求解。

7.2　工程供水量预测

7.2.1　大中型水库供水量预测

首先预测未来时段水库来水量,其次根据实时水库蓄水量(蓄水位),由水库水位—库容关系曲线,考虑水库旱警水位,预测水库工程可以提供的水量。

7.2.1.1　未来时段(10 天)水库来水量预测

山西示范区有汾河和文峪河两座水库,江西示范区有南车、飞剑潭、上游、江口、老营盘、社上、白云山和返步桥等 8 座水库。两个示范区水库基本特征见表 7-1 和表 7-2。

表 7-1 山西示范区水库基本特征

水库名称	水库汇水面积（km²）	死水位（m）	正常高水位（m）	汛期水位（m）
汾河水库	5 268	1 114.5	1 128	1 126
文峪河水库	1 875	810	830	810

表 7-2 江西示范区水库基本特征

水库名称	水库汇水面积（km²）	死水位（m）	正常高水位（m）	汛期水位（m）
南车水库	459	142	160	4～6 月 159.5
飞剑潭水库	79.3	164	180	4～7 月 178
上游水库	140	71	83	4～6 月 82.5
江口水库	3 900	65	69.5	4 月 67,5、6 月 68.5
老营盘水库	172	141.4	158	158
社上水库	427	147	172	4～6 月 171.5
白云山水库	464	162	180	4～6 月 179.5
返步桥水库	114	319.5	344.2	344.2

根据预测的未来时段（10 天）径流深及水库汇水面积，由下式计算水库未来时段来水量：

$$W_{in} = 0.41AR \tag{7-26}$$

式中：W_{in} 为水库未来时段来水量，万 m³；A 为水库汇水面积，km²；R 为库区未来 10 天预测的径流深，mm。

7.2.1.2 水库实时蓄水量推算

根据水库实时观测水位，由水库水位—库容关系曲线推算水库蓄水量。

1. 山西示范区水库水位—库容关系曲线

山西示范区有汾河和文峪河两座水库，水库水位—库容关系曲线见图 7-4～图 7-6。

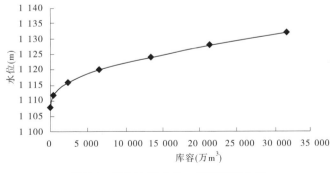

图 7-4 汾河水库水位—库容关系曲线

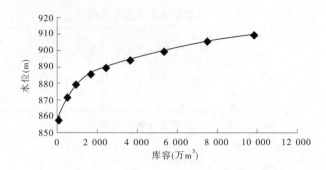

图7-5 汾河二库水位—库容关系曲线

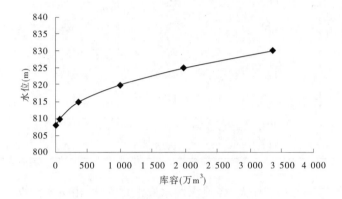

图7-6 文峪河水库水位—库容关系曲线

2. 江西示范区水库水位—库容关系曲线

江西示范区的南车、飞剑潭、上游、江口、老营盘、社上、白云山和返步桥等8座水库水位—库容关系曲线见图7-7～图7-14。

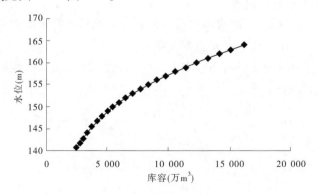

图7-7 南车水库水位—库容关系曲线

7.2.1.3 水库可提供水量预测

未来时段水库可提供水量由下式计算：

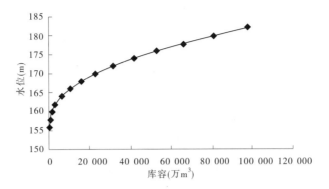

图 7-8 飞剑潭水库水位—库容关系曲线

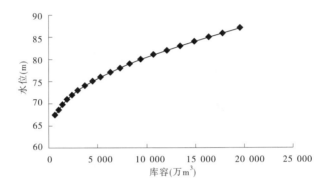

图 7-9 上游水库水位—库容关系曲线

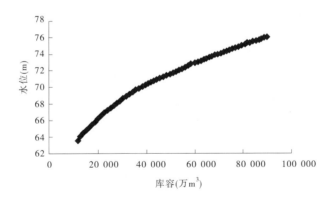

图 7-10 江口水库水位－库容关系曲线

$$W_{rft} = \begin{cases} W_{cf}, & W_{in} + W_{pt} - W_{dw} \geqslant W_{cf} \\ W_{in} + W_{pt} - W_{dw}, & W_{in} + W_{pt} - W_{dw} < W_{cf} \end{cases} \qquad (7\text{-}27)$$

$$W_{cf} = 10^{-4}Qt$$

式中：W_{rft} 为未来时段水库可提供的农业抗旱水量，万 m³；W_{cf} 为未来时段渠首引水能力，万 m³；Q 为渠首设计引水流量，m³/s；t 为未来时段 10 天水库放水时间，s；W_{in} 为未来时段水库来水量，万 m³；W_{pt} 为水库实时蓄水量，万 m³；W_{dw} 为水库旱警水位对应蓄水量，万 m³。

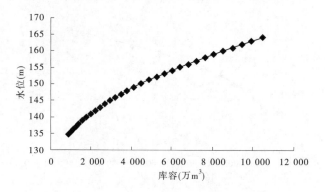

图 7-11　老营盘水库水位—库容关系曲线

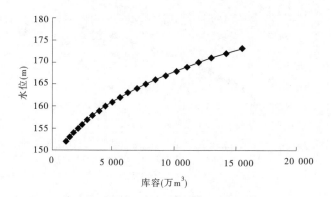

图 7-12　社上水库水位—库容关系曲线

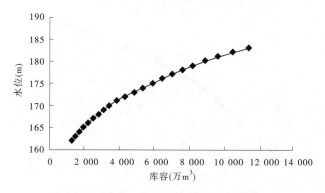

图 7-13　白云山水库水位—库容关系曲线

　　两个示范区水库旱警水位见表7-3、表7-4。江西示范区19个单元年时段水库可提供水量见表7-5。

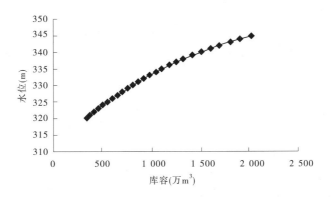

图 7-14　返步桥水库水位—库容关系曲线

表 7-3　山西示范区水库旱警水位

序号	河名	水库名	死库容（万 m^3）	水库死水位（m）	取水口洞底高程（m）	旱警水位（m）
1	汾河	汾河水库	4 233.3	1 114.5	1 071.8 ~ 1 089.4	1 116.48

表 7-4　江西示范区水库旱警水位

序号	水库名	所在流域	死水位（m）	总库容（万 m^3）	基面	旱警水位（m）
1	白云山	赣江孤江	162.00	114	黄海基面	165.50
2	万安	赣江	85.00	2 214	吴淞基面	91.00（6 月 21 日至次年 3 月底）
3	板坑	赣江锦河	102.00	10.7	黄海基面	108.80
4	碧山	赣江锦河	50.41	20.05	黄海基面	53.30

7.2.2　河道可引提水量预测

河道可引提水量根据引提水工程的引提能力和河道旱警水位确定。

$$W_{cft} = \begin{cases} W_{cc}, & Z_{cpt} > Z_{dw} \\ 0, & Z_{cpt} \leq Z_{dw} \end{cases} \tag{7-28}$$

式中：W_{cft} 为未来时段河道可引提的农业抗旱水量，万 m^3；W_{cc} 为引提水工程的引提能力，万 m^3；Z_{cpt} 为河道实时水位，m；Z_{dw} 为河道旱警水位，m。

两个示范区河道旱警水位（流量）见表 7-6、表 7-7。江西示范区 19 个单元年时段引提水工程可提供水量见表 7-8。

表7-5　江西示范区各单元年时段水库可提供水量

（单位：万 m³）

水库类型		宜春市区	高安市	樟树市	奉新县	万载县	上高县	宜丰县	吉安市区	吉安县	吉水县	峡江县	新干县	永丰县	泰和县	万安县	安福县	永新县	新余市区	分宜县
大型水库	水库名称	飞剑潭	上游						白云山	白云山					老营盘		社上			
	兴利库容	7 530	12 850						7 700	7 700					5 560		12 700			
	年供水量	7 409	10 429						7 416	7 416					17 400		14 100			
中型水库	兴利库容	3 359	9 404	8 879	3 530	4 070	5 442	5 863	1 180	5 438	3 814	3 750	4 406	4 396	3 486	3 178	4 315	8 840	3 308	3 530
	年供水量	5 490	7 042	7 863	720	3 595	7 150	3 700	1 100	5 445	2 952	5 251	3 321	8 290	6 267	900	7 300	3 937	3 990	3 600
小(1)型水库	总库容	7 118	14 490	5 973	6 863	4 018	9 846	4 771	5 651	9 303	8 219	2 641	7 385	6 311	2 853	3 714	5 844	2 846	8 445	3 239
	年供水量	7 830	15 939	6 571	7 549	4 419	10 831	5 248	6 216	10 234	9 041	2 905	8 123	6 942	3 139	4 085	6 428	3 131	9 290	3 563
小(2)型水库	总库容	5 490	7 765	3 798	2 427	1 867	5 721	2 845	2 083	4 307	5 075	3 252	2 594	2 366	1 841	2 157	1 842	1 671	4 879	2 551
	年供水量	6 039	8 542	4 178	2 670	2 054	6 293	3 130	2 291	4 738	5 583	3 577	2 853	2 603	2 025	2 373	2 026	1 838	5 367	2 806
塘坝	总库容	2 570	3 760	2 006	826	2 888	3 370	2 743	3 310	2 009	7 500	2 330	2 770	7 091	4 858	4 560	1 130	1 446	4 050	2 031
	年供水量	2 827	4 136	2 207	909	3 177	3 707	3 017	3 641	2 210	8 250	2 563	3 047	7 800	5 344	5 016	1 243	1 591	4 455	2 234
合计	库容	26 067	48 269	20 656	13 646	12 843	24 379	16 222	19 924	28 757	24 608	11 973	17 155	20 164	18 598	13 609	25 831	14 803	20 682	11 351
	年供水量	29 595	46 087	20 818	11 847	13 245	27 981	15 095	20 664	30 042	25 826	14 297	17 344	25 635	34 175	12 374	31 098	10 497	23 102	12 203

注：1. 大中小型水库资料来自：①江西省防汛抗旱总指挥部办公室，江西省水文局，江西省大中型水库基本情况汇编（上下册）。江西省大型及重要中型水库基本资料（上中下三册），2010 年；②江西省防汛抗旱总指挥部办公室，江西省水文局，江西省大中型水库基本情况汇编（上下册）。

2. 小型水库，江西省水文局，塘坝复蓄系数：1.1～1.3，本次取 1.1。

3. 塘坝规划资料参考抗旱规划资料。

表 7-6　山西示范区河道旱警流量

序号	河名	站名	站类	旱警流量 （m³/s）	说明
1	汾河	汾河二坝灌区	河道	14.8	根据二坝的用水资料分析

表 7-7　江西示范区河道旱警水位（流量）

序号	设区市	站名	所处河流	旱警水位 （m）	相应流量 （m³/s）	历年最低 水位（m）	基面
1	吉安	吉安	赣江	42.80	580	41.88	吴淞基面
2	吉安	永新	赣江禾水	108.80		108.30	吴淞基面
3	宜春	樟树	赣江	21.60	550	21.08	吴淞基面
4	宜春	丰城	赣江	17.00		15.97	吴淞基面

表 7-8　江西示范区各单元引水工程供水量　　　　　（单位：万 m³）

单元	宜春 市区	高安 市	樟树 市	奉新 县	万载 县	上高 县	宜丰 县	吉安 市区	吉安 县	吉水 县
引水工 程供 水量	13 266	22 956	13 667	8 449	3 056	11 535	5 838	3 248	9 500	11 500

单元	峡江 县	新干 县	永丰 县	泰和 县	万安 县	安福 县	永新 县	新余 市区	分宜 县	
引水工 程供 水量	2 877	8 521	8 722	11 714	2 550	7 807	5 866	17 324	5 173	

7.2.3　地下水可提供水量预测

地下水可提供水量根据机井工程的引提能力及防止破坏生态环境的地下水生态水位确定。

$$W_{gft} = \begin{cases} W_{wc}, & Z_{wpt} > Z_{wc} \\ 0, & Z_{wpt} \leq Z_{wc} \end{cases} \tag{7-29}$$

式中：W_{gft} 为未来时段地下水可提供的农业抗旱水量，万 m³；W_{wc} 为机井工程的引提能力，万 m³；Z_{wpt} 为地下水实时水位，m；Z_{wc} 为地下水生态水位，m。

山西示范区农用井主要分布在汾河灌区和文峪河灌区。汾河灌区河井双灌面积 60 万 ~70 万亩;文峪河灌区河井灌面积 21.6 万 ~22.6 万亩,井灌面积 12 万亩。

7.3　农作物受旱预测

7.3.1　农作物受旱预测

建立基于"土壤—大气—植物"三者之间水分交换关系的农作物生长仿真模型(见第 4 章),在模拟当前农业旱情的基础上,结合影响旱情发生发展演变的因子(如作物生长情况、土壤含水量以及未来天气气候条件),根据预测未来一段时段内(10 天)的降水量、日平均气温(估算蒸发量)、作物需水量以及河道、水库可用于灌溉的水量,由农作物生长仿真模型预测未来 10 天作物受旱缺水率。

7.3.1.1　预测时段蒸发量预测

日蒸发量随着日平均气温的变化而变化,日平均气温越高,其日蒸发量越大,存在相关关系,依据江西和山西两个示范区 2000 ~2009 年历年逐日气温和蒸发值,建立各单元日蒸发量与日平均气温的相关关系。

$$E = a + bT \tag{7-30}$$

式中:E 为日蒸发量,mm;T 为日平均气温,℃;a、b 为参数。

太原市区(单元代码:140101)蒸发与气温相关关系见图 7-15,两个示范区的参数 a、b 及相关系数 r 见表 7-9、表 7-10。

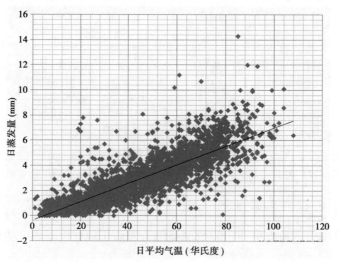

图 7-15　太原市区(单元代码:140101)蒸发与气温相关关系图

表 7-9　山西示范区气温和蒸发相关关系参数

示范区代码	a	b	r
140101	-0.357	0.073	0.863
140121	-0.354	0.073	0.861
140122	-0.357	0.074	0.864
140123	-0.281	0.071	0.858
140181	-0.326	0.072	0.861
140702	-0.455	0.072	0.870
140725	-0.455	0.073	0.869
140726	-0.456	0.072	0.869
140727	-0.417	0.071	0.860
140728	-0.417	0.071	0.863
140781	-0.400	0.070	0.863
141102	-0.378	0.059	0.744
141121	-0.381	0.070	0.861
141122	-0.295	0.071	0.857
141123	-0.657	0.069	0.809
141124	-0.663	0.069	0.807
141125	-0.364	0.059	0.745
141126	-0.375	0.059	0.745
141127	-0.690	0.071	0.807
141128	-0.229	0.069	0.851
141129	-0.377	0.059	0.743
141130	-0.389	0.059	0.741
141181	-0.356	0.068	0.861
141182	-0.361	0.069	0.861

表 7-10　江西示范区气温和蒸发相关关系参数

示范区代码	a	b	r
360502	-0.113	0.053	0.808
360521	-0.114	0.054	0.805
360801	-0.200	0.063	0.821
360821	-0.202	0.064	0.820
360822	-0.204	0.063	0.788
360823	-0.131	0.053	0.806
360824	-0.112	0.052	0.808
360825	-0.235	0.062	0.788
360826	-0.163	0.068	0.785
360828	-0.238	0.070	0.787
360829	-0.175	0.064	0.812
360830	-0.049	0.068	0.763
360902	0.008	0.059	0.752
360921	-0.305	0.064	0.868
360922	0.050	0.056	0.750
360923	-0.310	0.065	0.868
360924	-0.306	0.065	0.869
360982	-0.099	0.051	0.810
360983	-0.295	0.063	0.864

根据气象预报未来 10 天气温,根据两个示范区各单元日蒸发量与日平均气温的相关关系即可预测未来 10 天日蒸发量。

7.3.1.2　作物旱情预测

1. 作物生长仿真模型

根据南北气候差异、作物种植不同,第 4 章建立了旱作物小麦、玉米和水稻生长过程水平衡模拟模型。按照预测时段 10 天要求,以日为时段的作物生长仿真模型从当天算起,预测未来 10 天作物受旱情况。

2. 预测模型输入参数

输入参数包括未来一段时段内(10 天)的降水量、蒸发量、作物需水系数以及河道、水库可用于灌溉的水量。

3. 预测模型输出结果

输出预测未来 10 天作物需水量、缺水量和缺水率。

7.3.2　农作物受旱概率统计预测

建立农业旱情马尔可夫(Markov)预测模型,根据农作物生长仿真模拟的 1970 ~ 2009 年 40 年系列逐旬农业旱情模拟结果,由马尔可夫模型预测农作物旱情变化趋势。

7.3.2.1　农业旱情 Markov 预测模型

马尔可夫过程的最基本特征是在已知过程"现在"的条件下,其"将来"的状态不依赖于"过去"的状态,即"无后效性",其数学表述如下:

设随机序列 $\{X(n), n = 0,1,2,\cdots\}$ 的离散状态空间为 $E = \{1,2,\cdots,N\}$。若对于任意 m 个非负整数 $n_1, n_2, n_m (0 \leq n_1 \leq n_2 \leq \cdots \leq n_m)$ 和任意自然数 k,以及任意 $i_1, i_2, \cdots, i_m, j \in E$ 满足

$$
\begin{aligned}
P\{X(n_m + k) = j \mid X(n_1) = i_1, X(n_2) = i_2, \cdots, X(n_m) = i_m\} \\
= P\{X(n_m + k) = j \mid X(n_m) = i_m\}
\end{aligned}
\tag{7-31}
$$

则称 $\{X(n), n = 0,1,2,\cdots\}$ 为马尔可夫链。

加权马尔可夫链预测的基本思想是考虑到一列相依的随机变量,其各阶自相关系数刻画了各种滞时状态间相关关系的强弱,分别依其以前若干时段指数值的状态进行预测,然后按前面各时段与该时段相依关系的强弱进行加权求和,最后根据各状态加权求和的结果来预测该时段可能所处的状态。本书采用加权马尔可夫链进行预测的步骤如下:

(1)选择干旱监测指数,并确定其马尔可夫链的状态空间($E = \{1,2,\cdots,N\}$)。对于有明确干旱等级划分的指数,如标准化降水指数,其状态空间的确定就采用对该指数的干旱等级划分。而对于目前没有明确等级划分的指数,但其指数值在一定取值范围内,通过将该取值范围平分为若干小段来确定其状态空间。对于分段数目的确定,如果分段数目太少,则预测出的结果比较粗,难以满足要求;但如果分段数目太多,计算需要的时间比较长,而预测结果也并不是分段数目越多越好。因此,要根据所选的具体干旱监测指数来确定分段数目,以达到较好的预测效果。

(2)根据状态空间确定该指数序列中各值所处的状态,然后计算不同滞时的马尔可夫链的转移概率矩阵。

(3)对指数序列进行马尔可夫性检验,检验通过的序列才能作为马尔可夫链来处理。对离散序列的马氏性检验通常可用 χ^2 统计量来进行,具体方法如下:

用 f_{ij} 表示指数值序列中从状态 i 经过一步转移到达状态 j 的频数,$i,j \in E$。将转移频数矩阵的第 j 列之和除以各行各列的总和所得的值称为边际概率,记为 p_{*j}:

$$
p_{*j} = \frac{\sum\limits_{i=1}^{m} f_{ij}}{\sum\limits_{i=1}^{m}\sum\limits_{j=1}^{m} f_{ij}} \quad 且 \quad p_{ij} = \frac{f_{ij}}{\sum\limits_{j=1}^{m} f_{ij}}
\tag{7-32}
$$

当 n 充分大时,统计量

$$
\chi^2 = 2\sum_{i=1}^{m}\sum_{j=1}^{m} f_{ij} \left| \log \frac{p_{ij}}{p_{*j}} \right|
\tag{7-33}
$$

服从自由度为 $(m-1)^2$ 的 χ^2 分布。

给定显著性水平 α，查表可得分位点 $\chi_\alpha^2(m-1)^2$ 的值。计算后得统计量 χ^2 值，若 $\chi^2 > \chi_\alpha^2(m-1)^2$，则可认为序列 $\{x_i\}$ 符合马尔可夫性，否则可认为该序列不可作为马尔可夫链来处理。

（4）计算各阶自相关系数：

$$r_k = \frac{\sum_{t=1}^{n-k}(x_t - \bar{x})(x_{t+k} - \bar{x})}{\sum_{t=1}^{n}(x_t - \bar{x})^2} \tag{7-34}$$

式中：k 为滞时（步长），$k = 1, 2, \cdots, m$；r_k 为第 k 阶滞时的自相关系数；x_t 为指数序列中第 t 时段的值；$\bar{x}$ 为序列均值；H 为序列的长度。

规范化各阶自相关系数，得到各种滞时的马尔可夫链的权重：

$$\omega_k = \frac{|r_k|}{\sum_{k=1}^{m}|r_k|} \tag{7-35}$$

（5）分别以预测时段前面若干滞时的指数所处状态为初始值，结合其相应的转移概率矩阵，预测该时段指数的状态概率 $p_i^{(k)}$（$i \in E$）。

（6）将同一状态的各预测概率加权和作为该指数处于该状态的预测概率：

$$p_i = \sum_{k=1}^{m}\omega_k p_i^{(k)} \quad (i \in E) \tag{7-36}$$

（7）计算预测时段的状态特征值 S：

$$S = \sum_{i=1}^{N} i \times \frac{p_i^\eta}{\sum_{i=1}^{N} p_i^\eta} \quad (i \in E) \tag{7-37}$$

式中：η 为最大概率的作用系数，其值越大，越突出最大概率的作用。

状态特征值的最大优点是将最大概率和其他概率的影响进行综合考虑，能够较好地反映预测时段所处的状态。确定 η 取值的方法为：从步骤（5）计算出的各状态预测概率值中找出最大（p_{max}）和次大（$p_{secondmax}$）的概率值，计算二者的比值 $A = p_{max}/p_{secondmax}$，再根据 A 的值确定 η 的值。

$$\eta = \begin{cases} 4, & A > 4 \\ A, & 1 \leqslant A \leqslant 4 \\ 1, & A < 1 \end{cases} \tag{7-38}$$

（8）根据 $|S - i| < 0.5$，$i \in E$ 确定该时段指数所处的预测状态为 i。待该时段的指数值确定后，将其加入原序列，重复步骤（2）～（8）进行下一时段的预测。

评价模型的可信度分析：对于加权马尔可夫链风险模型来说，结果的可信度取决于状态序列为马尔可夫链的真实程度以及序列中状态的个数，在实践中往往通过将预测值与实际值对比以检验它的可信度。

7.3.2.2　旱情预测转移概率计算

根据农作物生长模拟的 1970～2009 年 40 年系列逐旬农业旱情模拟结果，以旬为计算时段，分析计算两个示范区各单元旱情预测转移概率进行旱情预测。山西示范区以春旱为主,4~6 月易出现旱情,分析了山西示范区 24 个单元 4 月上旬至 6 月下旬间旱情各状态平稳分布转移概率,如山西示范区清徐县从 4 月上旬到 4 月中旬旱情转移出现重旱的概率达 34.2%,出现特旱的概率达 48.5%。表 7-11 列出山西示范区清徐县旱情预测转移概率。

表 7-11 山西示范区清徐县旱情预测转移概率 （%）

时段	发生概率				
	无旱	轻旱	中旱	重旱	特旱
4 月上旬至 4 月中旬	0	2.5	14.8	34.2	48.5
4 月中旬至 4 月下旬	0	6.5	26.3	31.2	36.0
4 月下旬至 5 月上旬	15.6	15.9	20.5	25.2	22.8
5 月上旬至 5 月中旬	14.7	13.1	18.1	26.3	27.8
5 月中旬至 5 月下旬	7.5	9.1	19.0	18.3	46.1
5 月下旬至 6 月上旬	20.2	19.6	41.1	9.5	9.6
6 月上旬至 6 月中旬	24.8	17.8	34.0	14.3	9.1
6 月中旬至 6 月下旬	46.7	12.5	28.8	6.9	5.1
6 月下旬至 7 月上旬	24.5	20	27	19.9	8.6

7.3.3 农作物需水预测

7.3.3.1 农作物需水量预测

根据预测的未来 10 天蒸发量及农作物需水系数,得到需水定额(m^3/亩),考虑农作物播种面积,可计算农作物需水量(万 m^3)。

$$W_{ad} = H_d A \tag{7-39}$$

式中:W_{ad} 为农作物需水量,万 m^3;H_d 为农作物需水定额,m^3/亩;A 为区域农作物播种面积,万亩。

7.3.3.2 水库灌区需水量预测

根据预测的未来 10 天农作物需水定额(m^3/亩),考虑渠系水有效利用系数及田间水有效利用系数,可由下式计算水库灌区需水量:

$$W_{rd} = H_d A_r / (\eta_1 \eta_2) \tag{7-40}$$

式中:W_{rd} 为水库灌区需水量,万 m^3;H_d 为农作物需水定额,m^3/亩;A_r 为水库灌区有效灌溉面积,万亩;η_1 为渠系水有效利用系数;η_2 为田间水有效利用系数。

山西示范区和江西示范区大中型水库灌区基本情况分别见表 7-12、表 7-13。

表 7-12　山西示范区大中型水库灌区基本情况　　　　　（单位:万亩）

编号	水库名称	受益县、市、区	耕地面积	设计灌溉面积	有效灌溉面积
1	汾河水库	太原市区(小店区、尖草坪区、万柏林区、晋源区)、清徐县、祁县、平遥县、介休市、文水县、交城县、汾阳市	205.55	149.55	132
2	文峪河水库	交城县、文水县、汾阳市、孝义市、平遥县、介休市	65.85	51.24	49.5

表 7-13　江西示范区大中型水库灌区基本情况　　　　　（单位:亩）

编号	水库名称	受益县、市、区	耕地面积	设计灌溉面积	有效灌溉面积
1	南车水库	吉安县、泰和县	321 394	300 535	140 213
2	飞剑潭水库	宜春市区	422 442	346 800	257 700
3	上游水库	高安市、上高县、宜丰县	597 105	543 700	416 000
4	江口水库	新余市区、新干县、樟树市	343 842	337 139	291 954
5	老营盘水库	泰和县	140 697	123 600	59 600
6	社上水库	安福县	143 400	132 000	107 600
7	白云山水库	吉安市区、泰和县	196 549	182 581	89 520
8	返步桥水库	永丰县	57 440	52 020	41 804

7.3.3.3　井灌区需水量预测

根据预测的未来 10 天农作物需水定额(m^3/亩),考虑井灌水有效利用系数,可由下式计算井灌区需水量:

$$W_{wd} = H_d A_w / \eta_3 \tag{7-41}$$

式中:W_{wd} 为井灌区需水量,万 m^3;H_d 为农作物需水定额,m^3/亩;A_w 为井灌区有效灌溉面积,万亩;η_3 为井灌水有效利用系数。

7.3.4　旱情预测评估

根据预测的下一时段旱情信息和旱情预警等级标准,判断下一时段旱情预测等级。

根据预警指标值确定旱情的不同发展阶段。用农作物缺水率大小反映农业旱情,判别农业旱情等级(根据第 4 章旱作和水稻的旱情等级标准),分析干旱对农业造成的影响,见表 7-14。

表 7-14 干旱对农业造成的影响

等级	类型	干旱将造成的影响
1	轻旱	河流来水量、水库蓄水量略减,近地层大气相对湿度小,空气干燥,土壤出现水分轻度不足,地表蒸发量较小
2	中旱	河流来水量、水库蓄水量减少,土壤墒情差、含水量低,土壤表层干燥,地表植物叶片在白天有萎蔫、卷曲现象
3	重旱	河流来水量、水库蓄水量锐减,农业灌溉水量短缺,土壤出现水分欠缺,土壤耕作层有较厚的干土层,地表植物萎蔫、叶片干枯、果实脱落;对农作物造成较严重影响
4	特旱	河流干枯或断流,水库干涸,部分机井吊空,农业灌溉水量严重短缺,土壤水分严重不足,基本上无土壤蒸发,干土层厚,地表植物干枯、死亡;对农作物造成严重影响

7.4 农作物因旱减产模拟

7.4.1 农作物因旱减产定量评估原理

农业干旱所造成的损失主要指在干旱发生时,农作物需水要求不能被满足而产生缺水所造成的减产。农业旱灾造成的损失与旱情严重程度有关,它与农作物发生缺水的时间、历时和强度等农业干旱特征有着密切的关系。因此,需要分作物生长阶段进行作物受旱损失估算。

7.4.2 农作物因旱减产模拟模型

目前,国内常用单因素法来估算干旱灾害造成的损失。农业旱灾损失计算方法主要有敏感指数法。

干旱对农业的影响主要反映在农作物正常生长发育受到影响并最终导致作物减产。因此,农业受旱损失值常与干旱发生季节有密切关系,作物在不同生长阶段对缺水的敏感性各不相同,作物在有的生长阶段受旱对最终产量影响不大,而在有的生长阶段受旱缺水会造成严重减产。对不同的作物来说,其抗旱能力亦各不相同,当出现缺水时,抗旱能力强的作物受旱较轻,而抗旱能力弱的作物受旱则重。因此,对同样的缺水量,当它出现在作物不同生长阶段,或是发生在不同的作物上,由于作物对缺水的敏感程度不一样,所引起的减产亦不一样。为了模拟作物受旱引起的危害程度,采用了不同作物生长阶段水分生产力模型来进行作物旱灾减产模拟。此方法考虑到当作物在不同生长阶段出现缺水时,不仅影响作物本阶段的生长,而且最终将导致作物减产。

作物水分生产函数模型有多种,常用的模型如下。

(1)作物全生育期的水分生产函数有 D—K 模型。

$$1 - \frac{Y}{Y_m} = K_y \times (1 - \frac{ET}{ET_m}) \tag{7-42}$$

（2）作物分生长阶段的水分生产函数有：

①Jensen 模型：

$$\frac{Y}{Y_m} = \prod_{i=1}^{n} (\frac{ET_i}{ET_{mi}})^{\lambda_i} \tag{7-43}$$

②Blank 模型：

$$\frac{Y}{Y_m} = \sum_{i=1}^{n} K_i \times (\frac{ET_i}{ET_{mi}}) \tag{7-44}$$

式中：Y 为受旱后作物计算产量；Y_m 为正常条件下的作物产量；ET 为作物全生育期实际供水量，mm；ET_m 为作物全生育期需水量，mm；ET_i 为作物第 i 生育阶段实际供水量，mm；ET_{mi} 为作物第 i 生育阶段需水量，水稻为腾发量，mm；K_y 为作物全生育期缺水产量反应系数；λ_i 为作物第 i 生育阶段缺水敏感指数；K_i 为作物第 i 生育阶段缺水产量反应系数；n 为作物生育阶段总段数。

农作物减产率为

$$L = 1 - \frac{Y}{Y_m} \tag{7-45}$$

式中：L 为作物减产率；其他符号意义同上。

正常条件下的作物产量可在作物历年单产变化过程分析基础上加以确定。不同生育阶段的缺水敏感指数，尤其作物关键生育期的缺水敏感指数对计算成果影响较大，可根据当地试验站数据并结合当地作物受旱减产的实际情况来确定。

7.5　小　结

（1）工程供水量预测。预测未来时段水库的来水量及实时水库蓄水量（蓄水位），由水库水位—库容关系曲线，考虑水库旱警水位，预测水库工程可以提供的水量。河道可引提水量根据引提水工程的引提能力和河道旱警水位确定。地下水可提供水量根据机井工程的引提能力及防止破坏生态环境的地下水生态水位确定。

（2）针对区域干旱状态变化规律所具有的随机性特点，建立了干旱预测的仿真模型和马尔可夫模型。利用该模型对两个示范区干旱的变化态势进行预测，可为旱情预警提供预测的旱情信息。

（3）农业旱灾造成的损失与旱情严重程度有关，它与农作物发生缺水的时间、历时和强度等农业干旱特征有着密切的关系。采用 Jensen 模型和 Blank 模型对不同作物生长阶段水分生产力模型进行作物旱灾减产模拟，此方法考虑到当作物在不同生长阶段出现缺水时，不仅影响作物本阶段的生长，而且最终将导致作物减产。

第 8 章　基于信息挖掘的旱情预警技术

8.1　旱情预警概述

8.1.1　旱情预警意义和原则

旱情预警是通过选择相应的干旱预警指标,对目标区域内的水文和气象等因子变化以及来水和用水状况进行监视,对干旱发展的各个阶段进行早期识别,对可能发生的干旱灾害发出预警,将干旱预警信息及时通过各种途径发布传递到干旱管理决策部门,以及可能受到旱灾影响的区域及各类社会机构和公众,辅助干旱管理部门作出正确决策,提早做好应对准备,达到有效克服干旱灾害带来的影响,最大限度减轻干旱灾害损失的目的。因此,干旱灾害预警是干旱风险管理的关键环节。及时准确的预警信息是有效防旱和应急响应的前提。提高和加强干旱的风险管理及预警能力对于降低旱灾风险、应对和减轻干旱灾害带来的不利影响,有着非常重要的意义。

由于干旱发生的隐蔽性和发展的长期性,因而对干旱灾害进行有效的监控,及时发出预警信号就显得十分重要。干旱灾害预警要遵循面向对象原则、信息送达原则和响应原则。

(1)面向对象原则。旱情预警信息的发布对象:一是指受旱地区单位和个人,提醒他们可能的干旱灾害风险;二是指干旱管理部门,为应对干旱灾害提前做好防旱减灾措施和应对决策。

(2)信息送达原则。旱情预警可以通过广播、电视、网络、报纸、手机等现代化手段与传统的人工传递方式结合,将预警信息送达给受旱对象。对于干旱管理部门而言,可以通过系统信息共享域传送机制,及时获取旱情预警信息并据此做好干旱应急响应部署。

(3)响应原则。旱情预警信息发布后,只有得到受旱对象和干旱管理部门的响应,主动采取必要应对行动才能达到规避和减轻干旱灾害风险的目的。因此,预警响应信息是根据受旱对象的实际情况,有针对性地提供防旱抗旱的措施建议,同时干旱管理部门应根据预警信息做出干旱应急响应决策,做好抗旱减灾工作的部署。

8.1.2　旱情预警要素

旱情预警技术是旱情预警系统的核心,它的主要内容包括利用旱情监测信息计算旱情预警指标,对预警指标进行逐层次的分析判断,根据对当前旱情评估、干旱发展趋势和潜在灾害预测结果,获取并准确的解读旱情预警信息,向受旱对象和干旱管理部门发布预警信息,提出相应的响应措施。

目前在我国气象干旱预警中,以国家标准《气象干旱等级》(GB/T 20481—2006)中的综合气象干旱指数为标准,采用了两级预警方式,即干旱预警信号分二级,分别以橙色、红色表示(见表 8-1)。

表 8-1　气象干旱预警信号

信号	信息	预警响应
干旱 DROUGHT	预计未来一周综合气象干旱指数达到重旱(气象干旱为 25~50 年一遇),或者某一县(区)有 40% 以上的农作物受旱	1. 有关部门和单位按照职责做好防御干旱的应急工作; 2. 有关部门启用应急备用水源,调度辖区内一切可用水源,优先保障城乡居民生活用水和牲畜饮水; 3. 压减城镇供水指标,优先经济作物灌溉用水,限制大量农业灌溉用水; 4. 限制非生产性高耗水及服务业用水,限制排放工业污水; 5. 气象部门适时进行人工增雨作业
干旱 DROUGHT	预计未来一周综合气象干旱指数达到特旱(气象干旱为 50 年以上一遇),或者某一县(区)有 60% 以上的农作物受旱	1. 有关部门和单位按照职责做好防御干旱的应急和救灾工作; 2. 各级政府和有关部门启动远距离调水等应急供水方案,采取提外水、打深井、车载送水等多种手段,确保城乡居民生活和牲畜饮水; 3. 限时或者限量供应城镇居民生活用水,缩小或者阶段性停止农业灌溉供水; 4. 严禁非生产性高耗水及服务业用水,暂停排放工业污水; 5. 气象部门适时加大人工增雨作业力度

由此可知,在旱情预警中的关键要素有:预警指标、预警信息、预警等级及信号、预警信息发布和预警响应。采用的旱情预警要素如下。

8.1.2.1　旱情预警指标

本书分别给出了反映当前旱情、未来旱情及潜在灾害的指标来作为旱情预警指标。

8.1.2.2　旱情预警信息

旱情预警信息包括严重旱情发生时间、旱情发生范围、旱情严重程度、变化趋势,以及可能的干旱灾害损失及防御措施建议等。

8.1.2.3　旱情预警等级及信号

将旱情预警等级划为三级,其严重程度从大到小依次为Ⅰ级预警、Ⅱ级预警和Ⅲ级预警;旱情预警信号对应预警等级分别采用红色、橙色、黄色来表达。旱情预警等级及信号通过对旱情预警指标的分析和判断后得到。

8.1.2.4　旱情预警响应(各级响应机制和措施)

对旱情预警信息的发布,必须得到干旱部门、受旱团体和个人的积极响应,主动采取防旱抗旱措施,在旱情预警信息中要有针对性的防御措施建议,受旱个人和团体预先做好防旱准备,干旱管理部门应根据预警信息做出相应干旱应急决策和部署,启动相应的干旱预案,达到减轻干旱灾害的目的。

8.2　旱情预警指标等级

8.2.1　旱情预警指标

干旱预警是通过干旱预警指标来对目标区域内的水文气象因子变化以及供用水状况进行监视,对干旱发展各阶段进行识别,及时将干旱信息通过各种途径发布给政府相关部门、社会机构和公众,以提早做好应对准备,达到最大限度地减轻干旱损失的目的。由此可知,旱情预警指标是发布旱情预警等级信号的重要依据。合适的预警指标才能准确反映旱情的严重性。

拟订了旱情预警指标选择原则如下:

(1)能够反映当前旱情。

(2)给出当前抗旱水量情况。

(3)能够反映未来旱情发展趋势。

(4)能够指出干旱的潜在威胁。

基于上述原则和示范区的实际情况,选择建立旱情预警指标体系,包含当前旱警、未来趋势和可能损失三个层次内容,表 8-2 给出了本书所构建的旱情预警指标体系。

表 8-2　旱情预警指标体系

	预警内容	旱情预警指标	预警信息
旱情预警 指标体系	当前旱情警示	当前综合旱情指标	当前旱情严重程度, 当前水量状况
		抗旱水量指标	
	旱情变化趋势	当前旱情警示指标	未来旱情变化趋势
		未来综合旱情指标	
	潜在旱灾损失	农作物减产率	未来可能旱灾损失

从表 8-2 可知,旱情预警指标体系包含了三个方面的五个指标,这三个方面的主要内容和说明如下。

8.2.1.1　当前旱警指标

当前旱警指标反映了当前旱情是否达到预警状态,它是根据当前抗旱水量条件下,判断当前旱情是否有必要进入预警状态。当前旱警等级由当前综合旱情指标和抗旱水量指标组合分析后得到。前者反映当前旱情严重程度,后者反映当前水库蓄水状况和河道来水情况。如果在当前旱情状况下,已有水库蓄水量或是河道水量能够解决因旱所需水量,那就有可能无须进入旱情预警状态。如果确定需要进入预警状态,就要进一步结合旱情未来发展趋势等情况分析来确定旱情预警的等级和信号。

8.2.1.2　旱情趋势指标

旱情趋势指标是反映未来旱情变化状态,由当前旱情综合指标与未来综合旱情指标组合分析得到,后一个指标是根据未来 10 天降水预报指标对未来综合旱情严重程度的预评估,这两个指标经过对比分析,可反映旱情变化趋势。

8.2.1.3　潜在旱灾指标

潜在旱灾指标反映可能的旱灾损失,在这里以农作物减产率为指标。

旱情预警等级和预警信息将通过对当前旱警等级、未来旱情趋势和可能的旱灾损失程度,通过逐层深入、组合分析来确定。

8.2.2　旱情预警等级及信号

参照气象干旱预警的设置,以及示范区实际情况,将旱情预警等级按照干旱严重性和紧急程度,从高到低,分别采用Ⅰ级(表示旱情特别严重)、Ⅱ级(表示旱情严重)、Ⅲ级(表示旱情较严重),分为三个旱情预警等级,相对应的旱情预警信号分别用红色、橙色、黄色来表示,见表 8-3。

表 8-3　旱情预警等级及信号

旱情程度	特别严重	严重	较严重
预警等级	Ⅰ级	Ⅱ级	Ⅲ级
信号颜色	■红色	▨橙色	▢黄色

8.3　旱情预警等级及信号分析

信息挖掘技术是通过分析每个数据,从大量数据中寻找其规律的技术。信息挖掘是指从大量数据中揭示出隐含的、先前未采用的并有潜在价值的信息过程。在旱情预警中存在许多旱情数据可供使用,应用信息挖掘技术可将这些相关数据转换成有用的信息和知识,应用于旱情预警中。

应用信息挖掘技术,从大量旱情信息中抽取出与干旱预警密切相关的信息。当前旱情程度、当前水源状况、未来旱情程度和潜在的旱灾损失,建立起用于挖掘的信息集。通过对干旱预警相关信息的挖掘,建立逐层递进深入、分层叠加组合的分析模式来进行旱情预警等级及信号的分析。在干旱预警等级和信号分析过程中,通过对当前旱情、水情、未来旱情状况和旱灾估计损失等信息的组合分析,来确定旱情预警等级和信号,具体旱情预警信号分析流程见图 8-1。

所谓的逐层递进深入,是对每个层次的各项指标值进行深入分析,探讨该层次最终的判断结果;所谓的分层叠加,是将当前旱情预警分析、未来旱情分析、可能损失等几个层次的分析结果进行叠加和组合,分析得到最后旱情预警的等级和预警信号。通过这样的分析过程,可以充分了解当前的旱情、水情、未来旱情可能变化以及潜在旱灾损失,从而确定旱情预警等级和要发布的预警信号。

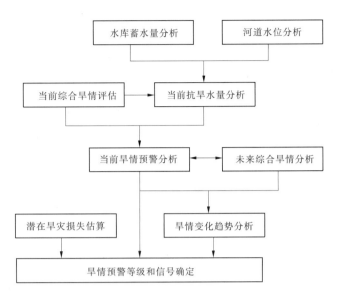

图 8-1　旱情预警信号分析流程

8.3.1　当前旱情预警分析

当前旱情预警指标根据当前综合旱情指标和抗旱水量指标分析得到。主要考虑预警门槛的问题：目前旱情严重时考虑了抗旱水量状况后，旱情的严重程度是否要进入预警状态？其中，假定当前综合旱情指标，当等级在重旱以上时要考虑进入预警状态，因此该指标进入预警状态的等级为 3、4 两级。

抗旱水量指标计算是通过分析水库蓄水状况和河道水位状况得到的。其中，水库蓄水指标采用的是水库时段蓄水量，水库蓄水指标的等级划分为 3 级，是应用频率分析法对水库时段历史蓄水量系列进行挖掘分析计算，得到 $P = 75\%$ 和 $P = 90\%$ 时的水库蓄水量作为水库蓄水指标等级划分的标准。图 8-2 给出了水库蓄水等级划分的示意图。

因为这里关注的是水库蓄水量较少的情况，并为与其他指标等级相匹配，对于水库蓄水量介于 $P = 75\%$ 蓄水量和 $P = 90\%$ 蓄水量之间的蓄水状况，认为是水库蓄水不足，将其等级定为 3 级；对于水库蓄水量低于 $P = 90\%$ 的蓄水状态认为是水库蓄水偏低或无蓄水，将其等级定为 4 级；其余的蓄水状态认为有蓄水。可以满足供水，定为 0 级。

河道水位指标等级分为两级，经分析发现，当前各省确定的河道旱警水位基本上是以不影响正常供水为标准来确定的，因此采用其作为河道旱情预警状态的阈值。在此水位以下定为 4 级，定义为水位偏低。在此水位以上为 0 级，定义为水位正常。

水库蓄水指标和河道水位指标的等级列于表 8-4。

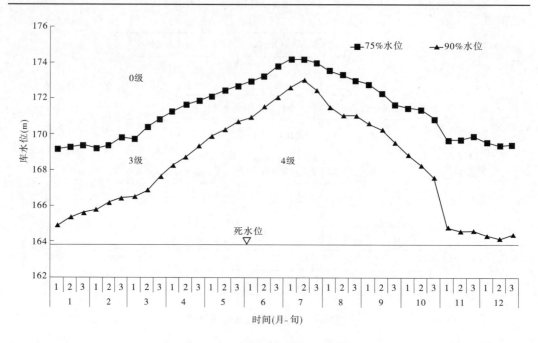

图 8-2 水库蓄水等级过程线图

表 8-4 水库蓄水指标和河道水位指标等级

水文指标		等级		
河道水位指标	等级	0		4
	程度	水位正常		水位偏低
	水位 H	$H \geqslant H_{旱警}$		$H < H_{旱警}$
水库蓄水指标	等级	0	3	4
	程度	有蓄水	蓄水不足	无蓄水
	蓄水量 V	$V \geqslant V_{75}$	$V_{75} > V \geqslant V_{90}$	$V < V_{90}$

经过对这两个指标等级的组合,可以分析得到抗旱水量指标等级,具体分析结果见表 8-5。

表 8-5 抗旱水量指标等级分析

状态	河道水位等级	水库蓄水等级	抗旱水量指标	
			等级	释义
1	0	0	0	水量充足
2	0	3	2	水量一般
3	0	4	3	水量不足
4	4	0	3	水量不足
5	4	3	4	水量缺乏
6	4	4	4	水量缺乏

可以看出抗旱水量指标可以划分为 0、2、3、4 共计四个等级。这四个等级可以定义为水量充足、水量一般、水量不足、水量缺乏。

在得到抗旱水量指标等级后，可以与当前综合旱情指标等级进行比对，得到当前旱警等级，其分析结果见表8-6。

表8-6　当前旱警等级分析

状态	当前综合旱情等级	抗旱水量等级	当前旱警等级
1	3	0	2
2	3	2	2
3	3	3	3
4	3	4	4
5	4	0	2
6	4	2	3
7	4	3	4
8	4	4	4

由表8-6 可以看出，当前旱警等级分为 2、3、4 级，可以依次定义为中等旱警、严重旱警、特大旱警。根据前面的约定，在当前旱警等级在 3 级以上时可进入预警状态，从表8-6 中可以看出这一层面上只有一种情况不进入预警状态，就是在当前旱警等级为 2 级时，没有达到预警门槛，这时虽然当前旱情严重，但是水库和河道都有足够的水，就是说现有水量可以缓解当前旱情，而不用发出预警信号。如果当前旱警等级达到了 3、4 任一级，即严重旱警以上程度时，就表示可以考虑递进到下一步的旱情趋势分析了。

8.3.2　旱情趋势分析

旱情趋势指标是根据当前旱警指标等级与未来综合旱情指标等级通过组合对比分析，得到反映未来旱情的变化趋势。由前面分析可知，可进入此层当前旱警指标等级为 3、4 两级，未来旱情综合指标的等级可以是 0、1、2、3、4 级中的任一个等级，表8-7 给出了这两个指标等级示意。

表8-7　当前旱警等级与未来旱情指标等级

指标	等级				
当前旱警等级				3	4
未来综合旱情等级	0	1	2	3	4

将当前旱警指标等级与未来旱情综合指标等级进行组合，共有 10 种可能，为了保证不漏掉重要旱情，采用了以下等级判别模式：

$$QS = \begin{cases} 2, & ZH_{未来} - DQ_{当前} \leqslant -2 \\ 3, & ZH_{未来} - DQ_{当前} = -1 \\ 4, & ZH_{未来} - DQ_{当前} > -1 \end{cases} \qquad (8-1)$$

式中:QS 为旱情趋势等级;$ZH_{未来}$ 为未来综合旱情等级;$DQ_{当前}$ 为当前旱警等级。

旱情趋势指标等级分析见表 8-8。

表 8-8　旱情趋势指标等级分析

组合号	当前旱警等级 $ZH_{当前}$	未来综合旱情 $ZH_{综合}$	变化趋势	旱情趋势等级 QS
1	3	0	减轻	2
2	3	1	减轻	2
3	3	2	变化不大	3
4	3	3	加重	4
5	3	4	加重	4
6	4	0	减轻	2
7	4	1	减轻	2
8	4	2	减轻	2
9	4	3	变化不大	3
10	4	4	加重	4

可以看到,在这一个层次,旱情趋势的等级有 2、3、4 三个等级。这三个等级可以定义为旱情减轻、旱情不变、旱情加重。下面要进行的是第三层次,也是最后一个层次的分析。

8.3.3　潜在旱灾损失分析

这里潜在旱灾损失以农作物减产率作为旱灾损失指标,参考以往采用旱灾损失标准,根据分析将农作物减产率分为四级,分别为 1、2、3、4 级,见表 8-9。这四个等级可定义为损失较轻、损失一般、损失较重、损失重大。

表 8-9　旱灾损失指标等级

旱灾损失等级	1	2	3	4
旱灾严重程度	损失较轻	损失一般	损失较重	损失重大
农作物减产率	<30%	30%～50%	50%～80%	>80%

根据第 4 章对农业干旱损失的估算方法,可以得到根据当前旱情存在的潜在旱灾损失值,按照表 8-9 可以得到潜在的旱灾损失的等级。

8.3.4　旱情预警等级分析

这是旱情预警等级最后的分析,需要对三个指标等级进行叠加、组合和分析,主要是考虑发布什么样的预警等级和信号的问题。所采用的预警分析指标分别是当前旱警指标、旱情趋势指标和旱灾损失指标。表 8-10 给出了参与旱情预警等级分析的各项指标等级。

表 8-10　旱情预警分析指标等级

指标	指标等级			
当前旱警指标 DQ			3	4
旱情趋势指标 QS		2	3	4
灾害损失指标 L	1	2	3	4

三个旱情预警分析指标等级的组合共有 24 种可能,采用以下公式进行旱情预警指标等级分析,旱情预警指标等级 GH 计算公式:

$$GH = a_1 \times DQ + a_2 \times QS + a_3 \times L \tag{8-2}$$

式中:GH 为旱情预警指标等级信号;DQ 为当前旱情等级;QS 为旱情趋势等级;L 为潜在旱灾损失等级;a_1、a_2、a_3 为权重系数,本书中取为 0.5、0.4、0.1。

旱情预警指标的等级划分标准见表 8-11,这里为了与其他分析指标协调和分析预警指标等级计算方便,在分析中采用的是等级计算标号,最后预警发布时采用的是预警等级标号。旱情警示按照严重程度可定义为一般警告、严重警告和特大警告三个警告级别。

表 8-11　旱情预警指标等级划分标准

旱情警示	一般警告	严重警告	特大警告
预警指标等级	Ⅲ	Ⅱ	Ⅰ
等级计算标号	2	3	4
预警指标值 GH	≤2.5	2.5 ~ 3.0	>3.0

表 8-12 给出了根据上述公式进行旱情预警信号等级的组合分析计算的结果。

表 8-12　旱情预警信号等级分析

序号	当前旱警等级	旱情趋势等级	灾害损失等级	旱情预警计算标号	旱情预警指标等级
1	3	2	0	2	Ⅲ
2	3	2	2	2	Ⅲ
3	3	2	3	3	Ⅱ
4	3	2	4	3	Ⅱ
5	3	3	0	3	Ⅱ
6	3	3	2	3	Ⅱ
7	3	3	3	3	Ⅱ

续表 8-12

序号	当前 旱警等级	旱情 趋势等级	灾害 损失等级	旱情预警 计算标号	旱情 预警指标等级
8	3	3	4	4	I
9	3	4	0	4	I
10	3	4	2	4	I
11	3	4	3	4	I
12	3	4	4	4	I
13	4	2	0	3	II
14	4	2	2	3	II
15	4	2	3	4	I
16	4	2	4	4	I
17	4	3	0	4	I
18	4	3	2	4	I
19	4	3	3	4	I
20	4	3	4	4	I
21	4	4	0	4	I
22	4	4	2	4	I
23	4	4	3	4	I
24	4	4	4	4	I

由表 8-12 看出,旱情预警等级共有 2、3、4 三个等级,24 种可能,分析下来最终的旱情预警等级有这样几种情况:

(1)当前旱情警示为 3 级时,有 12 种组合情况,其中预警等级为 2 级的有 2 种情况,预警等级为 3 级的有 5 种情况,预警等级为 4 级的有 5 种情况。

(2)当前旱情警示为 4 级时,有 12 种组合情况,其中预警等级为 3 级的有 2 种情况,其余情况的预警等级均为 4 级,有 10 种情况。

(3)可以看出当未来旱情趋势有明显减轻,而且潜在损失在 2 级以下时,旱情预警等级会低于当前旱警等级。

(4)如果旱情减轻趋势不明显且等级在 3 级以上,或是旱灾损失严重(3 级以上),预警等级计算标号与当前旱警等级会持平或者增加。

本节详细描述了旱情预警等级的逐层递进、分层叠加的组合分析过程,提出了基于信息挖掘的、全新的旱情预警等级与信号的分析模式,这个模式完全不同于以往确定预警等级的方法,它充分利用了与旱情预警相关的多个方面的信息,跨越了时间和空间,对于合理确定旱情预警等级提供了一种新的思路和方法。

8.4　旱情预警的响应

8.4.1　旱情预警信息

旱情预警要素之一是预警信息,它主要包括严重旱情发生时间、旱情发生范围、旱情严重程度、变化趋势,以及可能的干旱灾害损失及防御措施建议等。从前面旱情预警信号分析过程可以看出,各层次的分析结果可以方便地为旱情预警提供必要的信息,表 8-13 给出了各项旱情预警分析指标等级程度的具体含义。

表 8-13　旱情预警分析指标等级含义

指标	项目	等级和含义				
河道水位	程度				水位正常	水位偏低
	等级				0	4
水库蓄水	程度			有蓄水	蓄水不足	无蓄水
	等级			0	3	4
抗旱水量	程度		水量充足	水量一般	水量不足	水量缺乏
	等级		0	2	3	4
当前综合旱情	程度				重旱	特旱
	等级				3	4
当前旱警	程度			中等旱警	严重旱警	特大旱警
	等级			2	3	4
未来综合旱情	程度	无旱	轻旱	中旱	重旱	特旱
	等级	0	1	2	3	4
旱情趋势	程度			减轻	不变	增加
	等级			2	3	4
潜在旱灾损失	程度	无损失	损失较轻	损失一般	损失严重	损失重大
	等级	0	1	2	3	4
旱情预警等级	警示			一般警告	严重警告	特大警告
	等级			2	3	4

根据表 8-13,可以根据旱情预警等级确定预警信号,分析得到相对应的旱情预警信息,具体见表 8-14。

表 8-14　旱情预警等级、信号和信息

旱情预警等级	旱情预警信号	旱情预警程度	旱情预警信息
I	■红色	特大警告	当前旱情程度在严重等级以上,现有抗旱水量缺乏,未来 10 天旱情严重程度不变,或有加重的趋势,潜在的旱灾损失重大
II	■橙色	严重警告	当前旱情程度为严重等级,现有抗旱水量不足,未来 10 天旱情严重程度无变化,潜在的旱灾损失较为严重
III	■黄色	一般警告	当前旱情程度为严重等级,现有抗旱水量不足,未来 10 天旱情变化趋势有可能减轻,潜在旱灾损失一般

8.4.2　旱情预警响应

旱情预警响应程序一般包括工作会商、工作部署、部门联动、协调指导、方案启动和宣传动员等六个部分。根据评估的未来 10 天旱情预测等级、水库现时段和预测的未来 10 天蓄水状况、地下水埋深及未来 10 天可开采的水量,提出旱情预警响应对策。

8.4.2.1　红色预警的 I 级响应

(1)工作会商。会商由示范区当地防汛抗旱指挥机构组织进行,由防汛抗旱指挥机构总指挥主持,指挥机构成员单位参加。会商主要内容包括分析旱情发展动态、发布红色预警、启动 I 级响应、部署抗旱应急工作、加强抗旱工作指导。

(2)工作部署。一般包括示范区防汛抗旱指挥机构、水利、农业、气象及水文部门和其他相关部门。水利、农业、气象及水文部门的工作重点是密切监视旱情发展变化,旱情预测预报,为防汛抗旱指挥机构抗旱指挥提供参谋意见等。防汛抗旱指挥机构的工作重点是密切监视旱情的发展变化,分析旱情发展趋势,做好大中型水库的调度,做好抗旱水源的统一管理和调度。其他相关部门的工作重点是保障供电和预警通信安全等。

(3)部门联动。各成员单位在防汛抗旱指挥机构的统一部署下,按照职责分工,全力做好抗旱救灾工作。成员单位主要负责人要加强领导,强化责任,全力做好相关工作。

(4)协调指导。防汛抗旱指挥机构协调指导内容包括:协调有关部门保障抗旱物资、抗旱资金的及时调拨;抽调有关专家深入受旱地区协调指导地方开展抗旱工作;指导各级防汛抗旱指挥机构根据统一部署,落实各项抗旱措施;协调抗旱信息、抗旱行动情况的统计报送;向上级防汛抗旱指挥机构和政府汇报抗旱工作进展;协调各级政府和各相关部门派出工作组,深入到灾情严重的地区指导抗旱;发动群众投入抗旱工作等。

(5)方案启动。根据旱情的发展和抗旱的需要,可适时启动以下措施:实行地表水、地下水统一调度;在确保居民生活用水的前提下,根据对国民经济发展的影响程度及干旱期供水紧缺状况,确定用水优先次序,限定供水量;坚持供水工程统一指挥、统一调度,实行水库联合调度;为满足城乡生活及重点行业需水要求,可适当超采地下水;增加应急抗旱水源工程建设;严重缺水城市全部启动抗旱备用水源和应急供水方案;紧急调配和启用各类临时抗旱设备;适时压减供水指标;适时加大人工增雨作业力度,24 小时待命,随时进行人工增雨作业;限制或者暂停高耗水行业用水;限制或者暂停排放工业污水;缩小农业供水范围或者减少农业供水量;限时或者限量供应城镇居民生活用水等。

(6)宣传动员。由各级防汛抗旱指挥机构统一发布旱情、灾情及抗旱信息,组织协调新闻媒体向社会公众及时报道旱情、灾情,宣传抗旱工作,在全社会形成良好的抗旱救灾氛围,动员全社会各方面力量支援抗旱救灾工作。

8.4.2.2　橙色预警的Ⅱ级响应

(1)工作会商。会商由示范区当地防汛抗旱指挥机构组织进行,会商由防汛抗旱指挥机构总指挥或受委托的副总指挥主持,指挥机构成员单位参加。会商内容包括分析旱情发展动态、发布橙色预警、启动Ⅱ级响应、部署相应工作、加强抗旱工作指导。

(2)工作部署。一般包括防汛抗旱指挥机构、水利、农业、气象及水文部门和其他相关部门。水利、农业、气象及水文部门的工作重点是密切监视旱情发展变化、旱情预测预报,为防汛抗旱指挥机构抗旱指挥提供参谋意见等。防汛抗旱指挥机构的工作重点是加强值班,密切监视旱情的发展变化;做好重点工程的调度;及时派出工作组和专家组赴一线指导抗旱;及时发布旱情通报,通报旱情和抗旱情况;落实抗旱职责,做好抗旱水源的统一管理和调度等。其他相关部门的工作重点是保障供电和预警通信安全等。

(3)部门联动。防汛抗旱指挥机构统一指挥、组织协调,各成员单位在指挥机构的统一部署下,各司其职,全力做好抗旱救灾工作。

(4)协调指导。防汛抗旱指挥机构协调指导内容包括:协调有关部门保障抗旱物资、抗旱资金的及时调拨;抽调有关专家深入受旱地区协调指导地方开展抗旱工作;指导各级防汛抗旱指挥机构根据统一部署,落实各项抗旱措施;协调抗旱信息、抗旱行动情况的统计报送;向上级防汛抗旱指挥机构和政府汇报抗旱工作进展等。

(5)方案启动。根据旱情的发展和抗旱的需要,可适时启动以下措施:启用抗旱水量调度方案,实行地表水、地下水统一调度;在确保居民生活用水的前提下,根据干旱期供水紧缺状况,确定用水优先次序,限定供水量;坚持供水工程统一指挥、统一调度;组织应急抗旱水源工程建设;严重缺水城市启动抗旱备用水源和应急供水方案;调配和启用各类临时抗旱设备;适时压减供水指标;适时进行人工增雨作业;限制或者暂停高耗水行业用水;限制或者暂停排放工业污水;缩小农业供水范围或者减少农业供水量;限时或者限量供应城镇居民生活用水等。

(6)宣传动员。由各级防汛抗旱指挥机构统一发布旱情、灾情及抗旱信息,组织协调新闻媒体向社会公众及时报道旱情、灾情,宣传抗旱工作,在全社会形成良好的抗旱救灾氛围,动员全社会各方面力量支援抗旱救灾工作。

8.4.2.3　黄色预警的Ⅲ级响应

(1)工作会商。会商由示范区当地防汛抗旱指挥机构组织进行,会商一般由防汛抗旱指挥机构负责人主持,防汛抗旱指挥机构成员单位派员参加。会商内容包括分析旱情发展动态、视情况发布Ⅲ预警、启动Ⅲ级应急响应、安排相应工作。

（2）工作部署。一般包括防汛抗旱指挥机构、水利、农业、气象及水文部门和其他相关部门。水利、农业、气象及水文部门的工作重点是旱情监测和预报，确定专人负责实时收集整理各类旱情信息并及时上报等。防汛抗旱指挥机构的工作重点是及时掌握旱情发展变化趋势；加强抗旱工作，派出工作组赴旱区指导抗旱工作；适时发布旱情通报，通报旱情和抗旱情况；做好抗旱水源的统一管理和调度等。其他相关部门的工作重点是保障供电和预警通信安全等。

（3）部门联动。防汛抗旱指挥机构统一指挥、组织协调，各成员单位在指挥机构的统一部署下，各司其职，组织开展工作。

（4）协调指导。防汛抗旱指挥机构协调指导行政区内各级开展抗旱工作。

（5）方案启动。根据旱情的发展和抗旱的需要，可适时启动以下措施：加强抗旱水源的统一调度和管理；适时启动应急备用水源或者应急打井、挖泉；设置临时抽水泵站，开挖输水渠道或者在临时江河沟渠内截水；组织实施人工增雨；适当限制洗车、洗浴等高耗水服务行业用水；组织向人畜饮水困难地区送水等。

（6）宣传动员。利用广播、电视、报纸、互联网等新闻媒体向社会公众及时通报旱情及抗旱情况，动员全社会节约用水。

8.5　小　结

本章根据示范区的实际情况和旱情预警所需要表达的信息，选择了当前旱情、旱情变化趋势和未来潜在旱灾损失三方面的5个指标建立了旱情预警指标体系，可以涵盖旱情预警所涉及的主要内容和信息。

旱情预警信号按照逐层递进深入、分层叠加组合分析的思路分析得到，为开展旱情预警提拱了操作性强、信息丰富、可信度强的有效技术手段，克服了现有只依据单一的信息源来发布预警信息的片面性和局限性。

旱情预警信息包括了当前旱情的严重程度、实际的抗旱水量、旱情可能的变化趋势，以及潜在的旱灾损失程度，充分体现了旱情预警功能、可为预警响应提供参考信息，有助于干旱管理部门和受旱单位及个人全面了解干旱发展进程，以及干旱潜在威胁，并为干旱管理部门制定防旱抗旱决策提供背景材料和技术支撑。

根据评估的未来10天旱情预测等级、水库现时段蓄水状况，提出旱情预警响应对策。旱情预警响应程序包括工作会商、工作部署、部门联动、协调指导、方案启动和宣传动员等六个部分。

第 9 章　旱情评估与预测预警系统

9.1　系统概述

9.1.1　系统简介

　　旱情评估与预测预警应用系统是在前述各项研究成果基础上,由分布式水文模型、农作物生长仿真模型、水文气象干旱指标计算模型、旱情综合评估模型、旱情预测模型以及旱情预警模型等集合而成,该系统利用防汛抗旱指挥系统 ORACLE 数据库平台,实现了与水利信息中心的气象数据库、水情数据库的连接,逐日获取示范区实时降水、径流等相关数据,并与欧洲、日本气象预测中心连接,获取未来 10 天的气象预测信息。实现了计算机网络、数据库、应用平台等的数据共享。

　　该系统被用于山西、江西两个示范区的综合旱情的评估、预测和预警,通过对多种旱情指标的后台处理;同时基于 Microsoft. NET 体系结构,以 Web GIS 为应用服务平台,以 Microsoft 的 IE 浏览器为用户应用终端,满足多用户查询应用的 Web 应用服务系统,实现了旱情实时监测和预测预警功能,可为防旱减灾指挥和决策支持提供科学支撑。通过旱情监测预测预警应用系统的应用,可以实现对区域旱情的实时评估、预测预警。

9.1.2　建设目标

　　在示范区(山西省、江西省)旱情数据的基础上,示范区旱情评估与预测预警系统的总体建设目标为:构建一个与国家防汛抗旱指挥系统数据共享,集旱情监测、旱情评估、旱情预测和预警,以及旱情信息查询等服务功能于一体的旱情评估、预测、预警应用系统。

　　示范区旱情评估与预测预警系统的子目标包括:基于地理信息系统平台(ArcGIS),实现旱情属性数据、空间数据的一体化管理;实现旱情评估、旱情预测及旱情预警与 GIS 集成及可视化;构建多源数据融合的旱情数据库、集成旱情分析功能模块、旱情预测功能模块及旱情预警功能模块的软件系统,以及旱情信息查询、发布的应用服务系统。

9.1.3　设计原则

　　旱情评估与预测预警系统设计遵循如下原则:

　　(1)先进性。由于现代信息技术飞速发展,技术更新周期不断缩短,在系统设计时,对系统基础软件平台和硬件设备的选择、系统建设所采用的技术方法、管理手段等方面,都必须在选用成熟、实用技术的基础上,适当超前,满足今后一定时期系统的发展。在数据编码和系统结构设计方面都尽可能采用先进的技术标准与技术方法。因此,系统设计符合计算机软件技术发展潮流,产品具有技术领先性和强大的可持续发展性,应用系统支持网络应用环境。

（2）稳健性。系统具有高可靠性和高容错能力，保证局部出错不影响全系统的正常工作。应用系统能针对用户的操作顺序、输入数据进行正确性检查，并以显著方式提供错误信息。应用系统提供运行监视和故障恢复机制，建立系统运行日志文件，跟踪系统所有操作。

（3）安全性。由于"示范区旱情评估与预测预警系统"的业务涉及不同的职能部门，还需要服务于社会，因此必须保证系统及网络的安全。系统必须采用全面的权限管理机制、防火墙技术、数据自动备份技术，确保业务数据和 Web 数据库的安全管理。

（4）开放性。"示范区旱情评估与预测预警系统"需考虑与"国家防汛抗旱指挥系统"的集成问题，需为系统将来可持续发展和数据与功能扩充预留各类扩展接口。系统应具有灵活的体系结构，具有良好的可扩充性，能方便将来的升级扩充；系统具有方便和快速的可维护性能。

（5）高效性。"示范区旱情评估与预测预警系统"一方面是一个专题性的空间信息系统，又是"国家防汛抗旱指挥系统"的重要组成部分，因此系统的运行、响应速度要快，各类数据组织要合理，信息查询、更新要顺畅。

（6）标准化。数据的标准化是实现信息资源共享的重要前提。"示范区旱情评估与预测预警系统"的数据库和系统建设过程中的各个环节都要严格参照国家或行业相应的技术标准，包括数据编码、精度控制、数据检查验收、数据格式、软件实现等方面的标准化，以保证数据库和系统功能的正确性、有效性、兼容性和可扩展性。

（7）实用性。旱情评估与预测预警系统设计最大可能地满足有关部门的需求，系统具有完备的数据库和数据更新、查询、检索、分析功能，且各项功能灵活准确、操作方便、用户界面友好，能适应专业人员、政府、不同层次的用户需求。用户界面友好，采用交互式人机会话操作，充分借鉴已有的成功经验，考虑与现有系统的接口，开发周期短，操作简单易用。

9.2　系统结构及流程

9.2.1　系统结构

示范区旱情评估与预测预警系统由旱情数据库、信息应用处理和信息应用服务三个层次组成，见图9-1。

数据库层是旱情评估与预测预警系统应用的数据基础，支撑本系统应用的数据表建立在气象专用数据库中，典型示范区旱情评估与预测预警系统从气象、水情专用数据库中获取降水、气温、蒸发、墒情、流量、水位等实时、历史信息，经计算处理后的成果数据存放在新建的旱情评估与预测预警数据表中。

信息应用处理层为旱情评估与预测预警系统应用的核心，包括实时旱情评价指标计算和旱情预测指标计算两个主要部分，能够实时计算处理评估预测旱情的水文、气象、农业和综合等指标，并形成了旱情评估、预测和预警的产品数据，也存放在新建的数据表中。

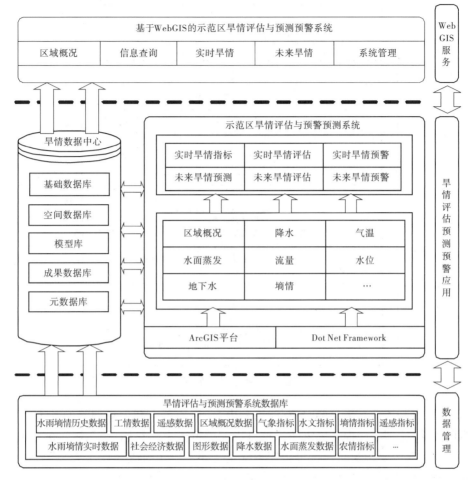

图 9-1　系统总体结构

　　信息服务层是为用户服务应用平台,采用了全新的 Microsoft. NET 体系结构,以 Web-GIS 为应用服务平台,以 Microsoft 的 IE 浏览器为用户应用界面,通过方便简捷的操作,为用户提供旱情评估、旱情预测和旱情预警信息的发布和查询应用服务。

9.2.2　数据流程

　　旱情评估与预测预警系统的数据信息流始于水文气象专用 ORACLE 数据库,旱情评估、预测、预警指标计算的应用处理模块分别从气象、水情专用数据库中获取降水、气温、蒸发、墒情、流量、水位等水文气象实测信息,经过信息处理模块生成各种旱情指标和产品存放在系统旱情数据库中,Web 应用服务模块从该数据库中提取应用产品数据,为用户提供旱情监测、预测和预警信号发布和查询服务,系统数据流向见图 9-2。

9.2.3　与现有业务应用系统的衔接

　　国家防汛抗旱指挥系统工程通过信息采集、通信网络、计算机("二台一库")和应用

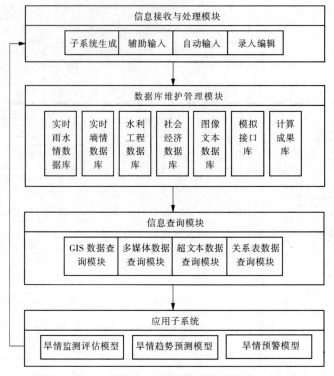

图 9-2　系统数据流向

系统的建设,提高了信息采集的时效、能力和内容,形成了水利信息网络的基本骨架和计算机应用体系,达到全面提升国家防汛抗旱指挥决策能力的目标。"天眼"防汛抗旱水文气象综合业务系统是国家防汛抗旱指挥系统主要业务应用组成部分,"天眼"系统的应用是建立在国家防汛抗旱指挥系统"二台一库"体系架构上,典型示范区旱情评估与预测预警系统的应用是建立在"天眼"防汛抗旱水文气象综合业务系统的运行环境中,是对"天眼"系统抗旱应用服务功能的扩充和完善(见图 9-3)。

　　数据汇集平台和数据库为典型示范区旱情评估与预测预警系统的应用提供了实时、历史和预测等数据支撑,应用平台提供了后台应用处理模块计算环境,系统处理的旱情监测和预测预警成果存放在气象专用数据库中,应用服务与"天眼"Web 应用系统共享同一个 Web GIS 平台。由于"天眼"业务系统有一套完备的运行维护管理流程,因此旱情评估与预测预警系统的运行维护管理有充分的保障。

9.2.4　运行环境

　　旱情评估与预测预警系统在水利部水利信息中心"天眼"防汛抗旱水文气象综合业务系统计算机环境中运行,具体运行环境配置如下。

9.2.4.1　网络

　　系统安装在千兆局域网内,同时连入 2 M 带宽的水利广域网,能够同时满足水利部局域网用户和水利广域网用户的应用服务。

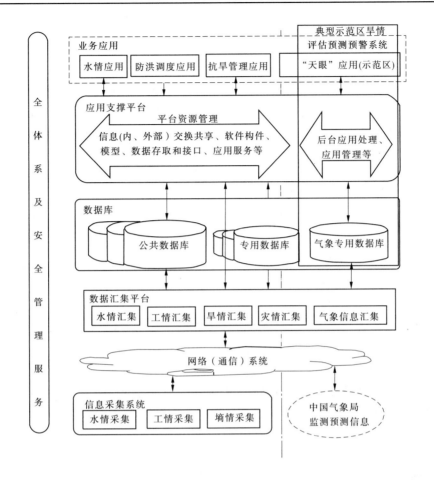

图 9-3　与业务系统逻辑关系结构示意图

9.2.4.2　数据库

系统数据库安装在 Oeacle 11g Unix 版企业级数据库中。

9.2.4.3　计算机环境

系统由 3 台运行服务器组成,分别为 Web 应用服务器、GIS 应用服务器和后台应用处理服务器。

（1）Web 应用服务器:2 颗 8 核 Intel 至强 E7CPU、64 GB 内存、RAID5 硬盘、Windows Server 2012。

（2）GIS 应用服务器:2 颗 8 核 Intel 至强 CPU、64 GB 内存、RAID5 硬盘、Windows Server 2012。

（3）后台应用处理服务器:1 颗 4 核 Intel 至强 CPU、8 GB 内存、500 GB 硬盘,Windows Server 2003。

9.2.4.4　客户端操作系统

Windows XP/Vista/7,IE 7.0 以上。

9.3　旱情专用数据库

旱情数据是示范区旱情评估与预测预警应用系统建设的基础和核心,现有的防汛抗旱业务应用系统的数据库和项目建设完成的旱情专用数据库是本应用系统的数据支撑,旱情专用数据库用来存储旱情相关的基础数据、实时数据、统计分析数据、产品数据及其相关数据。

9.3.1　专用数据

干旱的形成发生有多种因素综合组成,主要有气象、水文、农业和社会经济等因素,其中农业干旱的发生主要由气象、水文、水利工程和农情等因素造成。可从气象、水文、农情、遥感等方面开展对农业旱情的监测,其监测内容主要包括降水、气温、蒸发、土壤墒情、地表水、地下水、遥感和以上监测信息的分析产品。江西、山西示范区共收集气象、水文、旱灾和遥感等 30 年以上历史资料共 579 万条记录(日记录),资料存储量约 73 584 MB。

示范区旱情评估与预测预警应用系统涉及的相关信息种类多、时效长、更新不同步等特点。因此,需要对数据信息进行归类和管理。

9.3.1.1　数据分类

依据旱情监测、预测、评估和预警业务需求,可将数据分为七类:监测数据、预测数据、产品数据、水利工程数据、旱情(灾)数据、社会经济数据和基础数据等。

(1)监测数据主要包括降水、气温、蒸发、土壤墒情、水位、流量、水库(湖泊)蓄水量、遥感等。

(2)预测数据主要包括降水、气温、水位、土壤含水量、流量等。

(3)产品数据主要包括旱情监测、预测、分析、统计、预警等。

(4)水利工程数据主要包括水库(湖泊)工程特性、灌区工程、引水口高程等。

(5)旱情(灾)数据主要包括受灾面积、成灾面积、绝收面积、粮食损失量、人畜饮水困难、旱情等级、旱灾等级等。

(6)社会经济数据主要包括行政区划、人口、经济状况、农业、林业、畜牧业、耕地面积等。

(7)基础数据主要包括水文站和气象站码信息、水文气象特征值、地理信息数据等。

9.3.1.2　数据来源

江西、山西示范区的旱情监测数据和预测数据可从水文气象业务系统数据库中获取,具体信息有气象站实时降水、气温(日旬月平均、最高、最低)、10 天降水预报值和气温预报数据,水文站实时水文、流量、水库(湖泊)蓄水量、土壤墒情等数据,同时也能获取气象、水文历史特征数据;通过水利遥感信息共享平台实时获取高分辨率 MODIS 遥感图像数据;通过国家防汛抗旱指挥系统数据库获取实时旱情统计、社会经济、水文站基础信息、地理信息等基础数据。

现有的水文气象业务系统也能为本应用系统提供降水、气温等监测产品和历史等数据。

9.3.1.3　数据更新

实时水文、气象数据的雨水情数据每日更新,用于当旬、月的旱情评估、预测与预警,各单元数据在实时雨水情数据更新后由系统根据站点进行数据计算更新,产品数据在实时数据和单元数据更新后,经系统运行处理后自动提供。

本应用系统数据更新原则:旬月雨量由日雨量统计获得;日平均水位、流量由实时数据按时间积分获得,旬月平均水位、流量由日均数据统计获得;日平均气温由实时气温统计获得,旬月最高气温、最低气温由日数据统计获得,旬月平均气温由日均数据统计获得。

9.3.2　数据库

旱情专用数据库建立在国家防汛抗旱指挥系统数据库平台基础上,是为示范区旱情评估与预测预警应用系统提供的数据服务,主要由两部分数据组成:一是已有为防汛抗旱业务系统服务的数据表,二是专为本项目应用系统建设的数据表。

9.3.2.1　与防汛抗旱业务系统相关的数据表

应用系统已使用防汛抗旱业务系统中的水文气象实时和历史监测数据、气象数值预报数据、历史特征统计数据和基础地理信息等数据。

气象日雨量表 QB_QDPR、地面温度特征表 QB_SFTTZ、欧洲细网格数值预报区域日平均气温、日最高最低气温表 QB_ECTHINTTZMPD、区域累计降水表 QB_ECTHINPMPD 以及行政编码表 QB_NEWADDVCD 等。

9.3.2.2　项目建设的专用数据表

项目在 ORACLE 数据库中设计了专用数据表,包括区域平均蒸发量数据表、区域平均降水量数据表、区域平均气温数据表、区域历史平均降水量表、区域历史平均气温表、区域旱情监测产品数据表、单站旱情监测产品数据表、区域旱情预测产品数据表等。

9.3.3　数据接口

示范区旱情评估与预测预警系统中的产品加工处理过程采用模块化设计,各应用模块以执行程序文件形式保存,按产品加工处理流程和时间,利用后台任务管理程序对各应用处理模块进行自动运行和管理。产品加工处理程序与数据库之间数据接口采用文本文件方式传递数据,数据按时间分为实时监测和预报数据,数据文件名和数据格式规定如下。

9.3.3.1　监测数据文件名命名规则

水文、气象测站实时监测数据通过数据标准化处理后,形成区域单元平均值和经纬度网格值两种数据,并存放在数据库中。通过数据库查询接口为应用模块程序提供所需的输入数据,数据接口以文本文件形式监测数据。监测数据文件名中包含数据种类标志和时间属性,命名规则:××××YYYYMMDD. TXT。其中:YYYYMMDD 为时间,4 位年、2 位月、2 位日;××××为数据种类标志,约定见表 9-1。

表 9-1　数据种类标志

××××标志	说明	数据类型
AVT	区域平均气温	区域单元
AVE	区域平均蒸发量	区域单元
AVP	区域平均降水量	区域单元
RAIN	日雨量	经纬网格点
MAXQW	日最高气温	经纬网格点
MINQW	日最低气温	经纬网格点

9.3.3.2　预报数据文件名命名规则

预报数据包括日降水量和日气温预报两类数据,文件名命名规则分别为:

日降水预报数据文件名　YYYYMMDDHH_hhh_024.TXT

日气温预报数据文件名　YYYYMMDDHH_yyyymmdd_X.TXT

其中:YYYYMMDDHH 为预报制作时间,4 位年、2 位月、2 位日、2 位时;hhh 为日降水预报时效;yyyymmdd 为预报某日气温的时间,4 位年、2 位月、2 位日;X 为日气温数据标志,0 为日平均气温,1 为日最高气温,2 为日最低气温。

9.4　系统数据的处理

示范区旱情评估与预测预警系统中的数据加工处理任务主要是为应用系统提供产品加工制作,采用后台定时自动业务运行模式。数据加工业务处理包括数据标准化处理、土壤墒情指标计算、气象指标计算、作物指标计算、径流指标计算、旱情评估、旱情预测和旱情预警等应用处理模块,按产品加工处理流程方案,利用后台任务管理程序对各应用处理模块进行自动运行和管理,通过数据库和数据文件实现各应用处理模块之间的数据交换,达到业务自动运行处理的功能。

9.4.1　数据处理流程

国家防汛抗旱指挥系统数据库平台为示范区旱情评估与预测预警系统提供了数据、存储、管理应用支撑,按示范区旱情评估与预测预警系统业务要求数据加工处理过程分为数据标准化、指数计算和监测预测预警产品处理等三步骤(见图 9-4)。第一步对数据库中的实时水文气象站点数据、气象预报格点数据进行标准化处理,主要将数据标准化处理成日、旬、月时间尺度和区域面平均数据,并存入数据库中,为后续数据加工处理做数据准备;第二步进行各类旱情指标计算,旱情指标计算包括土壤墒情、气象、农作物和径流等四类指标计算,用实时监测数据计算的结果为监测指标,用预测数据计算的结果为预测指标,指标计算结果分别存入数据库和数据文件中,数据库数据为应用系统提供数据服务,数据文件为后续数据处理提供数据接口;第三步包含旱情监测、旱情预测和旱情预警等处理,根据土壤墒情、气象、农作物和径流等监测、预测指标对旱情综合分析、评估和预测,并对未来旱情作出预警,将综合旱情、评估、预测预警产品存入数据库中,为应用系统提供数据服务和告警。

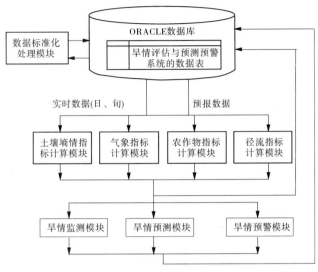

图 9-4　数据加工处理流程

9.4.2　数据标准化模块

现有防汛抗旱业务系统数据库为"示范区旱情评估与预测预警系统"提供了水文、气象和天气预测等相关的实时、历史旱情数据服务,这些数据的产生在时空分辨率、点面分布存在着很大差异,而示范区旱情评估与预测预警系统提供的产品数据在时间尺度为日、旬和月,空间尺度为区域和面。因此,需要对实时、历史水文、气象等数据进行时空分辨率标准化处理。时间标准化原则为将任意时段数据处理为日、旬、月的平均(或累积)值,空间标准化分为区域和经纬度网格两种,区域是以行政县(区、市)为基本单位,经纬网格选定网格分辨率为 0.25×0.25(度)。系统对雨量、气温和水位等数据进行了标准化处理,处理过程如下。

9.4.2.1　雨量数据

雨量数据包括水文站和气象站监测的日、旬、月雨量数据,空间分布呈无规则离散站点,站点数据采用距离权重差值到 0.25×0.25(度)经纬网格点上,形成标准化的网格数据,再用行政县图对区域单元统计面平均雨量,得到标准化的区域数据。差值公式为

$$Z = \frac{\sum_{i=1}^{n} W_i Z_i}{\sum_{i=1}^{n} W_i} \tag{9-1}$$

式中:Z 为网格点值;n 为观测值点数;W_i 为 i 点的权重(W 为权重函数);Z_i 为 i 点的观测值。

权重函数公式如下:

$$W = 1 - (D/d_0)n \quad (D \leqslant d_0)$$

$$W = 0 \quad (D \geqslant d_0)$$

式中:D 为测站到网格点的距离;d_0 为最大距离;n 为平滑因子,n 越大,结果的光滑程度越差。

在计算中,主要是 d_0 和 n 的取值问题。降雨量的实际分布并不总是均匀的,根据雨量站网分布和试验结果,n 值取为 2,d_0 取值为 $0.5°$(约 50 km)范围。

对旬月雨量距平数据采用相同的方法进行标准化处理。

9.4.2.2　气温数据

气温数据来源于气象观测站,包括日平均、最高、最低气温数据,气象站站网密度低于雨量观测站站网,在标准网格差值时 d_0 取值为 $2.2°$(约 220 km)范围。形成标准化的网格气温数据,再用行政县图对区域单元统计相应的面平均数据,得到标准化的区域数据。差值方法与雨量数据差值相同。

9.4.2.3　天气预报数据

旱情预报模块需要未来 10 天降水、气温(平均、最高、最低)预测数据,水利部水文局的水文气象业务系统为本书提供了欧洲气象中心未来 10 天气象数值预报数据,数据存放在数据库平台中,是以 0.25×0.25(度)经纬网格点数据形式提供,完全符合本系统标准化的网格的要求,在这基础上用行政县图对区域单元统计相应的面平均数据,得到标准化的区域预测数据。

9.4.2.4　水文站水情数据

水文站水情数据有河道水位、流量和水库(湖泊)蓄水量、水位等观测数据,不同水文站按观测和报汛业务要求每日观测次数不同,有些水文站每日 8 时报前一天日平均水位和流量,有的不报日平均值。水情报汛数据通过水情数据交换系统保存在数据库平台中。对水库(湖泊)数据标准化处理方法是,取 8 时蓄水量、库水位观测数据代表日数据。河道水位、流量数据标准化处理方法分为两种:一是有日均报汛数据,直接从数据表中获取;二是通过每日多次观测数据进行处理得到。日均水位、日均流量计算公式如下:

$$H_d = \frac{\sum_{i=1}^{n} h_i}{n} \tag{9-2}$$

$$Q_d = \frac{\sum_{i=1}^{n} \Delta t_i Q_i}{24} \tag{9-3}$$

式中:H_d 为日均水位;Q_d 为日均流量;h_i 为观测水位;Q_i 为观测流量;n 为每日观测次数;Δt_i 为观测时间间隔,h。

9.4.3　旱情指标计算模块

9.4.3.1　气象指标处理模块

气象指标处理模块的主要功能是计算降水距平(JP)、标准降水(SPI)和综合气象(CI)等气象干旱指标。气象指标处理模块根据计算时间要求,首先从数据库中读取相应日期的区域降水量、气温、蒸发和对应的历史特征值等数据,根据 JP、SPI 和 CI 指数计算参数配置文件进行气象指数计算,完成山西、江西示范区各区域单元的 JP、SPI 和 CI 指数计算,并将各指标计算结果输出到数据文件和存入数据库中,为后续数据处理模块和应用系统提供数据接口与服务。

9.4.3.2　农作物指标处理模块

农作物指标处理模块的主要功能是计算农作物指标。

农作物指标处理模块根据计算时间要求,首先从数据库中读取相应日期的区域降水量、蒸发、土壤含水量等数据,根据山西、江西示范区的农作物旱情模拟模型和参数配置文件,分别计算各单元的农作物受旱数据,再根据两个试验区不同品种的农作物分别得到山西旱作物和江西水稻的作物缺水数据,并将计算结果输出到数据文件和存入数据库中,为后续数据处理模块和应用系统提供数据接口和服务。

9.4.3.3　径流指标处理模块

径流指标处理模块的主要功能是计算径流干旱指标。径流指标处理模块根据计算时间要求,首先从数据库中读取相应日期的区域流量库容等数据,调用已确定的水文干旱判别模型和计算参数配置文件进行径流指数计算,并将径流指标计算结果输出到数据文件和存入数据库中,为后续数据处理模块和应用系统提供数据接口和服务。

9.4.3.4　旱情评估模块

旱情评估模块的主要功能是计算综合旱情指标。

旱情评估模块根据计算时间要求,首先从数据库中读取相应计算时间所对应的气象指标、作物指标和径流指标的计算结果,根据各个指标等级标准、综合指标计算相关参数和田间持水量等参数配置文件。完成各个单元的综合旱情指标计算,根据综合旱情的等级标准,得到综合旱情评估结果,并将旱情评估结果存入数据库。

9.4.3.5　旱情预测模块

旱情预测模块的主要功能是利用欧洲中心 10 天降水和气温的数值预报数据,通过水文预测模型计算,分别得到示范区网格和各个单元的降水、平均气温和土壤含水量的预报产品,并将水文预测模型输出的预测产品进行标准化处理,利用水文干旱指标、气象干旱指标和农业干旱指标处理模块分别得到各单元的气象干旱预测指标、径流预测指标和作物预测指标,再利用综合旱情评估模块计算各单元的综合旱情预测指标,并将各预测指标结果输出到数据文件和存入数据库,为旱情预警处理模块和应用系统提供数据接口服务。

9.4.3.6　旱情预警模块

旱情预警模块是根据旱情评估模块、旱情预测模块计算给出的当前和未来旱情评估结果,以及抗旱水量分析模块和潜在旱灾损失模块算出的抗旱水量指标等级及旱灾损失指标等级,应用逐层递进组合分析方法,通过分析判断当前预警状态和是否发布旱情预警信号以及预警信息的级别,并通过旱情信息查询和展示平台发布旱情预警信号。

9.5　旱情信息查询与展示平台

旱情信息查询与展示平台是利用图文并茂的方式查询与显示旱情指标的计算结果和旱情评估、预测与预警的结果,同时可查询显示计算区域的基础信息。其应用功能包括区域背景、实时监测、旱情评估与预测、旱情预警,如图 9-5 所示。

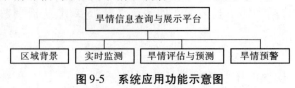

图9-5 系统应用功能示意图

9.5.1 区域概况

示范区区域概况展示包括示范区自然地理状况、水雨情测站分布、历史旱情与社会经济情况,如图 9-6 所示。

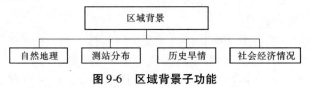

图9-6 区域背景子功能

9.5.1.1 自然地理

示范区自然地理状况包括行政区域划分图、地形 DEM 图、土地利用类型图、土壤类型图。

1.行政区域划分图

山西示范区行政区域单元图如图 9-7 所示,用户可以可视化查询各个行政单元的地理区域等信息。

2.示范区地形 DEM 图

山西示范区地形 DEM 图如图 9-8 所示。系统界面左侧为 DEM 不同地形高程值所对应的颜色分带,右侧为山西示范区地形 DEM 图。

3.示范区土地利用类型图

山西示范区土地利用类型图如图 9-9 所示。

4.示范区土壤类型图

山西示范区土壤类型图如图 9-10 所示。

9.5.1.2 测站分布

示范区测站分布查询包括雨量站分布、蒸发站分布、土壤墒情站分布、气温站分布、径流站分布、地下水水位站分布与水库分布以及测站和水库的基本信息查询。用户可以点击选择单个站或水库进行查询站或水库的基本信息。这里以山西示范区雨量站分布查询为例,如图 9-11 所示,其他测站及水库的查询方式与此相同。

9.5.1.3 历史旱情

示范区历史旱情查询分析包括历史旱情数据表查询、行政单元历史旱情时间变化图与历史旱情等级空间分布图。

1.行政单元历史旱情时间变化图

在行政单元历史旱情变化图中,用户可以选择行政单元、旱情等级、旱灾等级、起止年份来动态生成该行政单元的逐年历史旱情变化图,如图 9-12 所示。

图 9-7　山西示范区行政区域单元图

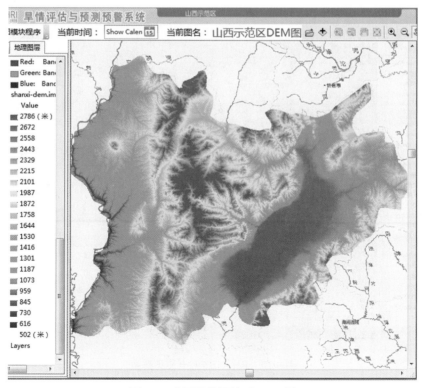

图 9-8　山西示范区地形 DEM 图

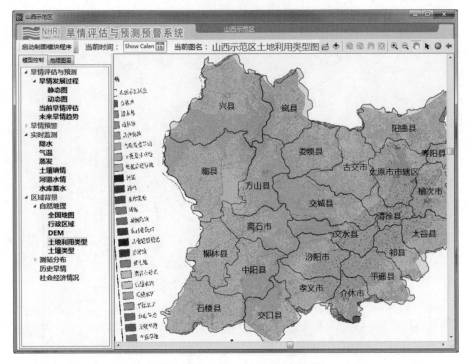

图 9-9　山西示范区土地利用类型图

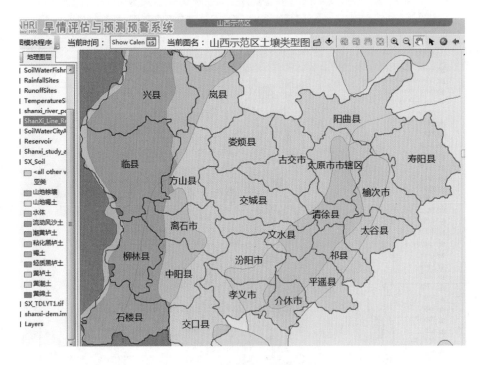

图 9-10　山西示范区土壤类型图

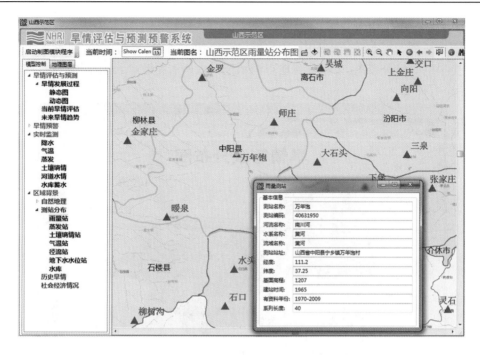

图 9-11　山西示范区雨量站分布图

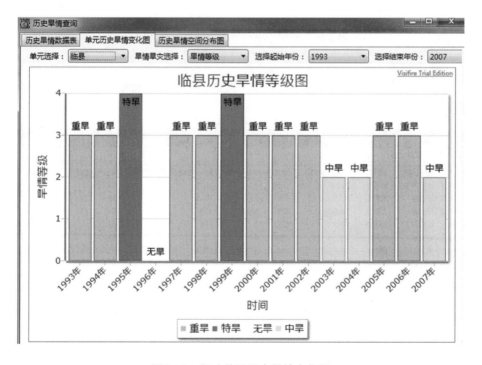

图 9-12　行政单元历史旱情变化图

2.历史旱情等级空间分布图

在历史旱情等级空间分布图中,用户可以选择历史年份、旱情等级、旱灾等级来动态生成历史旱情等级分布图,可以直观地查询示范区内所有行政单元的旱情等级,如图9-13所示。

图 9-13   山西示范区历史旱情等级分布图

9.5.1.4   社会经济情况

在示范区社会经济情况数据表中,用户可以查询各个行政单元的社会经济数据,如图9-14所示。

单元代码	单元名称	地区名称	人口	农村人口	土地面积	地区生产总值	第一产业总值	第二产业总值	第三产业总值	工业产值	粮食产量
140101	太原市辖区	太原市	285.2	46.7	1460	1237.8	12.8	532.3	692.7	1392.1	115491.3
140121	清徐县	太原市	30.9	25.7	609	71	11.1	40.6	19.4	104.7	117937.5
140122	阳曲县	太原市	14.5	11.4	2059	17.5	2.8	6.9	7.9	29.1	64233
140123	娄烦县	太原市	12.5	9.9	1276	8	0.8	2.2	4.9	5.7	11828
140181	古交市	太原市	22	7.7	1584	26	1.1	13.6	11.3	35.2	9046
140702	榆次区	晋中市	55.7	15.1	1311	135.5	11.6	48.7	75.2	39	178676
140725	寿阳县	晋中市	21.5	15.6	2110	52.3	5.5	31.3	15.5	28.6	213260
140726	太谷县	晋中市	30	18.8	1034	39.6	8.7	11.7	19.1	10.4	175840
140727	祁县	晋中市	26.6	17.2	854	36.1	7.2	10.7	18.2	9.3	180248
140728	平遥县	晋中市	49.8	34	1260	57.2	8.4	22	26.7	19.3	212720

图 9-14   山西示范区社会经济情况

9.5.2   实时监测

示范区实时监测包括对计算单元的降水、气温、蒸发、土壤墒情的旬数据信息以及实测站点的河道水情和水库蓄水量相关日数据信息进行查询,如图9-15所示。

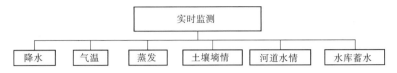

图 9-15　示范区实测监视子系统功能

9.5.2.1　气象数据

　　示范区实测降水、气温、蒸发信息查询,在用户选择计算单元后,弹出信息查询对话框,然后选择起止时间查询该单元在所选时间段内的单元旬信息。计算单元的降水信息查询如图 9-16 所示,蒸发信息查询与此相同。计算单元的气温信息查询如图 9-17 所示。

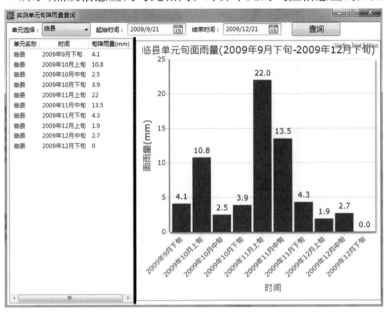

图 9-16　计算单元旬降雨量查询

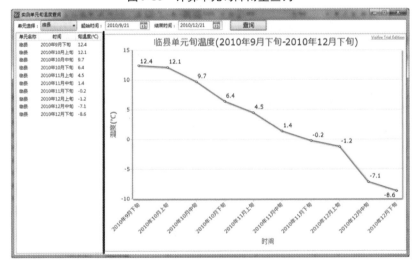

图 9-17　计算单元旬温度查询

9.5.2.2　土壤墒情数据

示范区实测土壤墒情信息查询,在用户选择查询时间(旬)后,绘制示范区区域内的土壤墒情等值面/线图。

9.5.2.3　河道水情与水库蓄水数据

示范区实测河道水情、水库蓄水信息查询,使用户可以选择径流站或水库后,选择起止时间所选时间段内的河道水位与流量信息(见图9-18)、水库蓄水过程、水库蓄水量进行查询。

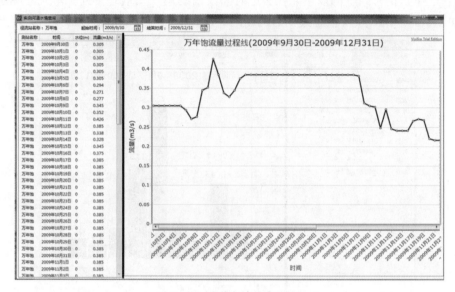

图9-18　河道水情信息查询

9.5.3　旱情评估与预测

示范区旱情评估与预测通过对计算单元的六个旱情评估指标来实现评估与预测查询。六个旱情评估指标分别是综合旱情指标、降水量距平百分率指标、综合气象指标、径流量距平百分率指标、土壤墒情指标与作物缺水率指标,如图9-19所示。

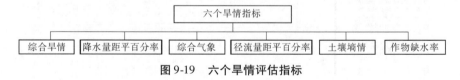

图9-19　六个旱情评估指标

旱情监测与预测子平台中包括了旱情发展过程、当前旱情评估和未来旱情趋势三大内容的展示,如图9-20所示。

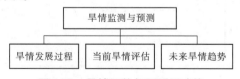

图9-20　旱情评估与预测子功能

9.5.3.1　旱情发展过程

旱情发展过程主要是用来查询从当前到过去的旱情发展过程,包括旱情静态图和旱情动态变化图。旱情静态图窗口中提供当前旬往前推 3 个旬、6 个旬、9 个旬的各个旬的实测旱情指标空间分布图,如图 9-21 ~ 图 9-23 所示。旱情动态图是连续播放旱情空间分布的旬图,直观反映旱情动态变化过程。用户可以自定义起始播放时间,从而动态播放起始播放时间到当前时间旱情过程的动态变化图,如图 9-24 所示。旱情静态图和动态图窗口中都允许用户选择不同的旱情指标来查询旱情分布情况。

9.5.3.2　当前旱情评估

当前旱情评估主要是展示当前旬的旱情空间分布图以及旱情过程柱状图。这些图在根据旱情评估模型计算结果生成综合旱情等级后,生成示范区行政区域地理单元的综合旱情等级空间分布图,并存储到数据库中,方便用户查询。其展示方式有综合旱情指标展示图(见图 9-25)、多项旱情指标展示图(见图 9-26)、前 3 旬计算单元旱情单项指标变化图(见图 9-27)和示范区受旱单元统计图(见图 9-28)。

综合旱情指标是由其他五个指标综合分析后得到的,为了用户查询对比方便,将其他五个指标的空间分布图同时放到一个对话框中来浏览,如图 9-26 所示,同时还支持单击任一个图片可以全屏放大查看。

为方便分析综合旱情时间变化,将当前旬、前 1 旬、前 2 旬综合旱情等级放到同一窗口来显示,如图 9-27 所示。

为统计分析示范区各行政单元不同综合旱情等级比例变化情况,将当前旬、前 1 旬、前 2 旬综合旱情等级中相同等级单元所在比例图放到同一窗口来显示,如图 9-28 所示。

9.5.3.3　未来旱情趋势

未来旱情趋势主要展示由旱情预测模型计算的未来 10 天旱情变化成果,由于旱情展示是以旬为单位,因此为了便于比较和分析旱情发展趋势,展示图就会存在当前旬、当前预测旬和预测下一旬的旱情空间分布图,如图 9-29 所示。

同样,可在一个对话框中来浏览实测当前旬、预测当前旬、预测下一旬的其他五个旱情指标的空间分布图,如图 9-30 所示,并且支持单击任一个图片可以全屏放大查看,与图 9-29 类似。

为方便分析各单元综合旱情变化过程,将实测当前旬、预测当前旬、预测下一旬综合旱情等级放到同一窗口来显示,如图 9-31 所示。

示范区行政单元不同综合旱情等级比例变化统计结果如图 9-32 所示,是将示范区实测当前旬、预测当前旬、预测下一旬的综合旱情等级单元统计图放到同一窗口来显示。

采用计算单元的旱情当前旬值与旱情预测下一旬值进行比较,给出变化趋势指示图,如图 9-33 所示。

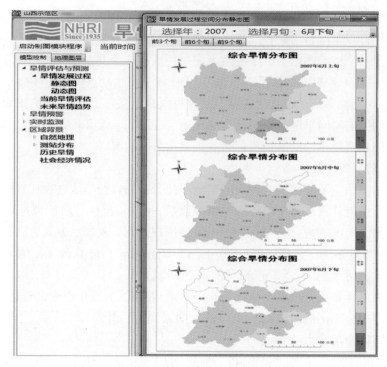

图 9-21　前 3 旬实测旱情指标空间分布图

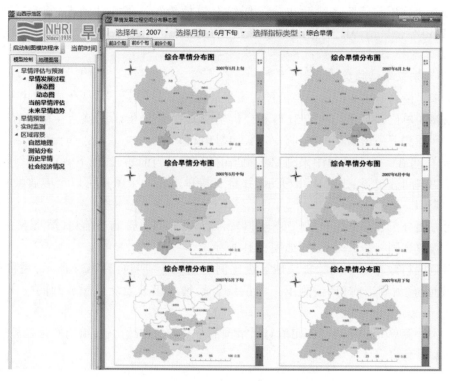

图 9-22　前 6 旬实测旱情指标空间分布图

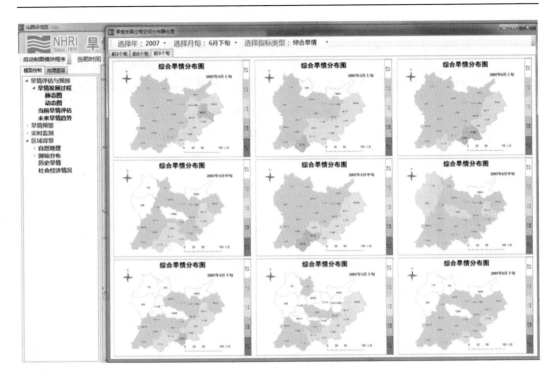

图 9-23　前 9 旬实测旱情指标空间分布图

图 9-24　旱情指标空间分布动态变化图

图 9-25　单项旱情指标空间分布

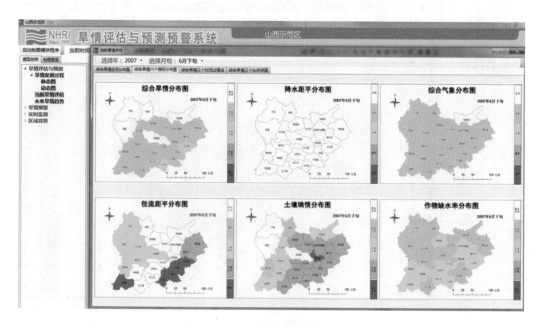

图 9-26　多项旱情指标空间分布

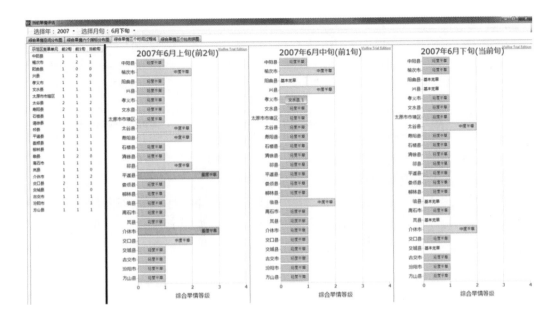

图 9-27　前 3 旬计算单元旱情单项指标变化图

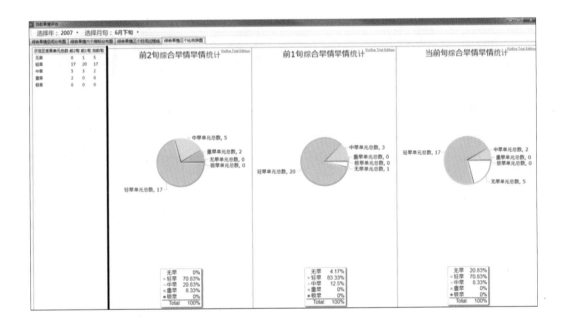

图 9-28　前 3 旬受旱单元统计图

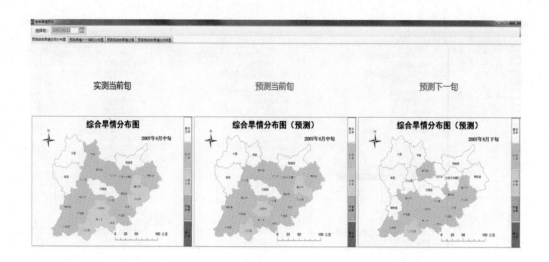

图9-29 综合旱情实测当前旬、预测当前旬、预测下一旬比较图

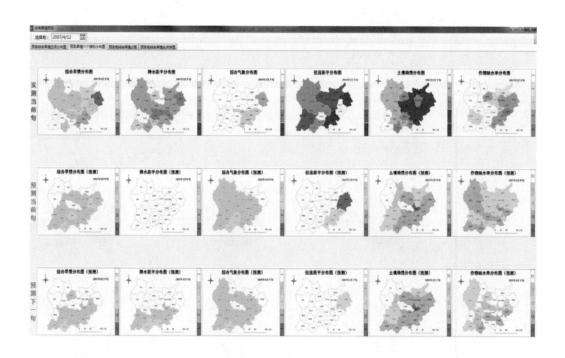

图9-30 六个旱情指标实测当前旬、预测当前旬、预测下一旬比较图

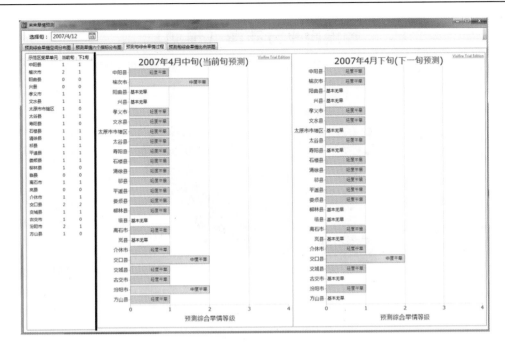

图 9-31　示范区各个单元综合旱情预测连续两旬变化图

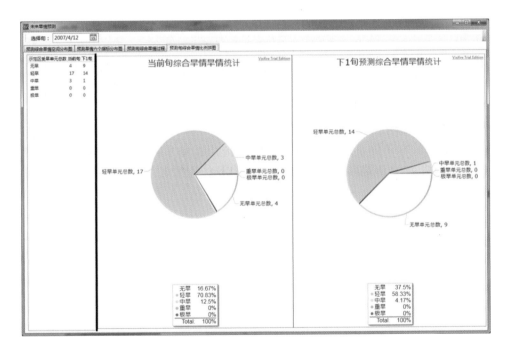

图 9-32　示范区行政单元不同综合旱情等级比例变化图

图 9-33　旱情变化趋势图

9.6　小　结

　　本章所介绍的旱情评估与预测预警系统可以对区域旱情实时监测、预报和预警。其特点是系统集成了旱情数据库、旱情分析功能模块、旱情预测功能模块及旱情预警功能模块所形成的软件系统,可以与实测气象、水文数据库连接,逐日计算示范区旱情指标,逐旬发布旱情情势和预警信号。系统以 ORACLE 数据库为基础,实现旱情信息的后台应用处理;基于 Microsoft. NET 体系结构,以 Web GIS 为应用服务平台,以 Microsoft 的 IE 浏览器为用户应用终端,建立满足多用户查询应用的 WEB 应用服务系统,实现对综合旱情实时监测和预测预警。

第 10 章　示范区实例应用

本章结合山西、江西两个示范区 1970~2007 年的实测降雨和径流 38 年系列资料和历史旱情统计资料,分析了示范区内不同类型干旱的特征及规律,应用旱情信息多源信息同化融合技术对示范区 38 年的综合旱情进行了评估。本章利用项目研究成果,应用旱情多源信息同化融合技术,利用两个示范区近 40 年的水文气象资料对示范区的历史旱情进行综合评估,并依据综合评估结果,对示范区的综合旱情的特征、发生频率和时空分布规律进行了分析与讨论。

10.1　山西示范区综合旱情评估

10.1.1　资料采用及主要参数

本书以示范区内的县级行政区为计算单元,山西示范区有 24 个计算单元,对每个单元都采用了 1970~2007 年计 38 年的降水、径流系列数据,进行模型参数率定、旱情规律分析,以及综合旱情指标相关参数确定的基础资料,并采用了 2000~2009 年的实际旱情上报数据系列,作为模型验证系列。

本项研究的重要内容是对以农业旱情为主的综合旱情进行评估,因此在对示范区的数据系列和实际情况分析的基础上,应用旱情多源信息同化融合技术着重对系列年每年 4~10 月的旱情进行了评估,这一时段也正好涵盖了示范区农作物生长期。山西的主要农作物是旱作物,在进行农作物缺水过程模拟时主要选择了对小麦和玉米生长过程的模拟。

本次研究选用的基础资料有降水、流量、蒸发量、土壤墒情和旱情旱灾资料。

10.1.1.1　降水资料

山西水文局提供的 120 个雨量站中,根据资料系列情况以及站点的位置情况,最后在示范区内选用了雨量站点共 106 个。山西选用雨量站点在示范区内的分布见图 10-1。计算面雨量采用资料系列为 1970~2009 年共 40 年的资料(个别站点的资料不全,采用插值补充)。

10.1.1.2　流量资料

山西水文局提供了水文站点 18 个,系列为 1970~2009 年共 40 年资料。水文站点的分布见图 10-2。水文站点基本情况见表 10-1。

经过对 18 个水文站的资料进行分析,结果发现董茹、店头两站的流量数据太小,几乎为 0,没有实际意义,后大成站的资料系列只有 23 年的资料,所以没有选用此 3 站数据。独堆站与芦家庄站在同一条河上,且位置相近,所以只选用了芦家庄站。因此,本次研究在山西示范区内共选用了共 14 个流量站的径流系列资料。

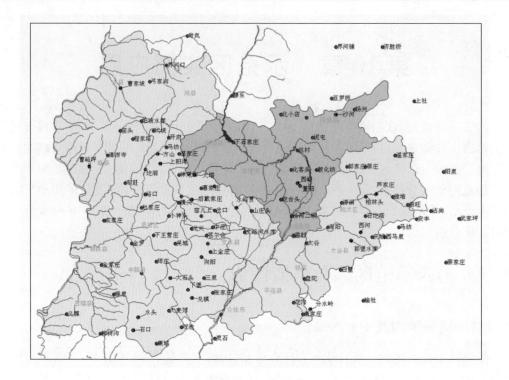

图 10-1　山西示范区选用雨量站点分布

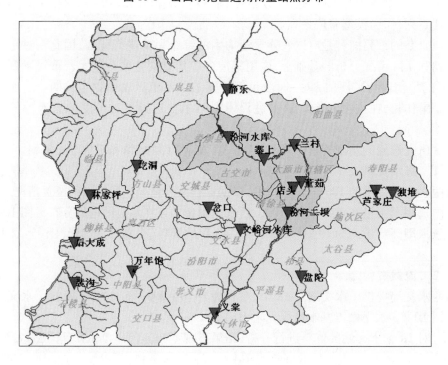

图 10-2　山西示范区水文站点分布

表 10-1 山西示范区水文站点基本情况

序号	站编	站名	河名	经度(°)	纬度(°)	所在县区	计算系列(年)	系列年数
1	40603400	林家坪	湫水河	110.87	37.70	临县	1970~2008	39
2	40604300	圪洞	北川河	111.23	37.88	方山县	1970~2009	40
3	40604800	万年饱	南川河	111.20	37.25	中阳县	1970~2009	40
4	40605100	裴沟	屈产河	110.75	37.18	石楼县	1970~2008	39
5	41008000	岔口	中西河	111.78	37.63	交城县	1970~2009	40
6	41000300	静乐	汾河	111.92	38.33	静乐县	1970~2009	40
7	41005400	芦家庄	潇河	113.05	37.73	寿阳县	1970~2009	40
8	41006400	盘陀	昌源河	112.48	37.22	祁县	1970~2008	39
9	41006100	独堆	松塔河	113.18	37.72	寿阳县	1970~2009	40
10	41000600	汾河水库(坝下)	汾河	111.93	38.05	娄烦县	1970~2009	40
11	41000800	寨上	汾河	112.20	37.92	古交市	1970~2009	40
12	41001000	兰村	汾河	112.43	38.00	太原市	1970~2009	40
13	41001900	汾河二坝	汾河	112.38	37.60	清徐县	1970~2009	40
14	41002900	义棠	汾河	111.83	37.00	介休市	1970~2009	40
15	41007600	文峪河水库	文峪河	112.02	37.50	文水县	1970~2009	40
16	41005200	店头	风峪沟	112.42	37.75	太原市	1970~2009	40
17	41005000	董茹	冶峪沟	112.48	37.78	太原市	1971、1973~2009	38
18	40604100	后大成	三川河	110.75	37.42	柳林县	1970~1989、2006~2009	23

10.1.1.3 蒸发量资料

山西省水文局提供了 8 个蒸发站点的蒸发资料,根据资料情况及站点分布情况,蒸发站选用了示范区内的万年饱、圪洞、义棠、芦家庄、兰村 5 个蒸发站(为相应的水文站),系列为 1970~2008 年 39 年的资料。

10.1.1.4 土壤墒情资料

山西省水文局提供了 20 个墒情站点的墒情资料,根据资料系列及站点分布情况,土壤墒情站点选用了位于示范区内的 11 个站点,系列为 1970~2009 年 40 年的系列资料,站点的具体情况见表 10-2。墒情站点的分布见图 10-3。

10.1.1.5 旱情旱灾资料

旱情旱灾资料选用了示范区内各县级区 1990~2007 年共 18 年的系列资料。包括受旱面积、受灾面积、成灾面积、绝收面积、因旱临时饮水困难人畜数量、因旱粮食损失量和农业总损失量。资料系列数据见表 10-3。

表 10-2　示范区选用墒情站点基本情况

序号	墒情站编码	站名	水系	河名	经度(°)	纬度(°)	系列(年)	系列年数
1	44121	圪洞	黄河	北川河	111.23	37.88	1970~2009	40
2	44129	万年饱	黄河	南川河	111.20	37.25	1970~2009	40
3	44117	裴沟	黄河	屈产河	110.75	37.18	1973~2008	36
4	45076	董茹	汾河	冶峪沟	112.45	37.78	1970~2009	40
5	45083	独堆	汾河	松塔河	113.18	37.72	1970~2009	40
6	45085	芦家庄	汾河	潇河	113.05	37.73	1970~2009	40
7	45012	汾河二坝	汾河	汾河	112.38	37.60	1970~2009	40
8	45137	盘陀	汾河	昌源河	112.48	37.22	1970~2009	40
9	45153	岔口	汾河	中西河	111.78	37.63	1974~2009	36
10	45157	文峪河水库	汾河	文峪河	112.02	37.50	1970~2009	40
11	45013	义棠	汾河	汾河	111.83	37.00	1970~2009	40

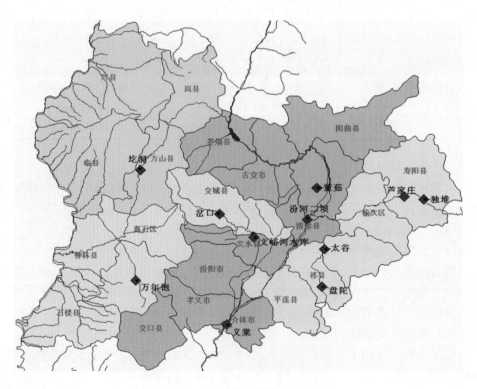

图 10-3　山西示范区墒情站点分布

表 10-3　山西示范区 1990～2007 年旱情损失统计

年份	播种面积（万 hm²）	受旱面积（万 hm²）	受灾面积（万 hm²）	成灾面积（万 hm²）	绝收面积（万 hm²）	因旱临时饮水困难		因旱粮食损失量（万 kg）	农业总损失量（万元）
						人口（万人）	大牲畜（万头）		
1990	86.73	27.75	15.98	9.94	2.29	48.7	3.9	14 384.5	11 507.6
1991	84.09	60.30	42.02	21.68	9.57	59.6	4.7	40 148.2	45 044.3
1992	83.54	54.81	44.39	24.01	12.26	60.2	5.5	43 311.6	49 425.8
1993	85.90	47.37	19.96	8.70	7.23	67.2	5.4	11 653.9	13 897.5
1994	85.93	48.10	44.06	19.94	3.06	52.4	3.7	9 659.8	12 037.8
1995	83.35	50.36	46.32	27.46	5.96	60.2	5.0	21 271.1	27 700.5
1996	84.90	21.25	19.45	1.38	0.02	35.3	5.4	3 871.4	5 268.5
1997	84.91	54.43	49.80	34.25	5.46	97.4	8.6	48 346.7	70 602.7
1998	90.03	50.39	46.70	28.81	4.03	92.3	7.0	27 632.1	42 253.2
1999	84.81	63.89	60.35	49.62	25.21	79.5	7.4	55 606.1	91 945.9
2000	83.53	45.54	41.18	32.26	8.91	58.0	7.2	37 050.2	60 127.0
2001	75.83	47.81	40.79	31.44	10.16	66.2	7.7	54 306.4	103 714.4
2002	80.47	43.85	32.94	16.22	0.51	54.1	5.4	24 382.7	43 210.9
2003	80.27	25.95	21.74	19.34	0.59	50.0	5.1	4 685.8	8 677.8
2004	76.77	20.49	10.28	5.58	1.14	49.1	4.8	4 741.9	9 176.8
2005	77.56	45.69	35.35	23.61	12.95	42.2	6.5	28 048.6	60 769.4
2006	76.43	41.21	33.54	24.17	4.43	37.5	4.2	21 290.0	44 993.7
2007	79.24	37.35	12.98	10.08	1.55	36.5	3.2	8 005.2	17 679.4
平均	82.46	43.70	34.32	21.58	6.41	58.1	5.6	25 466.5	39 890.7

　　另外，为比较验证综合旱情成果，还采用了 2000～2011 年的太原、晋中和吕梁地区的旬旱情上报资料。

10.1.2　山西示范区历史旱情分析

10.1.2.1　历史干旱分析

　　山西是一个以半干旱、干旱气候为主的省份，仅在下半年雨热同季期间，局部地区有半湿润、湿润气候存在。山西旱灾年的出现，无论是年、季之间和地域分布方面，变化都是不稳定的。这里统计了 1970 年以后示范区发生的严重干旱。在 1972 年、1980 年、1986 年、1997 年、1999 年、2001 年示范区都发生过较严重的干旱，并造成严重的损失。从降水来看，示范区 1972 年降水量 290.8 mm，相应频率 98%；1986 年降水量 332 mm，相应频率 93%。降水少是造成干旱的主要原因。

　　1997～2001 年示范区发生连续五年干旱，其中 1997 年、1999 年、2001 年旱灾最重。从降水来看，1997 年示范区内的年降雨量 312 mm，1～10 月的降雨量 295 mm，比历年同期平均值偏小 4 成。示范区受灾面积 747 万亩，成灾面积 514 万亩，绝收面积 82 万亩，分别占全省的 28%、29% 和 21%。同时，因旱造成示范区 97.4 万人、8.6 万头大牲畜饮水困难，分别占全省的 36% 和 17%，许多村庄拉水距离达 10 km 以上。

　　1999 年示范区内的年降水量 336 mm,比历年平均值偏小 130 mm。尤其是北部地区5 月中旬才出现了连续 8 个月以来的第一次降水过程,春播工作才勉强进行。7 月下旬到8 月上旬,降水量普遍偏少,吕梁市北部偏少 8 成以上,出现卡脖子大旱。示范区受灾面积 905 万亩,成灾面积 744 万亩,绝收面积 378 万亩。农业经济损失 9.2 亿元,因干旱造成 79.5 万人、7.4 万头大牲畜吃水困难。

　　2001 年示范区平均降水量 376 mm,3 ~ 8 月平均降水量 231 mm,偏少 4 成。全省受灾面积 612 万亩,成灾面积 472 万亩,绝收面积 152 万亩,全省粮食损失 5.4 亿 kg。示范区内受旱严重的汾阳、兴县、中阳、孝义等县播种面积不到应播面积的一半。吕梁地区秋粮产量仅 2 亿 kg,较常年减产 8 成,全区缺粮户 47 万户,缺粮人口 186 万人。

10.1.2.2　水文干旱分析

1.年径流量系列分析

　　对山西示范区 14 个水文站的年径流量系列统计,结果发现 1970 ~ 2009 年各水文站点的年径流量基本都呈现减少的趋势。各站点年径流过程见图 10-4。

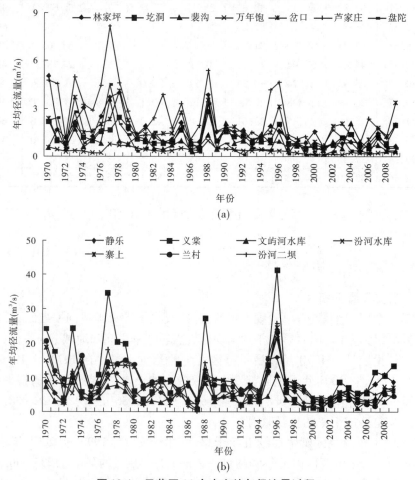

图 10-4　示范区 14 个水文站年径流量过程

　　图 10-5 给出了 14 个水文站按照 70 年代(1970 ~ 1979 年)、80 年代(1980 ~ 1989 年)、90年代(1990 ~ 1999 年)和 2000 年以来(2000 ~ 2009 年)分别绘出的年内径流过程对比图。

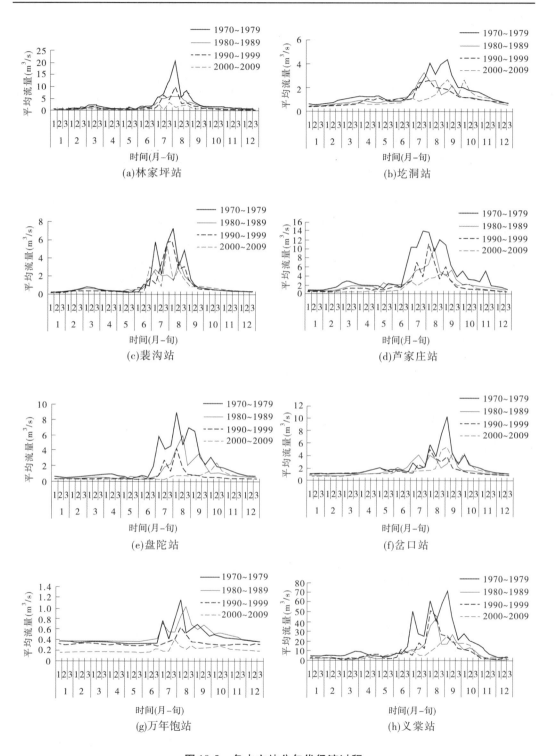

图 10-5　各水文站分年代径流过程

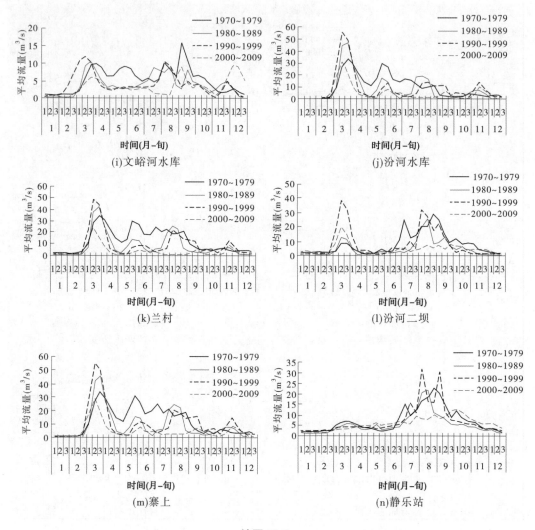

续图 10-5

　　可以看出,大部分水文站的径流量各年代平均径流量呈减少趋势,2000 年以后年径流量明显偏小很多,特别是 7 ~ 9 月份的径流量。

　　兰村站、寨上站、文峪河水库、汾河水库、汾河二坝水库的分年代径流量也呈现减少的趋势,但其变化过程与其余水文站有明显的不同,这是受水利工程调蓄影响的结果。据调查,这五个站的控制范围内设有一个或数个水利工程,对其径流有着直接影响。如:汾河水库站和寨上站受汾河水库(1960 年建成投入使用,位于寨上站上游 35 km 处)影响;兰村站受上兰电灌站(位于兰村基上游 500 m 处,年引水量 0.010 亿 ~ 0.030 亿 m³)和大型水利枢纽工程汾河二库(位于兰村断面上游 13 km 处,2000 年开始蓄水)影响;汾河二坝站受阴山水库、北留水库、深沟水库、王满坪水库、晋祠灌区、郖村电灌站、潇河大坝、田家湾水库、敦化灌区、边山灌区等诸多水利工程(这些工程大多建成于 20 世纪五六十年代)影响;文峪河水库站受文峪河水库(1962 年建成,位于水文站上游 1 000 km 处)影响。径流量的减少与下垫面和降水变化有关,据分析 1970～2009 年的降水量变化没有明显的减少,说明径流的减少受下垫面变化的影响较大。

2.水文站流量枯水年统计

用年径流量距平百分率为指标来进行枯水年的统计。采用了用分年代的平均径流量来计算水文指标。各站年径流量距平百分率的过程见图 10-6。

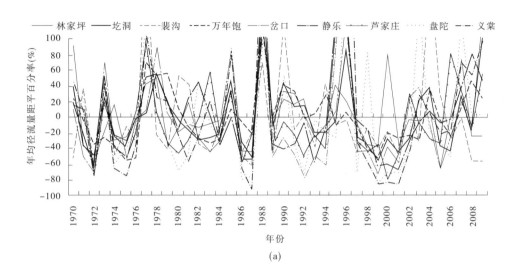

(a)

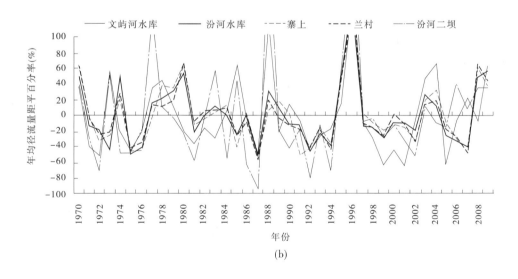

(b)

图 10-6　各水文站年径流量距平百分率过程

采用径流量距平百分率作为年径流分析指标,对各水文站年径流量进行分年代计算后统计分析,分析结果见表 10-4。

表 10-4　各水文站年径流分析指标分析结果

站点	年径流指数 ≤ -60%					-60% ≤ 年径流指数 ≤ -50%				
林家坪	2005					1972	1975			
圪洞						1987	1999			
裴沟	1972					2008	2009			
万年饱						1975	1976	1999		
岔口	1972	1987	1999	2005		1986	2001			
芦家庄	1972	2000				1986				
盘陀	1972	1980	1986	1987	1992	1974	1989	2006		
	1997	1999	2000	2001						
义棠	1972	1974	1975	1986	1987	1981	1993	1994	1998	
	1992	1999	2000	2001						
静乐	1972	1999	2001			1975	1986	1987	1993	2000
寨上						1975	1987			
兰村						1987				
文屿河水库	1999	2001	2005			1972	1987			
汾河水库						1987	1991			
汾河二坝	1972	1986	1987	1992	1994	1975	1981	1984	2002	

　　由表 10-4 可知,示范区的河流在 1972 年、1975 年、1986 年、1987 年、1999 年和 2001 年发生较为严重枯水年,其发生频率为 16%。

　　采用旬流量距平百分率为水文干旱指标。按分年代来计算旬流量距平百分率。根据示范区的实际情况,经过分析率定,确定了旬流量距平百分率等级划分标准,见表 10-5。

表 10-5　旬流量距平百分率划分枯水等级的标准

程度	特枯	严重枯水	枯水	偏枯	平水以上
等级	4	3	2	1	0
范围(%)	$R_a < -80$	$-80 \leq R_a < -60$	$-60 \leq R_a < -40$	$-40 \leq R_a < -20$	$R_a \geq -20$

注:R_a 为旬流量距平百分率(%)。

　　统计各站不同等级枯水发生的频率,统计结果见表 10-6。

表 10-6　各站不同等级枯水发生频率　　　　　　　（%）

发生频率	特枯	严重枯水	枯水	偏枯	平水以上
林家坪	23.2	13.7	10.6	9.3	43.2
圪洞	1.5	14.0	18.8	17.6	47.9
裴沟	10.8	12.6	13.9	15.6	47.0
万年饱	0.4	4.4	18.3	21.5	55.3
芦家庄	14.4	18.8	14.0	10.2	42.4
岔口	6.3	18.3	19.1	14.5	41.6
静乐	5.2	15.7	17.8	11.8	49.3
盘陀	28.1	15.7	11.5	6.2	38.4
义棠	40.3	8.9	7.3	6.3	37.1
文峪河水库	17.4	17.2	11.8	12.0	41.5
汾河水库	49.2	5.9	3.0	4.8	37.0
寨上	25.8	15.3	9.3	7.8	41.6
兰村	31.6	12.0	9.4	6.2	40.7
汾河二坝	43.8	7.0	5.8	5.1	38.2

各水文站发生不同等级枯水的分布情况见图 10-7。

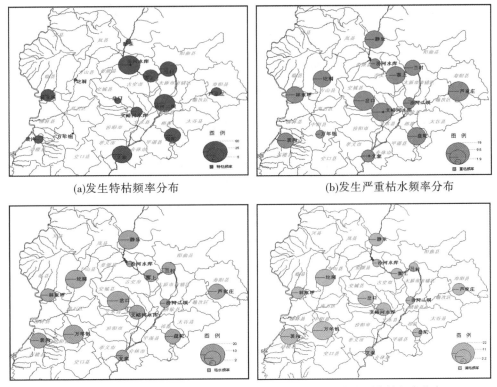

(a)发生特枯频率分布　　　　　　　(b)发生严重枯水频率分布

(c)发生枯水频率分布　　　　　　　(d)发生严偏枯频率分布

图 10-7　水文站发生不同枯水的频率分布情况

　　从图 10-7 上可以看出,特枯水发生频率较高的站点有义棠站、汾河水库和汾河二坝,发生特枯水的频率都在 40% 以上;其次是林家坪、盘陀、兰村和寨上站,发生特枯水的频率超过了 20%。严重枯水发生频率较高的站点有芦家庄,发生频率 18.8%。枯水发生频率较高的站点有圪洞、岔口和静乐站,发生频率为 17.8% ~ 20%。偏枯发生频率较高的站点有万年饱和裴沟站,发生频率分别为 15.6% 和 21%。

　　由于义棠、寨上、兰村和文峪河水库、汾河水库、汾河二坝这 6 站受水利工程影响较大,不能真正反映其所在地区的水文干旱情况。这里选用其余 8 站代表不同地区的水文干旱情况。其余 8 站代表地区情况见表 10-7 和图 10-8。

表 10-7　山西水文站与相应区县对应表

序号	站编	站名	河名	县级区
1	40603400	林家坪	湫水河	临县、兴县
2	40604300	圪洞	北川河	方山县、离石区、柳林县
3	40604800	万年饱	南川河	中阳县
4	40605100	裴沟	屈产河	石楼县
5	41008000	岔口	中西河	交城县、文水县、汾阳市、孝义市、交口县
6	41000300	静乐站	汾河	岚县、娄烦县、古交市、阳曲县、太原市区、清徐县
7	41005400	芦家庄	潇河	寿阳县、榆次区
8	41006400	盘陀	昌源河	祁县、太谷县、平遥县、介休市

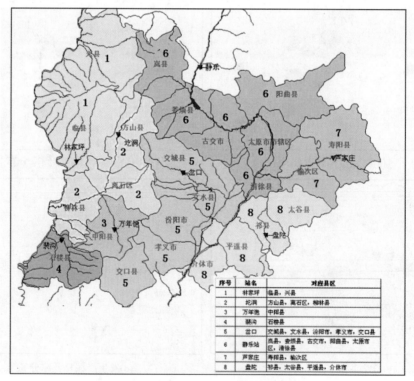

图 10-8　山西示范区水文站代表区域分布

　　水文干旱发生的地区分布情况为出现特枯频率较高的地区,有临县、兴县,以及祁县、太谷县、平遥县和介休市。寿阳县和榆次区出现严重枯水的频率较高。方山县、离石市、柳林县,以及岚县、娄烦县、古交市、阳曲县、太原市和清徐县出现枯水的频率较高。中阳县和石楼县出现偏枯的频率较高。水文干旱发生的地区分布见图10-9。

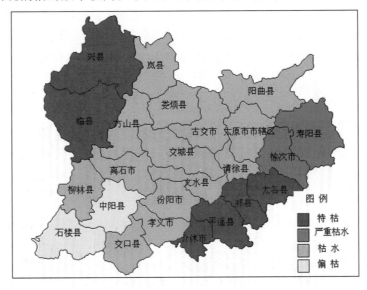

图 10-9　水文干旱发生的地区分布

10.1.2.3　农业干旱分析

　　山西示范区属于黄河流域的汾河水系和东川河水系,主要农作物有小麦和玉米,这两个作物的生长期见表10-8。

表 10-8　小麦、玉米生长期

作物组成编号	作物名	生育阶段	开始时间(月-日)	结束时间(月-日)
11	冬小麦	越冬返青	01-01	03-10
11	冬小麦	返青拔节	03-11	04-20
11	冬小麦	拔节抽穗	04-21	05-13
11	冬小麦	抽穗灌浆	05-14	06-01
11	冬小麦	灌浆成熟	06-02	06-29
12	夏玉米	播种出苗	05-01	05-20
12	夏玉米	出苗拔节	05-20	06-20
12	夏玉米	拔节抽雄	06-21	07-10
12	夏玉米	抽雄灌浆	07-11	08-05
12	夏玉米	灌浆成熟	08-06	09-17
10		空闲期	09-18	09-21
11	冬小麦	播种越冬	09-22	11-20
11	冬小麦	越冬返青	11-21	12-31

利用山西示范区 1970 ~ 2009 年共计 40 年的降水、蒸发等系列资料,应用农业干旱仿真模型对示范区的 24 个计算单元进行了逐日旱作物的生长过程模拟,并根据计算结果对作物受旱的时空分布规律分析如下。

1. 农业干旱时间分析

1) 农业干旱年分析

将旱作物年缺水率大于 80% 的定义为严重干旱年,计算结果表明,示范区出现严重干旱的年份有 1987 年、1997 ~ 1999 年计 4 年,占 10%。作物缺水率在 60% ~ 80% 的干旱年份有 18 年,占 40 年的 45%,分别为 1971 年、1972 年、1980 ~ 1982 年、1987 年、1989 ~ 1991 年、1997 ~ 2002 年、2005 年、2006 年和 2009 年,见图 10-10。

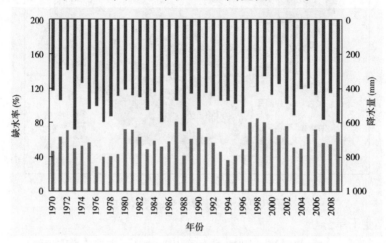

图 10-10　1970 ~ 2009 年的年降水量与缺水率过程

2) 年内农业干旱分析

通过模拟得到 1970 ~ 2009 年各旬系列旱作物平均缺水率,其中 5 月中旬至 6 月中旬缺水率达到 60% 以上,6 月上旬平均缺水率最高,达到 68%,见图 10-11。

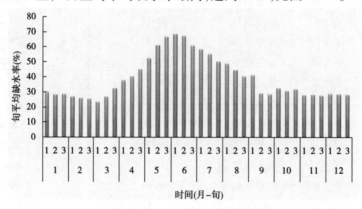

图 10-11　示范区月缺水率过程

2. 干旱的空间分布

根据山西示范区 24 个计算单元农作物缺水率计算结果,分析农业干旱的空间分布规律。

1）小麦生长关键期干旱发生频率

1970～2009 年共计 40 年系列小麦生长关键期（4 月上旬至 6 月中旬），示范区东部和南部地区 16 个单元易发生重旱，发生频率为 20%～29.3%，其中寿阳县、榆次市、太谷县和祁县发生特旱频率为 26.8%～39.0%。小麦生长关键期特旱频率分析见图 10-12。

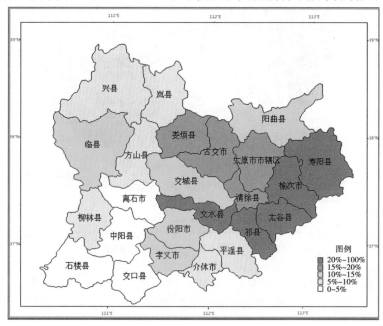

图 10-12　小麦生长关键期特旱频率

2）玉米生长关键期干旱发生频率

1970～2009 年共计 40 年系列玉米生长关键期（7 月上旬至 8 月下旬），示范区 24 个单元易发生中旱，发生频率为 29.3%～65.9%，其中清徐县、榆次市、太谷县和祁县发生重旱频率为 22.0%～39.0%。玉米生长关键期重旱频率分析见图 10-13。

山西示范区 1970～2009 年各计算单元降水量变差系数 C_v 值空间分布为东南部和西北部比中部大，降水变差系数越大的地区，说明出现小降水的概率较大，易发生气象干旱，该模型模拟的农业干旱空间分布结果与气象干旱空间分布基本一致。

10.1.3　综合旱情评估和分析

应用旱情综合评估模型对山西示范区的 24 个计算单元 1970～2007 年 38 年 4～10 月（作物生长期）的气象、水文、农业和土壤含水量的逐旬评估结果进行融合计算后，得到了 38 年的旱情综合评估结果，以年累积旱情等级 >1 000 为特旱年，800～1 000 为重旱年，600～800 为中旱年，<600 为轻旱和无旱年作为干旱年的等级标准，分析综合旱情评估结果，可得到的示范区综合旱情的时空分布规律。

10.1.3.1　示范区不同程度旱情发生频率

根据对 24 个单元的 4～10 月发生不同等级旱情的统计（见表 10-9），可以看出示范区发生中旱以上旱情的年数有 27 年，发生频率为 71.1%。其中，特旱年有 5 年，发生频

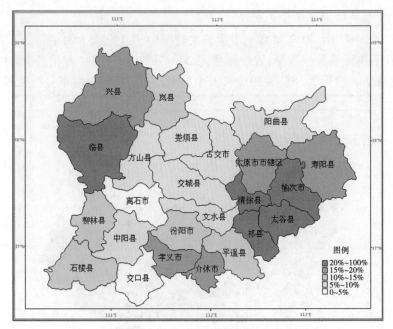

图 10-13　玉米生长关键期重旱频率

率为 13.2%；重旱年 9 年,发生频率为 23.7%。示范区最常出现的是中旱年,其发生频率达到了 34.2%。这些数据表明,在过去的 38 年里该示范区经常发生干旱,平均每 10 年中有 7 年要发生中旱以上的干旱,平均每 3 年会发生严重以上的干旱。

表 10-9　示范区不同等级旱情发生年

年型	特旱年	重旱年	中旱年	轻旱以下年
发生年份	1972	1971	1970	1976
	1997	1974	1973	1977
	1999	1986	1975	1979
	2000	1987	1978	1980
	2001	1989	1981	1983
		1993	1982	1984
		1998	1991	1985
		2005	1992	1988
		2006	1994	1990
			1995	1996
			2002	2003
			2004	
			2007	
发生年数	5	9	13	11
发生频率(%)	13.16	23.68	34.21	28.95

10.1.3.2　示范区干旱发生时间规律

1. 年内旱情发生规律

根据综合旱情评估结果,经过对每年逐旬旱情发生情况的统计,得到一年当中各旬发生综合旱情的频率,见表 10-10。

表 10-10　示范区 4~10 月各旬发生中旱以上旱情的频率

月	旬	中旱以上发生频率(%)
4	上旬	51.2
	中旬	57.2
	下旬	52.3
5	上旬	58.8
	中旬	54.5
	下旬	53.7
6	上旬	61.4
	中旬	55.0
	下旬	49.3
7	上旬	50.1
	中旬	46.9
	下旬	35.4
8	上旬	39.1
	中旬	32.7
	下旬	33.2
9	上旬	39.8
	中旬	40.4
	下旬	30.2
10	上旬	38.0
	中旬	38.9
	下旬	37.4

从表 10-10 来看发生旱情频率最高的是在 6 月上旬,发生频率达到了 61.4%,旱情发生频率最低的是在 9 月下旬,为 30.2%。全年 4~6 月旱情平均发生频率为 45.5%。图 10-14 给出了示范区多年平均各旬旱情发生过程示意图。

如图 10-14 所示,4 月中旬至 7 月中旬发生中等以上旱情的频率在 40%以上,这段时间正是小麦生长关键期,是小麦最易受旱的期间,而在 7 月下旬至 10 月下旬发生中等以上旱情的频率在 40%以下。由此可知,4~6 月是山西示范区发生旱情主要时期,7~10月旱情发生频率相对低一些。

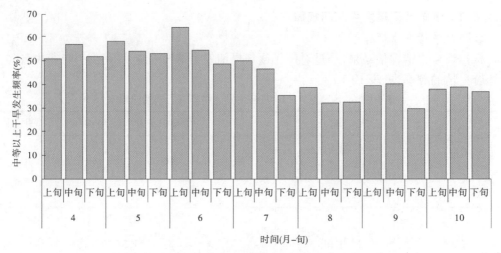

图 10-14　示范区年内发生中等以上旱情频率分布旬过程

2. 年际旱情发生规律

图 10-15 给出了示范区 1970 ~ 2007 年逐年旱情严重程度变化过程,将 38 年分为 1970 ~ 1989 年、1990 ~ 2007 年两个时段来分析。从图 10-15 上可以看出,1990 年以前发生中旱以上干旱年的年数为 12 年,1990 年以后发生中旱以上干旱年的年数为 15 年,干旱发生年数明显增加,干旱频率增加了 20%。

以历年发生的各次旱情等级之和作为旱情严重程度。从干旱严重程度来看,示范区在 1990 年以前发生特大干旱 1 次,严重干旱 5 次,中旱以上干旱发生频率为 60%。1990 年以后发生特大干旱 4 次,严重干旱 4 次,甚至发生了连续 5 年严重以上干旱年(1997 ~ 2001 年)。中旱以上干旱发生频率达到了 83.3%。这些都说明了与过去相比示范区的干旱发生频率在增加,旱情严重程度在增加。

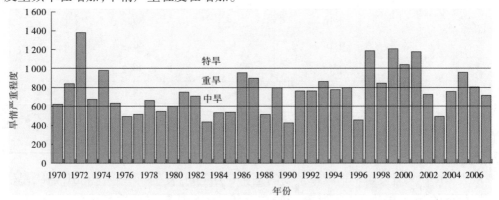

图 10-15　示范区 1970 ~ 2007 年逐年旱情严重程度变化过程

10.1.3.3　示范区干旱空间分布规律

1. 县级区干旱严重程度分析

根据对示范区 1970 ~ 2007 年综合旱情评估结果,对示范区 24 个计算单元在 4 ~ 6 月作物生长期各旬发生不同等级旱情次数进行统计表 10-11 统计了各个单元在每个旬发生

表 10-11　山西示范区各单元逐旬干旱等级统计

月		4			5			6			7			8			9			10		
旬		上旬	中旬	下旬	上旬	中旬	下旬	上旬	中旬	下旬	上旬	中旬	下旬	上旬	中旬	下旬	上旬	中旬	下旬	上旬	中旬	下旬
太原市	太原市区	72	75	74	77	78	79	74	70	67	60	56	47	46	47	48	52	46	45	50	55	55
	清徐县	76	82	84	81	84	85	81	74	72	71	66	57	58	59	55	61	56	53	61	58	66
	阳曲县	64	67	71	70	76	71	71	63	61	54	46	37	36	39	39	45	39	40	46	51	54
	娄烦县	63	71	72	75	79	77	80	76	72	66	62	49	42	50	43	50	45	48	52	53	58
	古交市	72	77	78	80	83	80	79	75	70	64	62	47	42	50	44	53	47	49	52	58	62
晋中市	榆次市	75	75	83	87	86	89	84	80	72	59	57	51	52	50	55	64	57	54	52	63	59
	寿阳县	71	84	84	87	90	94	86	84	78	46	53	46	46	46	54	62	54	52	60	63	62
	太谷县	81	86	89	93	93	99	89	88	79	66	67	56	64	58	53	65	54	57	58	64	63
	祁县	81	79	81	80	84	91	84	82	75	65	62	52	60	48	45	57	53	56	57	61	60
	平遥县	66	73	75	75	81	79	78	77	73	61	57	52	52	44	41	50	50	49	56	56	57
	介休市	74	81	81	83	82	86	81	84	71	64	61	50	55	54	47	53	55	52	57	56	58
吕梁市	离石市	47	59	56	59	66	66	70	70	56	52	50	38	34	35	33	36	39	29	37	36	32
	文水县	76	77	76	81	80	81	82	82	70	66	60	49	51	54	50	59	56	52	53	53	57
	交城县	55	60	60	64	57	61	62	61	50	50	41	33	36	28	34	44	39	35	36	38	37
	兴县	44	53	58	52	62	62	66	63	46	46	45	34	35	30	33	32	29	21	25	33	31
	临县	46	56	57	54	63	62	67	62	49	41	49	41	39	36	40	34	36	25	32	33	30
	柳林县	58	64	62	63	69	67	69	69	55	47	52	43	37	37	41	41	39	32	38	41	38
	石楼县	63	63	65	73	76	74	76	80	76	61	52	52	45	38	42	36	40	33	38	42	41
	岚县	36	50	52	55	52	60	54	56	49	47	44	30	29	29	26	34	26	21	23	33	32
	方山县	36	49	52	47	51	56	62	57	39	42	40	28	26	29	30	33	32	25	30	25	25
	中阳县	44	51	51	52	59	58	63	61	52	49	41	39	38	33	25	34	30	28	33	31	32
	交口县	68	75	68	72	74	74	81	83	66	60	55	47	48	40	47	51	49	45	50	50	48
	孝义市	78	79	77	79	79	80	86	85	71	59	59	47	50	48	49	54	53	49	53	54	57
	汾阳市	76	74	74	78	79	77	83	83	70	64	65	49	49	48	45	55	54	49	53	51	53

次数最多的干旱等级。由表 10-11 可知多年平均条件下各单元在各时段旱情的严重程度。

根据上面分析结果,得到示范区干旱严重程度如图 10-16 所示。

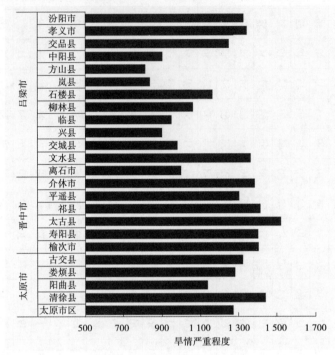

图 10-16　各单元旱情严重程度

从图 10-16 可以看出,全年旱情严重程度最严重的县是晋中市的太谷县,旱情严重程度最轻的是吕梁市的方山县。从三个地区来看,太原和晋中的旱情要比吕梁市严重。现设定将县级旱情严重程度分为特旱、重旱、中旱、轻旱,划分标准见表 10-12。

表 10-12　干旱县划分标准

旱情严重程度	特旱	重旱	中旱	轻旱
年旱情等级和	≥1 400	1 300 ~ 1 400	1 200 ~ 1 300	<1 200

依据图 10-16 和表 10-12,可得到示范区的干旱县的等级,图 10-17 给出了示范区干旱县旱情严重程度的分布情况。

从图 10-17 可以看出,示范区东南部农业旱情要比西北部要严重。

2. 旱情发生频率的空间分布

根据 1970 ~ 2007 年的综合旱情评价结果,对各个单元每年 4 ~ 10 月逐旬发生中等以上干旱的次数进行统计,统计结果见表 10-13。

对表 10-13 中干旱频次进行统计,得到了示范区各县 38 年来在 4 ~ 10 月期间旱情发生频率,见表 10-14。

表 10-13　山西示范区各县旱情频次统计

	月	4			5			6			7			8			9			10		
市	旬	上旬	中旬	下旬	上旬	中旬	下旬	上旬	中旬	下旬	上旬	中旬	下旬	上旬	中旬	下旬	上旬	中旬	下旬	上旬	中旬	下旬
太原市	太原市区	25	21	22	27	25	25	25	18	17	19	19	14	16	13	16	18	16	11	13	20	21
	清徐县	29	29	27	29	30	27	29	24	25	24	23	16	19	18	18	22	23	14	20	20	24
	阳曲县	22	25	22	23	22	21	23	18	16	18	16	9	12	13	12	14	13	11	12	18	18
	娄烦县	20	23	24	27	27	24	27	22	21	23	22	15	15	17	13	15	17	14	19	18	16
	古交市	21	25	26	30	30	22	27	20	21	23	22	14	14	16	15	19	18	14	20	20	18
晋中市	榆次市	25	25	23	31	25	25	25	22	26	20	19	15	21	16	17	23	23	16	18	25	22
	寿阳县	23	28	24	30	25	27	26	27	25	23	16	13	16	13	17	23	23	18	23	19	22
	太古县	25	25	24	30	26	28	30	27	26	23	23	18	26	17	16	23	21	19	21	24	20
	祁县	24	24	22	24	25	26	28	25	24	23	21	17	21	13	14	22	20	17	21	22	19
	平遥县	23	25	22	22	21	20	27	25	23	22	19	18	18	13	11	19	17	15	20	14	17
	介休市	24	24	23	26	22	25	27	27	22	24	19	19	21	20	12	17	18	15	19	18	18
吕梁市	离石市	15	21	19	19	16	19	25	20	15	18	19	11	12	12	9	9	13	7	13	13	10
	文水县	24	24	23	27	28	21	30	27	22	25	22	17	18	17	17	21	21	16	17	17	18
	交城县	18	24	19	19	11	19	21	16	11	17	13	10	13	7	9	12	12	11	10	14	10
	兴县	11	16	16	16	20	18	22	19	12	16	14	8	11	7	9	8	8	4	6	10	7
	临县	15	19	16	17	19	18	21	13	12	17	15	10	14	10	14	10	11	6	8	6	7
	柳林县	20	23	18	22	19	17	25	22	16	14	21	12	13	12	14	11	15	8	12	12	14
	石楼县	20	22	20	25	21	20	25	26	27	19	18	20	13	14	13	14	12	11	13	12	13
	岚县	10	17	17	15	14	17	18	15	13	15	15	7	8	6	7	10	8	5	4	9	5
	方山县	11	16	17	13	12	15	21	15	11	14	14	6	9	7	5	7	10	5	6	7	4
	中阳县	12	17	15	17	16	17	23	21	14	16	12	14	13	9	8	9	10	3	10	10	8
	交口县	24	25	20	24	19	21	27	25	20	20	20	18	18	13	8	18	18	14	17	15	16
	孝义市	25	23	20	24	25	22	30	24	24	21	23	18	17	14	19	18	18	17	20	17	18
	汾阳市	26	22	20	26	24	21	28	22	24	22	22	18	15	14	14	19	19	15	18	15	17

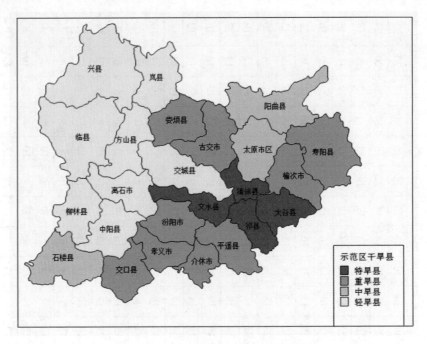

图 10-17 山西示范区干旱县分布情况

表 10-14 示范区各单元旱情发生频率

单元名	总发生次数	旱情频率(%)
太原市区	401	50.3
清徐县	490	61.4
阳曲县	358	44.9
娄烦县	419	52.5
古交县	435	54.5
榆次市	462	57.9
寿阳县	461	57.8
太谷县	492	61.7
祁县	452	56.6
平遥县	411	51.5
介休市	440	55.1
离石市	315	39.5
文水县	452	56.6
交城县	296	37.1
兴县	258	32.3

续表 10-14

单元名	总发生次数	旱情频率（%）
临县	278	34.8
柳林县	340	42.6
石楼县	378	47.4
岚县	235	29.4
方山县	228	28.6
中阳县	274	34.3
交口县	409	51.3
孝义市	437	54.8
汾阳市	421	52.8

　　根据表 10-14 给出的旱情频率，旱情频率变幅为 61.7% ~ 28.6%，最高的是太谷县，最低的是方山县。以 50% 为界，可将旱情频率分为 2 年一遇和 3 年一遇两个档次，图 10-18 给出了示范区旱情频率的空间分布情况。从图 10-18 上可以看出，在示范区的东南部各县平均旱情发生频率为 55%，即平均每 2 年就要出现中等以上的旱情，而在西北部旱情发生频率平均为 37%，大约每 3 年会发生一次旱情。这样的分布，与旱情严重程度的空间分布基本一致。

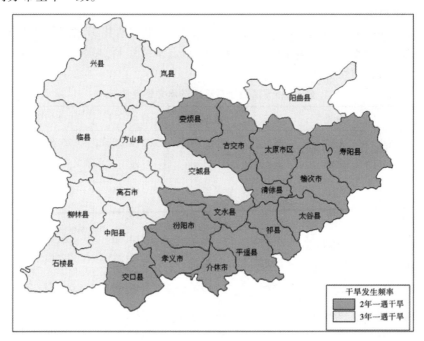

图 10-18　山西示范区旱情发生频率分布情况

10.2　江西示范区综合旱情评估

10.2.1　资料采用及主要参数

本书中示范区内的县级行政区为计算单元,江西示范区有 19 个计算单元,对每个单元都采用了 1970 ~ 2007 年计 38 年的降水、径流系列数据,进行模型参数率定、旱情规律分析,以及综合旱情指标相关参数确定的基础资料。由于江西旱情上报数据较少,采用了 2007 ~ 2009 年的实际旱情上报数据系列,作为模型验证系列。

本书研究的重要内容是对以农业旱情为主的综合旱情进行评估,因此在应用中在对示范区的数据系列和实际情况分析的基础上,应用旱情多源信息同化融合技术着重对系列年每年 4 ~ 10 月的旱情进行了评估,这一时段也正好涵盖了示范区农作物生长期。江西的主要农作物是水稻,在进行农作物缺水过程模拟时主要是对水稻生长过程的模拟。

本书选用的示范区内雨量、流量、蒸发量资料、水库资料和旱情旱灾资料情况如下。

10.2.1.1　雨量资料

江西水文局提供 147 个雨量站,根据资料系列,以及站点的位置情况,最后在示范区内选用了 83 个雨量站点来计算示范区面雨量,系列选取 1970 年以后的资料系列,即 1970 ~ 2009 年的 40 年雨量资料。其中,有些站点系列不全,计算面雨量时采用格点插值补充。按实际系列年计算各站点的多年平均雨量。雨量站的分布见图 10-19。

10.2.1.2　流量资料

江西水文局提供资料的站点有水文站点共 24 个,水位站共 37 个,根据站点位置及系列情况,采用 11 个水文站点流量资料、5 个水位站点水位资料。水文、水位站点的具体情况见表 10-15,各站点分布见图 10-20。

表 10-15　江西示范区所选水文站点情况

序号	站编	站名	河名	数据类型	经度(°)	纬度(°)	所在县/区
1	62301300	栋背	赣江	流量、蒸发	114.70	26.57	万安县
2	62301500	吉安	赣江	流量	114.98	27.10	吉安市
3	62301800	峡江	赣江	流量	115.15	27.55	峡江县
4	62309950	赛塘	泸水	流量	114.77	27.18	吉安县
5	62308950	上沙兰	禾水	流量	114.80	26.93	泰和县
6	62517400	万家埠	潦水	流量	115.65	28.85	安义县
7	62312400	危坊	万载河	流量	114.40	28.13	万载县
8	62310250	新田	乌江	流量、蒸发	115.28	27.20	吉水县
9	62313150	宜丰	宜丰河	流量、蒸发	114.77	28.40	宜丰县
10	62312050	上高	锦江	流量	114.92	28.23	上高县

续表 10-15

序号	站编	站名	河名	数据类型	经度(°)	纬度(°)	所在县/区
11	62302000	樟树	赣江	流量	115.53	28.07	樟树市
12	62311300	洛湖	袁水	水位	115.30	27.88	新余市区
13	62301900	新干	赣江	水位	115.38	27.77	新干县
14	62301350	泰和	赣江	水位	114.90	26.78	泰和县
15	62308650	永新	禾水	水位	114.25	26.95	永新县
16	62310900	宜春	袁水	水位	114.38	27.80	宜春市区

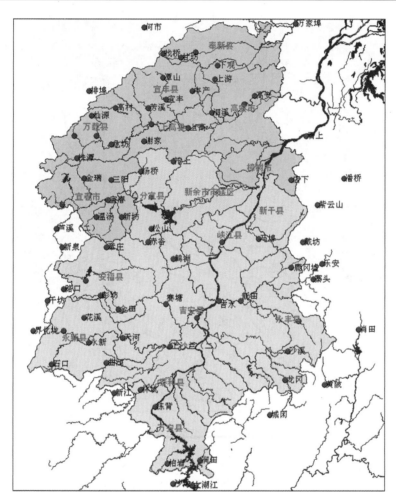

图 10-19 江西示范区雨量站点分布情况

10.2.1.3 蒸发量资料

江西水文局提供蒸发资料有 24 个站点。根据资料系列及站点位置,选用栋背、新田和宜丰 3 个蒸发站点。

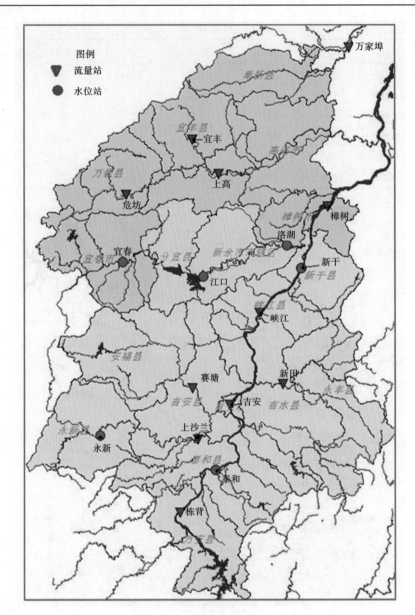

图 10-20　江西示范区水文站点分布

10.2.1.4　水库资料

江西省大型及重要中型水库有 33 座,其中示范区内有大型水库 7 座。各水库的基本情况见表 10-16。

示范区内大型水库的位置见图 10-21。

10.2.1.5　旱情旱灾资料

旱情旱灾资料选用了示范区内各县级区 1990～2007 年共 18 年的系列资料,包括受旱面积、受灾面积、成灾面积、绝收面积、因旱临时饮水困难人畜数量、因旱粮食损失量和农业总损失量。系列数据见表 10-17。

表 10-16　江西省示范区大型水库基本情况

序号	水库名称	所在县级区	流域面积（km²）	正常高水位（m）	汛期	汛期水位（m）	水库月水位系列（年）
1	江口	新余市	3 900	69.5	4～6月	67～68.5	1964～2007
2	飞剑潭	宜春市	79.3	180	4～7月	178	1961～2007
3	上游	高安市	140	83	4～6月	82.5	1961～2007
4	老营盘	泰和县	172	158	4～6月	158	1982～2007
5	白云山	吉安市	464	180	4～6月	179.5	1979～2007
6	南车	泰和县	459	160	4～6月	159.5	1999～2007
7	社上	安福县	427	172	4～6月	171.5	1977～2006

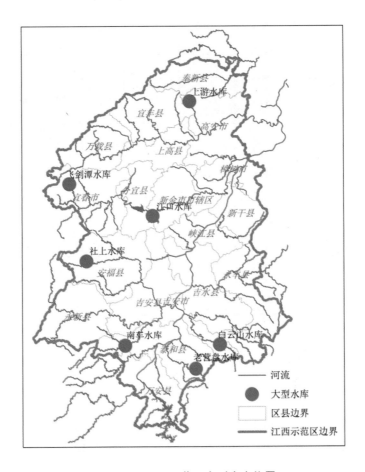

图 10-21　江西示范区大型水库位置

表 10-17　江西示范区 1990～2007 年旱情损失统计

年份	播种面积（万 hm²）	受旱面积（万 hm²）	受灾面积（万 hm²）	成灾面积（万 hm²）	绝收面积（万 hm²）	因旱临时饮水困难		因旱粮食损失量（万 kg）	农业总损失量（万元）
						人口（万人）	大牲畜（万头）		
1990	159.1	60.5	46.5	29.5	17.2	23	13	53 923	62 023
1991	158.1	78.0	66.8	53.3	43.4	62	35	122 086	160 648
1992	161.6	58.1	45.9	35.8	25.5	43	24	71 469	103 764
1993	156.0	25.4	19.3	10.3	8.0	13	10	21 249	34 630
1994	156.1	20.0	13.6	7.1	4.6	11	7	18 382	26 039
1995	159.0	43.9	32.0	20.1	14.3	21	11	50 245	85 442
1996	161.4	34.9	26.1	14.0	7.3	11	8	31 540	52 528
1997	164.4	15.1	10.8	6.5	2.8	5	3	13 000	18 491
1998	158.8	45.7	35.1	19.9	12.6	25	18	62 635	93 292
1999	162.2	18.6	12.0	5.3	2.6	8	5	16 483	29 714
2000	157.2	69.1	54.1	28.2	15.2	33	22	97 002	418 843
2001	152.1	64.9	48.1	27.4	13.3	27	29	89 926	403 911
2002	149.1	9.8	5.7	1.8	1.0	4	8	7 376	23 062
2003	138.3	73.1	54.9	37.1	22.8	97	62	162 351	679 847
2004	148.4	54.6	42.4	25.6	14.8	32	31	103 005	455 835
2005	151.8	33.1	22.7	15.9	8.0	9	7	65 870	206 976
2006	153.4	44.4	30.9	16.4	7.0	9	11	59 372	274 848
2007	148.6	59.9	41.7	26.9	12.1	54	53	100 265	367 523
平均	155.3	44.9	33.8	21.2	12.9	27	20	63 677	194 301

　　旱情旱灾发生过程的系列资料选用示范区宜春、吉安和新宜的 2007～2011 年的旬旱情上报资料。

10.2.2　江西示范区历史旱情分析

10.2.2.1　历史干旱分析

　　从历史干旱发生情况来看，江西大范围旱灾共有 34 次，平均每 1.3 年发生一次。其中，极大旱灾 3 次，平均 13.3 年一次；重大旱灾 7 次，平均 5.7 年一次；轻度旱灾 13 次，平均 3.1 年一次。而在 1990～2007 年，江西大范围旱灾共有 18 次，平均每年发生一次旱灾。其中，特大旱灾 5 次，平均 4 年一次；严重旱灾 5 次，平均 4 年一次；中度旱灾 5 次，平均 4 年一次；轻度旱灾 3 次，平均 6 年一次。

江西主要农作物(含粮食作物和经济作物)的生长期,一般都在 4 ~ 10 月。粮食作物以双季水稻为主,其生育期一般在 4 月初到 10 月下旬。其中,早稻生育期 4 ~ 7 月,处于梅雨季节,雨水较丰,灌溉要求不多。晚稻生育期 7 ~ 10 月,此时期降水量少,蒸发量大,农业灌溉需水量大,为全省主要灌溉期。从历年旱灾资料可知,江西省旱灾以夏秋连旱最多,其次为夏旱,夏秋连旱发生时,早稻灌浆待熟,晚稻插秧待育,加上连续时间长、影响范围广,因此对农业生产危害最重,多造成夏粮减产、秋粮不能适时播种以致造成失收。江西示范区一般于每年 6 月底 7 月上旬前后便进入晴热少雨的干旱期,在单一干热气团控制下,这个时期的蒸发量与降水量差值最大,如果这个时期影响江西省的台风雨偏少的话,干旱可一直延续到 10 月。历史干旱多发生在伏秋季节 7 ~ 10 月,只有少数年份出现春旱和冬旱。

自 1970 年以来江西示范区发生干旱的年有 1990 年、1995 年、2001 年、2005 年、2009 年为轻旱年,1992 年、2000 年、2004 年、2008 年为中旱年,1971、1986 年、1991 年、2007 年为严重干旱年,1978 年、2003 年为极旱年。特别是 2003 年的干旱发生频率为百年一遇,7 ~ 10 月全省降水量 218 mm,7 ~ 12 月全省降水量 283 mm,均为同期历史记录的最小值,排解放以来江西农作物受灾、成灾面积最重的年份之首。从降水来看,1970 年以来江西示范区全年降水偏少的年份有 1971 年、1978 年、1986 年、2003 年、2007 年,这几年的降水距平百分比都小于 −20%。就 7 ~ 9 月而言,1971 年、1978 年、2003 年的降水距平百分率小于 −40%,4 ~ 10 月降水距平百分比小于 −20% 的年份有 1971 年、1978 年、1986 年、1991 年、2003 年、2007 年。从 1990 年以后的旱情来看,1991 年、1992 年、2000 年、2003 年旱情比较严重。从 1990 年以来的旱灾看,1991 年、2000 年、2003 年、2004 年旱灾比较严重。

10.2.2.2 水文干旱分析

1. 流量系列统计分析

通过对水文资料可靠性、一致性和代表性的分析并结合示范区其他具体情况,确定 14 个水文用于示范区 19 个区县单元的水文干旱研究,见表 10-18。测站分布情况见图 10-22。

表 10-18 江西示范区各区县选用水文测站一览

区县代码	区县名称	采用水文站号	采用水文站名
360502	渝水区	62311500	神山
360521	分宜县	62311450	苑坑
360801	吉安市市辖区	62308950	上沙兰
360821	吉安县	62308950	上沙兰
360822	吉水县	62310250	新田
360823	峡江县	62301800	峡江
360824	新干县	62301800	峡江
360825	永丰县	62310250	新田

续表 10-18

区县代码	区县名称	采用水文站号	采用水文站名
360826	泰和县	62307550	林坑
360828	万安县	62307550	林坑
360829	安福县	62309950	赛塘
360830	永新县	62308950	上沙兰
360902	袁州区	62311350	土库
360921	奉新县	62517600	晋坪
360922	万载县	62312400	危坊
360923	上高县	62312050	上高
360924	宜丰县	62313150	宜丰
360982	樟树市	62302000	樟树
360983	高安市	62312250	高安

图 10-22　江西示范区各区县选用水文站分布情况

统计江西示范区 14 个水文站的年均流量,结果发现 1970～2009 年各站点的年均流量基本没有呈现增加或减少的趋势。各站点年均流量的变化见图 10-23。

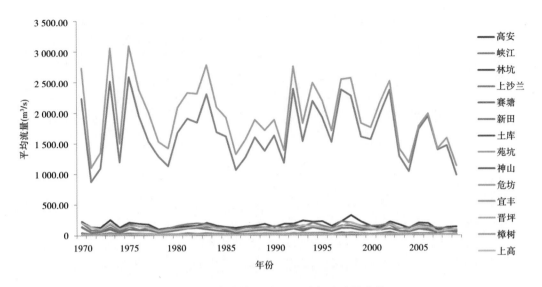

图 10-23　高安等 14 个水文站年均流量变化

分别计算各站点 1970～2009 年的多年旬平均流量,计算结果见图 10-24。

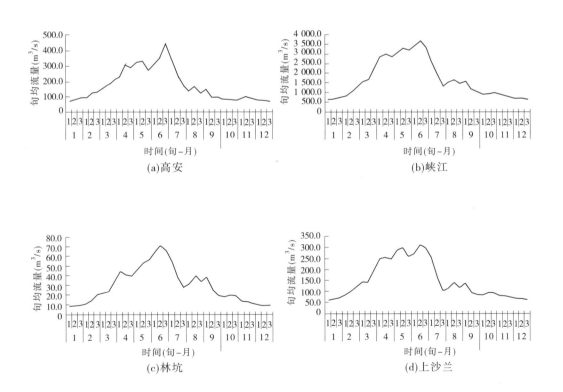

图 10-24　14 个水文站逐旬平均流量过程

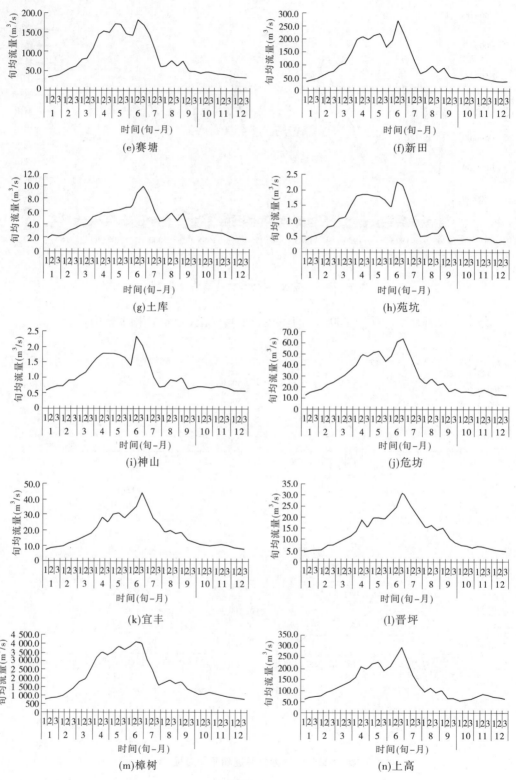

续图 10-24

由图 10-24 可见,各站旬平均流量,上半年逐渐增大,均以 6 月中下旬为最高,之后减小较快。

2. 径流枯水年统计

采用年径流距平百分率作为年径流分析指标。各站年径流距平百分率见图 10-25。

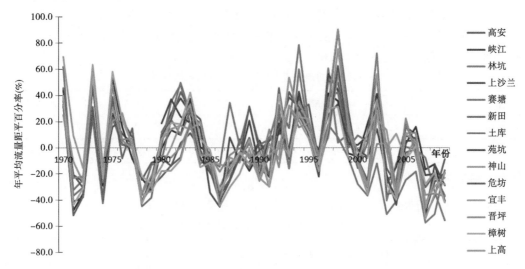

图 10-25　高安等 14 站年径流距平百分率

分别统计年径流量距平百分率小于 − 40%，及年径流量距平百分率介于 − 40% ~ −30% 的年份,统计结果见表 10-19。

表 10-19　各站年径流量距平百分率 ≤ − 30% 的年份统计

站点	年均径流量距平百分率小于 −40%				年均径流量距平百分率在 ~40% ~ −30%				
高安	1978	2007			2001	2004			
峡江	1971	2009			1972	1979	1986	2004	
林坑	2003	2009			1971	1978	1986	2008	
上沙兰	1971	1978	2009		1972	1974	1986		
赛塘	1974	1978	2007		1971	1972	1986	2009	
新田	1971	1974	1978		1972	1979	1986	2003	2004
					2007	2009			
土库	2003	2004	2007	2008	2001				
苑坑	1986	2004	2007		1985				
神山	1986	2007			1979				
危坊	1986	2007			1972	2008			
宜丰	2007				1978	1979	2001	2004	
晋坪	1999	2001	2005		1978	2004	2007	2008	2009
樟树	1971	2009			1972	1986	2004		
上高	1978	1986	2007		1987	2004	2008		

　　从表 10-19 可以看出,2007 年出现年径流量距平百分率低于 – 40% 的站点最多,有 8
站,占 14 站的 57%;其次是 1978 年的年径流量距平百分率低于 – 40% 的站点有 5 个,占
14 站的 36%。

　　2004 年年径流量距平百分率在 – 40% ~ – 30% 的站点最多,有 7 站,占 14 站的
50%;其次是 1972 年、1986 年,分别有 6 站的年径流量距平百分率在 – 40% ~ – 30%。

　　采用旬流量距平百分率为水文干旱分析指标。按照旬流量距平百分率划分干旱等
级,其干旱等级划分标准见表 10-20。

表 10-20　旬流量距平百分率划分枯水的标准

程度	特枯	严重枯水	枯水	偏枯	平水以上
等级	4	3	2	1	0
范围(%)	$R_a < -75$	$-75 \leqslant R_a < -65$	$-65 \leqslant R_a < -50$	$-50 \leqslant R_a < -20$	$R_a \geqslant -20$

注:R_a 为旬流量距平百分率(%)。

　　统计各站不同等级枯水发生的频率,统计结果见表 10-21。

表 10-21　各站不同等级枯水发生频率　　　　　　　　　(%)

发生频率	特枯	严重枯水	枯水	偏枯	平水以上
高安	3.9	7.9	10.8	27.6	49.8
峡江	1.4	4.5	12.4	27.4	54.3
林坑	5.0	7.7	14.9	25.4	47.0
上沙兰	3.7	5.5	14.4	28.7	47.7
赛塘	2.4	4.8	14.4	30.3	48.1
新田	7.5	7.0	14.9	23.8	46.8
土库	10.8	7.1	9.1	21.1	51.9
苑坑	9.5	9.5	12.6	23.0	45.4
神山	5.4	5.4	10.1	28.4	50.7
危坊	5.4	6.3	13.2	21.8	53.3
宜丰	1.3	5.5	12.5	26.8	53.9
晋坪	0.9	5.7	12.0	29.4	52.0
樟树	1.3	3.3	11.5	29.4	54.5
上高	6.0	7.7	12.5	21.7	52.1

　　其中,各站点发生特枯的分布情况见图 10-26。

　　特枯水发生频率较高的站点有土库、苑坑和新田等站,发生特枯水的频率都在 7.5%
以上,其次是林坑、神山、危坊和上高站。

　　3. 区域水文干旱特征分析

　　江西示范区共有 19 个区县,本书利用水文干旱识别结果,分析区域水文干旱特征,各
区县与测站的对应关系如表 10-22 所示。

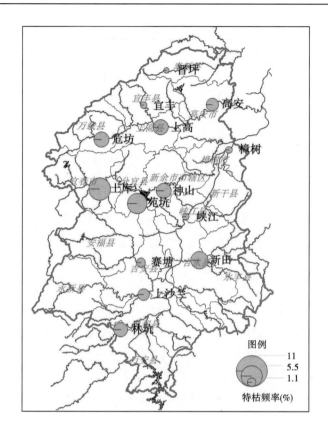

图 10-26 各水文站特枯水发生频率分布情况

表 10-22 水文站与相应区县对应关系

区县代码	区县名称	采用水文站号	采用水文站名
360502	渝水区	62311500	神山
360521	分宜县	62311450	苑坑
360801	吉安市市辖区	62308950	上沙兰
360821	吉安县	62308950	上沙兰
360822	吉水县	62310250	新田
360823	峡江县	62301800	峡江
360824	新干县	62301800	峡江
360825	永丰县	62310250	新田
360826	泰和县	62307550	林坑
360828	万安县	62307550	林坑
360829	安福县	62309950	赛塘
360830	永新县	62308950	上沙兰

续表 10-22

区县代码	区县名称	采用水文站号	采用水文站名
360902	袁州区	62311350	土库
360921	奉新县	62517600	晋坪
360922	万载县	62312400	危坊
360923	上高县	62312050	上高
360924	宜丰县	62313150	宜丰
360982	樟树市	62302000	樟树
360983	高安市	62312250	高安

根据第 5 章中对水文站流量的水文干旱事件识别结果,可反映对应区县的水文干旱情况。江西示范区 3 月下旬到 6 月下旬为汛期,而一般认为伏旱(夏旱)指雨季结束后到 8 月上旬(立秋)的干旱,秋旱指 8 月中旬(立秋以后)到 10 月的干旱。

为了便于跟农业干旱以及历史旱情资料等进行对比分析,本书把研究时段(4 ~ 10 月)划分为时段 A(4 月至 6 月)、时段 B(7 月至 8 月上旬)、时段 C(8 月中旬至 10 月)。

在此基础上,计算研究区内 1970 ~ 2009 年逐年时段 A、B、C 内发生水文干旱的区县单元数。如果研究区超过 1/3 的区县某年时段 A 或 B 或 C 发生水文干旱,则认为时段 A 或 B 或 C 内示范区发生大面积水文干旱。同时可分析时段连旱情况。另外,分时段 A、B、C 统计各区县发生水文干旱的年数,可进行研究区发生水文干旱的空间特征分析。

1)水文干旱时间分布特征

(1)严重枯水年枯水特征。

首先,统计 14 个水文站 1970 ~ 2009 年逐年发生特枯水等级的旬的总次数,结果如图 10-27 所示。其中,1971 年、1972 年、1974 年、1978 年、1986 年、1990 年、1991 年、2001 年、2003 年、2007 年、2009 年的总旬次在 15 以上,这些年的枯水程度最为严重。尤其是 2009 年、1978 年、1971 年,特枯水总旬次甚至超过了 40。

其次,统计 14 站 1970 ~ 2009 年逐年发生严重枯水等级的旬的总次数,结果如图 10-28 所示。其中,1971 年、1972 年、1974 年、1978 年、1986 年、1987 年、1988 年、1991 年、2001 年、2003 年、2007 年、2009 年的总旬次在 25 以上,发生严重枯水的年份与发生特枯水年份基本一致。尤其是 1986 年、2007 年、2003 年,严重枯水总旬次甚至超过了 40。

基于上述结论,1971 年、1972 年、1974 年、1978 年、1986 年、1991 年、2001 年、2003 年、2007 年、2009 年是严重枯水以上的年份,为江西示范区典型水文干旱年。分别统计这 10 年各旬发生特枯水与严重枯水的频次、频率,结果如表 10-23 所示。从结果可以看出,这些典型年的 5 月下旬、7 月上旬至 8 月上旬、9 月中旬至 10 月中旬,水文干旱尤其严重,6 月下旬相对最轻。

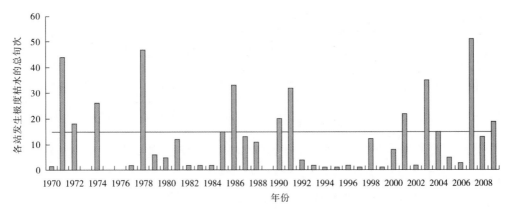

图 10-27 示范区 14 站 1970～2009 逐年发生特枯水总旬次图

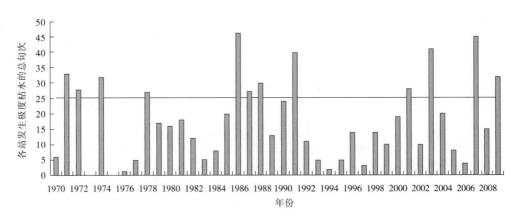

图 10-28 示范区 14 站 1970～2009 逐年发生严重枯水总旬次图

表 10-23 14 站严重枯水年各旬发生严重以上枯水统计

旬	特枯水次数	严重枯水次数	特枯水频率（%）	严重枯水频率（%）
4 月上旬	9	20	7.0	15.6
4 月中旬	7	25	5.5	19.5
4 月下旬	9	9	7.0	7.0
5 月上旬	7	22	5.5	17.2
5 月中旬	7	27	5.5	21.1
5 月下旬	11	29	8.6	22.7
6 月上旬	9	16	7.0	12.5
6 月中旬	5	23	3.9	18.0
6 月下旬	1	16	0.8	12.5
7 月上旬	11	31	8.6	24.2
7 月中旬	11	30	8.6	23.4
7 月下旬	10	31	7.8	24.2

续表 10-23

旬	特枯水次数	严重枯水次数	特枯水频率(%)	严重枯水频率(%)
8 月上旬	11	30	8.6	23.4
8 月中旬	8	24	6.3	18.8
8 月下旬	11	23	8.6	18.0
9 月上旬	8	26	6.3	20.3
9 月中旬	10	32	7.8	25.0
9 月下旬	11	36	8.6	28.1
10 月上旬	11	31	8.6	24.2
10 月中旬	10	33	7.8	25.8
10 月下旬	10	27	7.8	21.1

（2）年内各时段枯水特征。

按本节开始的定义,计算示范区内 1970～2009 年逐年时段 A、B、C 内发生水文干旱的区县单元数,如图 10-29 所示。统计知,示范区 1971 年、1974 年、1986 年、1987 年、1991 年、2004 年、2007 年、2008 年、2009 年时段 A 内发生大面积水文干旱;1971 年、1972 年、1978 年、1991 年、2003 年、2007 年时段 B 内发生大面积水文干旱;1971 年、1972 年、1974 年、1978 年、1979 年、1986 年、2003 年、2004 年、2007 年、2009 年时段 C 内发生大面积水文干旱。其中,1971 年、2007 年时段 A、B、C 发生大面积水文连旱,1991 年时段 A、B 发生大面积水文连旱,1972 年、1978 年、2003 年时段 B、C 发生大面积水文连旱。

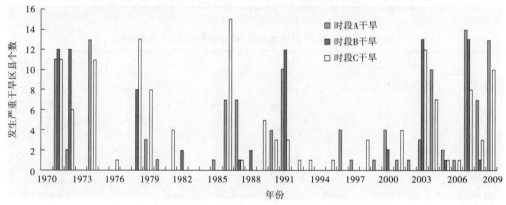

图 10-29　示范区时段 A、B、C 内发生水文干旱的区县单元数

从发生次数和严重程度看,自 2003 年开始,江西示范区水文干旱有明显加重的趋势,重旱次数也有明显增加。特别需要指出的是,由于时段 A、B、C 的长度关系,三者之间不宜直接对比。

2）水文干旱空间分布特征

为进行示范区发生水文干旱的空间特征分析,分时段 A、B、C 统计各区县发生严重水文干旱频率,如图 10-30 所示。

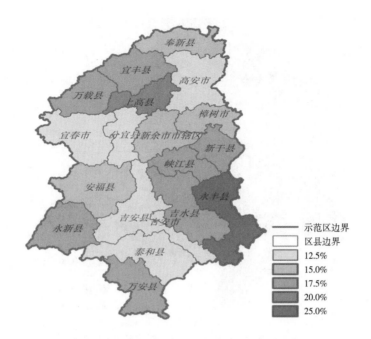

(a)1970~2009年时段A内各区县发生严重水文干旱频率

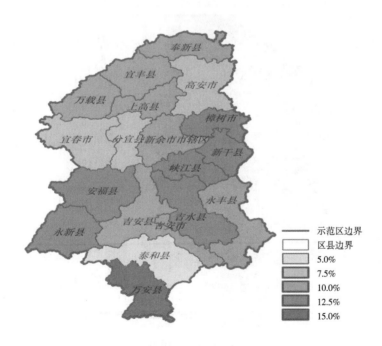

(b)1970~2009年时段B内各区县发生严重水文干旱频率

图 10-30 时段 A、B、C 内各区县发生严重水文干旱频率分布

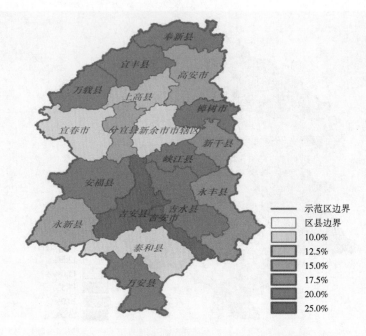

(c)1970~2009年时段C内各区县发生严重水文干旱频率

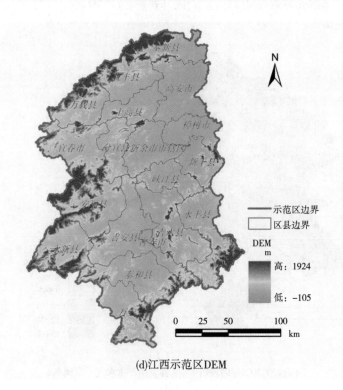

(d)江西示范区DEM

续图10-30

　　总体来说,示范区时段 A、B、C 内发生严重水文干旱的年数,在空间上具有北部少、中部南部多,平原少、山区多的分布特征。地理与气候方面的主要原因是示范区地势南高北低,而雨季又是随着西太平洋副高自南向北推进,因而北部干旱频数往往少于中部和南部。而北部的万载、宜丰和奉新三县为山区县,相对于附近其他北部区县,严重水文干旱发生年数较多。

　　严重水文干旱发生在区域上有较强的季节性。例如,上高县和永丰县时段 A 内容易发生严重水文干旱;吉安县和吉安市时段 A 内不易发生,时段 C 内易发生严重水文干旱;泰和县时段 A、B、C 内均相对不易发生严重水文干旱。

10.2.2.3　农业干旱分析

　　利用水稻模拟模型对江西示范区 19 个单元的 1970～2009 年共计 40 年进行了逐日水稻生长过程的模拟,下面根据模拟结果分析江西示范区干旱时空分布情况。

　　1. 农业干旱时间分布特征

　　1)年际分布

　　表 10-24 给出了根据模型计算出的示范区历年水稻(早稻和晚稻)缺水情况统计得到的水稻年缺水率。

　　根据表 10-24 可知,早稻和晚稻总的缺水率大于 8% 而出现干旱的年份有 1974 年、1981 年、1985 年、1996 年、2003 年和 2009 年。

表 10-24　江西示范区水稻年缺水率

年份	年降水量(mm)	年蒸发量(mm)	年缺水率(%)
1970	1 954.7	1 176.6	6.7
1971	1 022.1	1 495.9	7.4
1972	1 417.6	1 304.7	7.0
1973	1 563.4	1 205.8	6.2
1974	1 240.6	1 356.2	9.4
1975	1 896.9	1 176.5	6.8
1976	1 487.1	1 176.9	6.2
1977	1 478.3	1 206.8	5.1
1978	1 153.2	1 421.9	5.9
1979	1 334.5	1 053.2	5.7
1980	1 686.2	956.4	6.3
1981	1 922.0	995.2	8.0
1982	1 754.3	915.2	5.2
1983	1 640.5	935.9	4.5

续表 10-24

年份	年降水量（mm）	年蒸发量（mm）	年缺水率（%）
1984	1 616.1	895.6	5.3
1985	1 360.2	920.2	8.7
1986	1 186.5	978.4	6.4
1987	1 594.1	894.3	7.0
1988	1 314.3	949.5	7.7
1989	1 379.8	935.6	6.8
1990	1 668.0	879.1	6.8
1991	1 388.9	1 063.1	6.6
1992	1 657.1	1 046.8	5.5
1993	1 531.1	677.2	3.0
1994	1 872.9	731.3	4.1
1995	1 412.9	785.5	5.2
1996	1 383.0	721.4	8.9
1997	2 113.2	626.7	4.4
1998	1 716.7	822.9	4.7
1999	1 660.8	722.3	2.7
2000	1 513.7	707.0	4.8
2001	1 549.9	722.0	4.5
2002	2 037.5	663.2	3.1
2003	1 030.4	827.6	8.8
2004	1 434.6	863.0	5.5
2005	1 622.7	831.1	5.9
2006	1 572.3	840.1	5.4
2007	1 321.2	829.4	4.0
2008	1 511.1	891.6	6.3
2009	1 258.7	852.8	8.4

2）各旬系列平均缺水率

江西示范区 1970～2009 年系列水稻生长期 4～10 月各旬系列平均缺水率,9 月中旬缺水率达到 75%,其次为 7 月下旬缺水率达 47%,说明示范区易发生夏秋旱,见图 10-31。

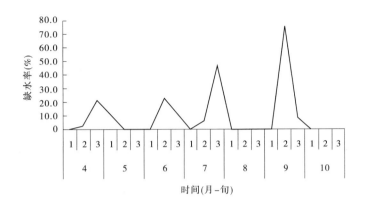

图 10-31　示范区各旬系列平均缺水率

3）降水与作物需水量的过程匹配度

图 10-32 给出了江西示范区多年平均降水与水稻需水量差值过程示意图。

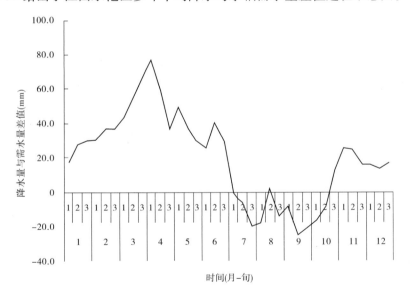

图 10-32　多年平均降水与水稻需水量差值过程

由图 10-32 可知,在 7 月中旬至 10 月上旬降水量小于水稻需水量,这段时间水稻易发生干旱,与模型计算结果吻合。

4）水稻需灌水量模拟

江西示范区从 4 月 10～12 日开始泡田,准备大田插秧,泡田开始时,泡田灌溉水量等于土壤含水量至饱和含水量所需水量与泡田设计水层深度的水量之和。江西示范区 4 月上中旬需灌溉水量达 96.4 mm,7 月中旬至 8 月中旬需要一次灌溉过程,灌溉水量为 30 ~ 40 mm,见图 10-33。

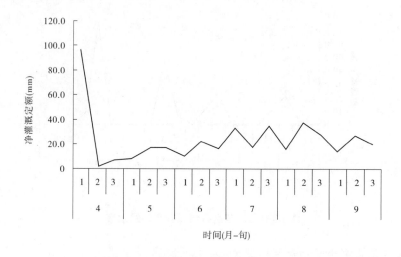

图 10-33　水稻各旬平均需灌水量示意图

2. 干旱空间分布

根据 1970 ~ 2009 年 40 年系列早稻晚稻生长期 4 ~ 10 月江西示范区 19 个计算单元缺水率计算结果,分析干旱的空间分布。在 1970 ~ 2009 年 40 年中,江西示范区赣江下游地区发生干旱的次数少于上游地区,宜丰、奉新、高安和樟树 4 个单元发生 6 次轻旱及以上程度的干旱,其中有 2 次为特旱;其余 15 个单元发生轻旱及以上程度的干旱有 7 次,其中出现了 3 次特旱。从结果分析来看,江西示范区特旱发生的平均频率为 6.6% ,大约 15 年发生一次特旱。

10.2.3　综合旱情评估结果分析

经过对江西示范区 1970 ~ 2009 年共计 40 年 4 ~ 10 月的旬旱情指标的融合计算后,对示范区 19 个单元 40 年旱情系列进行逐旬评估,得到 19 个统计单元的 40 年系列综合旱情评估指标等级。以年累积旱情等级 >700 为重旱年,500 ~ 700 为中旱年,300 ~ 500 为轻旱年,<300 为无旱年作为干旱年的等级标准,分析综合旱情评估结果,可得到示范区综合旱情的时空分布规律。

10.2.3.1　示范区不同程度旱情发生频率

根据对 19 个单元 4 ~ 10 月发生不同等级旱情的统计,见表 10-25,可以看出示范区发生中旱以上旱情的年数有 8 年,发生频率为 20% 。其中,重旱年 2 年,发生频率为 5% ;中旱年 6 年,发生频率为 15% ;轻旱以下年占 70% 。说明江西示范区干旱发生频率不高。

表 10-25 示范区不同等级旱情发生频率

年型	重旱年	中旱年	轻旱年	无旱年
发生年份	1971	1974	1972	1970
	1978	1986	1979	1973
		1991	1980	1975
		2003	1981	1976
		2007	1982	1977
		2009	1985	1983
			1988	1984
			1989	1987
			1990	1993
			1992	1994
			1996	1995
			1998	1997
			2001	1999
			2004	2000
			2008	2002
				2005
				2006
发生年数	2	6	15	17
发生频率(%)	5	15	37.5	42.5

10.2.3.2 示范区干旱发生时间规律

1. 年内旱情发生规律

根据综合旱情评估结果,统计每年逐旬旱情发生情况,得到一年中各旬发生综合旱情的频率,见表 10-26。

表 10-26 4～10 月各旬发生中旱以上旱情的频率表

月	旬	中旱以上发生频率(%)
4	上旬	11.74
	中旬	15.19
	下旬	25.14

续表 10-26

月	旬	中旱以上发生频率(%)
5	上旬	17.68
	中旬	20.03
	下旬	17.13
6	上旬	16.44
	中旬	27.90
	下旬	20.72
7	上旬	25.28
	中旬	26.66
	下旬	49.86
8	上旬	23.76
	中旬	24.59
	下旬	26.38
9	上旬	26.66
	中旬	62.29
	下旬	25.55
10	上旬	28.61
	中旬	35.04
	下旬	29.93

从表 10-26 可知,旱情发生频率最高的是在 9 月中旬,发生频率达到 62.29%,旱情发生频率最低的是在 4 月上旬,为 11.74%。全年 4~10 月旱情平均发生频率为 26.50%。图 10-34 给出了示范区年内发生中等以上旱情频率旬过程图。

如图 10-34 所示,江西示范区发生旱情主要发生在 7~9 月,其中 7 月下旬、9 月中旬发生干旱的频率较高,对照综合旱情评估过程可发现,这些时段正是水稻生长的关键期,作物对水的敏感性较强。

2. 年际旱情发生规律

图 10-35 给出了示范区 1970~2009 年逐年旱情严重程度变化过程,将 40 年划分为 1970~1989 年、1990~2009 年两个时段来分析。从图 10-35 可以看出,1990 年以前发生

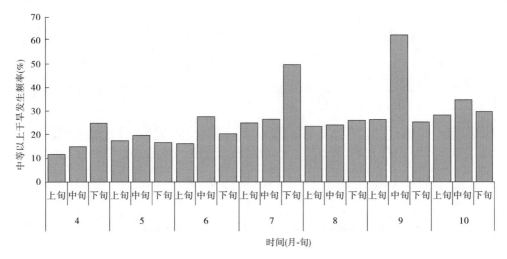

图 10-34 示范区年内发生中等以上旱情频率旬过程

中旱以上的干旱年的年数为 4 年,发生频率为 20% ,1990 年以后发生中旱以上的干旱年的年数为 4 年,干旱频率在前后两个时段变化不大。

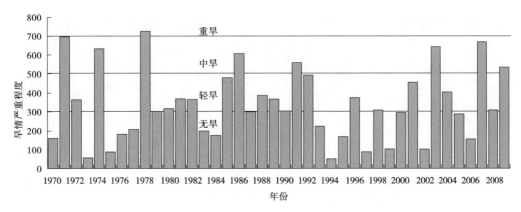

图 10-35 示范区 1970～2009 年逐年旱情严重程度变化过程

再从干旱严重程度来看,示范区在 1990 年以前发生重旱 2 次,中旱 2 次;1990 年以后没有发生重旱,中旱发生 4 次。这些说明过去的 40 年中示范区旱情严重程度没有增加。

10.2.3.3 示范区干旱空间分布规律

1.县级区干旱严重程度分析

根据对示范区 1970～2009 年综合旱情评估结果,对示范区 19 个单元在 4～10 月作物生长期各旬发生不同等级旱情次数进行统计,表 10-27 统计了各个单元在每个旬发生旱情等级之和,由该表可知各单元在各时段旱情的严重程度。

根据分析结果,统计各区县系列年中旱情发生次数以反映旱情严重程度,可得到示范区干旱严重程度如图 10-36 所示。

表 10-27　示范区各单元旬旱情等级和干旱次数统计

	月	4			5			6			7			8			9			10		
	旬	上旬	中旬	下旬	上旬	中旬	下旬	上旬	中旬	下旬	上旬	中旬	下旬	上旬	中旬	下旬	上旬	中旬	下旬	上旬	中旬	下旬
吉安市	吉安市区	17	18	29	25	23	23	21	39	27	30	35	69	32	33	34	33	83	33	33	45	46
	安福县	19	21	32	23	22	21	19	39	30	35	36	66	27	30	28	36	81	32	36	47	40
	吉安县	19	20	34	23	22	21	19	38	25	31	33	69	30	30	30	33	82	34	33	45	44
	吉水县	16	17	28	27	23	25	20	37	30	33	37	70	31	33	32	33	82	33	35	46	43
	泰和县	22	23	32	24	24	26	22	37	22	28	34	70	31	32	32	33	83	32	35	39	44
	万安县	23	24	38	29	25	21	21	34	26	28	35	71	33	29	31	31	83	31	33	41	42
	峡江县	15	17	32	22	23	23	23	38	30	33	37	64	30	29	27	35	86	33	39	48	45
	新干县	19	20	31	24	24	26	26	41	30	34	34	61	28	30	28	35	83	30	34	45	42
	永丰县	17	19	39	26	28	26	23	41	34	37	41	70	37	35	36	37	82	34	39	49	40
	永新县	19	21	30	22	22	21	23	42	33	33	31	67	30	30	34	32	75	29	39	45	41
宜春市	宜春市区	11	17	33	23	19	21	18	39	31	33	34	73	32	29	32	30	81	30	33	36	29
	奉新县	16	22	36	28	25	22	19	37	25	31	33	68	31	35	32	36	76	30	34	43	33
	高安县	17	21	30	19	28	25	21	40	28	32	32	66	28	29	37	34	76	28	37	46	37
	上高县	15	20	31	23	27	23	25	41	25	34	42	76	35	34	36	36	79	30	33	41	35
	万载县	16	21	31	22	27	22	26	40	23	39	39	74	35	35	30	34	72	32	35	39	32
	宜丰县	14	19	33	23	23	24	16	36	24	30	36	68	30	31	31	34	75	26	36	39	30
	樟树市	14	15	31	22	23	27	24	39	24	30	35	62	28	33	34	32	80	31	33	36	36
新余市	新余市区	12	16	33	24	26	26	25	38	29	32	36	66	25	28	30	25	77	27	35	43	39
	分宜县	11	22	36	24	27	22	16	20	29	22	18	56	29	29	24	22	80	47	44	64	56

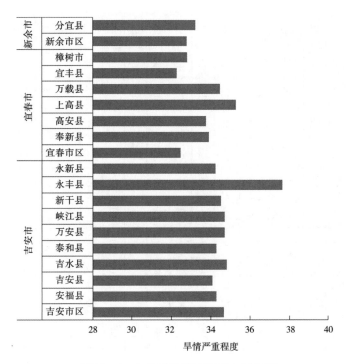

图 10-36　各单元旱情严重程度示意图

从图 10-36 可以看出:示范区各县受旱情况较为一致,其中全年旱情最严重的区县是吉安市永丰县,旱情最轻的是宜春市宜丰县;从三个地区来看,吉安市和宜春市的旱情要比新余市严重。

现设定将县级旱情严重程度分为重旱、中旱、轻旱,划分标准见表 10-28。

表 10-28　干旱县划分标准

旱情严重程度	重旱	中旱	轻旱
年旱情等级和	≥750	720~750	≤720

依据图 10-36 和表 10-28,可得到示范区干旱县的等级,图 10-37 给出了示范区干旱县旱情严重程度的分布情况。

2. 旱情发生频率的空间分布

根据 1970~2009 年的综合旱情评价结果,对各个单元每年 4~10 月逐旬发生中旱以上干旱的次数进行统计,统计结果见表 10-29。

对表 10-29 中干旱频次进行统计,得到了示范区各县 40 年在 4~10 月期间旱情发生频率,见表 10-30。

根据表 10-30,旱情频率变幅在 24.6%~29.4%,平均值为 26.5%,说明示范区各区县旱情发生频率变化较小,大约每 4 年发生一次干旱,结合干旱严重程度分布规律可以得出,江西示范区各区县旱情发生频率趋于相同,发生干旱的严重程度有所不同。

表10-29　江西示范区各县旱情频次统计

市	月	4			5			6			7			8			9			10		
	旬	上旬	中旬	下旬	上旬	中旬	下旬	上旬	中旬	下旬	上旬	中旬	下旬	上旬	中旬	下旬	上旬	中旬	下旬	上旬	中旬	下旬
吉安市	吉安市区	6	6	8	6	7	7	6	11	8	10	11	20	10	11	13	11	25	11	11	14	12
	安福县	6	8	11	7	8	6	7	12	8	12	12	20	9	9	8	13	24	10	13	15	12
	吉安县	6	6	10	6	8	6	6	11	6	10	10	20	8	10	10	10	27	12	10	15	12
	吉水县	6	5	8	7	8	8	6	12	9	10	10	20	10	10	11	11	26	11	9	15	13
	泰和县	5	6	10	6	8	8	5	12	5	8	10	18	12	9	10	10	29	11	11	12	12
	万安县	6	7	11	9	8	6	7	11	7	8	10	21	10	10	9	10	26	11	10	13	12
	峡江县	5	6	9	6	8	6	7	10	7	10	11	18	8	9	9	11	29	11	12	15	13
	新干县	4	6	10	9	8	10	8	12	10	10	10	19	10	9	9	12	26	10	11	15	14
	永丰县	5	5	14	7	11	8	7	13	11	12	11	21	12	9	12	11	26	10	12	17	13
	永新县	5	7	10	6	7	6	6	13	10	12	10	21	8	9	11	10	22	10	13	14	14
宜春市	宜春市区	2	6	10	8	6	6	6	11	10	11	10	22	9	9	11	9	28	10	10	11	10
	奉新县	6	6	12	10	7	6	6	12	8	10	10	21	12	11	10	12	23	9	11	14	11
	高安县	6	7	8	4	11	8	7	14	10	8	11	19	10	7	14	10	22	8	14	15	11
	上高县	4	6	10	6	9	6	8	10	7	11	12	23	10	11	13	11	23	10	12	14	11
	万载县	4	6	9	6	8	6	7	10	8	12	12	22	12	10	10	11	19	10	13	12	11
	宜丰县	3	6	10	7	7	7	5	10	8	8	11	19	10	12	10	10	23	6	12	13	10
	樟树市	3	5	10	7	7	8	8	10	9	10	11	18	10	12	12	12	26	11	9	11	10
新余市	新余市区	4	5	10	8	7	7	6	10	8	9	11	18	6	8	10	8	24	9	11	14	12
	分宜县	2	7	9	9	9	7	7	4	9	9	7	16	9	11	7	9	27	16	16	20	16

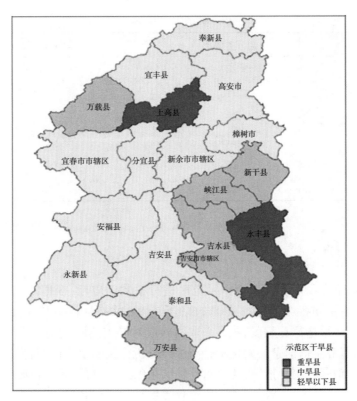

图 10-37　江西示范区干旱县分布情况

表 10-30　示范区各单元旱情发生频率

单元名	总发生次数	旱情频率（%）
吉安市区	224	26.7
安福县	230	27.4
吉安县	219	26.1
吉水县	224	26.7
泰和县	218	26.0
万安县	223	26.5
峡江县	221	26.3
新干县	229	27.3
永丰县	247	29.4
永新县	225	26.8
宜春市区	219	26.1
奉新县	226	26.9
高安县	221	26.3

单元名	总发生次数	旱情频率(%)
上高县	227	27.0
万载县	218	26.0
宜丰县	207	24.6
樟树市	219	26.1
新余市区	208	24.7
分宜县	222	26.5

10.3　小　结

　　以上研究成果在山西和江西两个示范区进行了实例应用,根据南、北方示范区的气候、作物和资料的不同特点,建立了各自的综合旱情评估指标体系和综合旱情评估模型,为正确评估示范区旱情严重程度,及时采取措施应对旱灾威胁起到了重要作用。应用结果表明,通过对多源旱情信息的同化融合与综合分析得到的示范区综合旱情评估结果,可以反映示范区旱情变化实际情况,通过对评估结果的分析,可了解示范区综合旱情的时空分布规律,对了解示范区旱情形成和发展过程提供帮助,可为防旱减灾管理部门提供提前防御干旱的决策支持。项目成果的应用对于保证饮水安全、粮食安全、生态安全和社会安定,促进区域经济社会可持续发展,具有显著的经济效益、社会效益和环境效益。

参 考 文 献

[1] 国家防汛抗旱总指挥部办公室,水利部南京水文水资源研究所.中国水旱灾害[M].北京:中国水利水电出版社,1997.

[2] 宋连春,邓振镛,董安祥,等.干旱[M].北京:气象出版社,2003.

[3] 康绍忠,刘晓明,熊运章,等.土壤—植物—大气连续体水分传输理论及其应用[M].北京:中国水利出版社,1992.

[4] 耿鸿江.干旱定义述评[J].灾害学,1993,8(1):19-22.

[5] 邹仁爱,陈俊鸿.干旱预报的研究进展评述[J].灾害学,2005,20(3):114-118.

[6] 商彦蕊.河北省农业旱灾脆弱性区划与减灾[J].灾害学,2001,16(3):28-32.

[7] 冯平,等.干旱灾害影响因子分析[J].灾害学,2003,18(2):18-22.

[8] 鹿洁忠.农田水分平衡和干旱的计算预报[J].北京农业大学学报,1982,2(8):69-75.

[9] 王革丽,杨培才.时空序列预测分析方法在华北旱涝预测中的应用[J].地理学报,2003,58(S0):132-137.

[10] 李玉爱,郭志梅,栗永忠,等.大同市短期农业气候干旱预测系统[J].山西气象,2001,54(1):38-42.

[11] 刘治国,王遂缠,林纾,等.西北干旱监测预测业务服务综合系统的开发与应用[J].气象科技,2006,34(4):485-489.

[12] 王玉玺,田武文,杨文峰,等.陕西省旱涝季度、年度预报和集成预报方法[J].高原气象,1998,17(4):427-736.

[13] 郭建平,高素华,毛飞.中国北方地区干旱化趋势与防御对策研究[J].自然灾害学报,2001,10(3):32-36.

[14] 李庆祥,刘小宁,李小泉.近半个世纪华北干旱化趋势研究[J].自然灾害学报,2002,11(3):50-56.

[15] 郭其蕴,沙万英.本世纪中国西北地区的干旱变化[J].水科学进展,1992,(1):65-70.

[16] Wolfe,SA Date. Impact of increased aridity on sand dune activity in the Canadian Prairies [J]. Journal of Arid Environments,1997,36:421-432.

[17] Louis G du Pisani,ReepVerloren Van Themaat,Francis Roux. Drought Monitoring and information center established for arid zone of South Africa[J]. Drought Network News,1995,(10):20-22.

[18] 钟政林,曾光明,等.随机理论在环境影响风险评价中的应用[J].湖南大学学报,1997,(1):33-38.

[19] 宋慧珠,张世法.区域干旱统计特征初步分析[J].水科学进展,1994,(5):18-23.

[20] 吴志勇,陆桂华,张建云,等.基于VIC模型的逐日土壤含水量模拟[J].地理科学.2007,27(3):

359-364.

[21] Liang X,Lettenmaier D P,Wood E F. Surface soil moisture parameterization of the VIC－2L model:Evaluation and modification[J]. Global Planet Change,1996,13(1):195-206.

[22] Liang X,Lettenmaier D P,Wood E F. A simple hydrological based model of land surface water and energy fluxes for general circulation models[J]. Journal of Geophysical Research,1994,99(7):14415-14428.

[23] Deardorff J W. Efficient prediction of ground surface temperature and moisture with inclusion of a layer of vegetation[J]. Journal of Geophysical Research,1978,83(C4):1889-1903.

[24] Shuttleworth W J. Evaporation,in Handbook of Hydrology[M]. Maidment D R,New York:McGraw-Hill, 1993,1-4.

[25] Saugier B,Katerji N. Some plant factors controlling evapotranspiration[J]. Agricultural and forest meteorology,1991,54(2-4):263-277.

[26] Ducoudré N I,Laval K,Perrier A. SECHIBA,a New Set of Parameterizations of the Hydrologic Exchanges at the Land-Atmosphere Interface within the LMD Atmospheric General Circulation Model[J]. Journal of Climate,1993,6(2):248-273.

[27] Famiglietti J S,Wood E F. Evapotranspiration and runoff from large land areas:Land surface hydrology for atmospheric general circulation models[J]. Surveys in Geophysics,1991,12(1-3):179-204.

[28] Wood E F,Lettenmaier D P,Zartarian V G. A Land-Surface Hydrology Parameterization With Subgrid Variability for General Circulation Models[J]. Journal of Geophysical Research,1992,97(D3):2217-2228.

[29] Zhao R,Fang L,Liu X,et al. The Xin'anjiang model[C]. Oxford Symposium:IAHS Publication,1980.

[30] 芮孝芳. 水文学原理[M]. 南京:中国水利水电出版社,2004.

[31] Lohmann D,Raschke E,Nijssen B,et al. Regional scale hydrology:I. Formulation of the VIC-2L model coupled to a routing model[J]. Hydrological Sciences Journal,1998,43(1):131-141.

[32] Reynolds C A,Jackson T J,Rawls W J. Estimating Soil Water-Holding Capacities by Linking the Food and Agriculture Organization Soil Map of the World With Global Pedon Databases and Continuous Pedotransfer Functions[J]. Water Resources Research,2000,36(2):3653-3662.

[33] Waync C. Palmer,Meteorological Drought Research Paper [J]. No. 45,Washington,1965.

[34] Kramer P J. Water Relation of Plants[M]. Academic Press:New York,1993.

[35] 王密侠,马成军,蔡焕杰. 农业干旱指标研究与进展[J]. 干旱地区农业研究,1998,16(3):119-124.

[36] 杨太明,陈金华,李龙澍. 安徽省干旱灾害监测及预警服务系统研究[J]. 气象,2006,32(3):113-117.

[37] 王密侠,胡彦华,熊运章. 陕西省作物旱情预报系统的研究[J]. 西北水资源与水工程,1996,7(2):52-56.

[38] 普布卓玛,周顺武. 均生函数预报模型在西藏汛期旱涝预报中的应用[J]. 西藏科技,2002,109

(5):43-46.

[39] 康绍忠,蔡焕杰. 农业水管理学[M]. 北京:中国农业出版社,1996.

[40] 冯平. 干旱灾害的识别途径[J]. 自然灾害学报,1997,6(3):42-47.

[41] 王志兴,岳平,李春红,等. 对农业干旱及干旱指数计算方法的探讨[J]. 黑龙江水利科技,1995,(2):78-79.

[42] 丘宝剑,卢其尧. 农业气候条件及其指标[M]. 北京:测绘出版社,1990.

[43] 朱自玺,牛现增,候建新. 冬小麦水分动态分析和干旱预报[A]. 国际旱地农业学术讨论会论文集[C]. 杨陵,1987.

[44] N S Grigg. Hydrology and Management of Drought in the USA[J]. IAHS Publication,1989(8).

[45] Ohlsson. Water conflict and social resource scarcity[J]. Physics and Chemistry of The Earth(B),2000,25(3):213-220.

[46] 许炳南,武文辉. 贵州春旱短期气候预测信号及预测模型研究[J]. 灾害学,2001,16(3):34-38.

[47] 王文胜. 河川径流水文干旱分析[J]. 甘肃农业大学学报,1999,34(2):184-187.

[48] 张旭晖. 江苏省近40年农业干旱发生规律[J]. 灾害学,2000,15(3):42-45.

[49] 蒋红花. 山东省干旱灾害的变化特征及相关分析[J]. 灾害学,2000,15(3):51-55.

[50] 林文鹏. 福建省干旱灾害的演变及其成因研究[J]. 灾害学,2000,15(3):56-60.

[51] 王娟. 吉林西部农业旱灾变化趋势及其成因分析[J]. 灾害学,2003,18(2):27-31.

[52] 邢东兴. 陕西省大旱年发生概率及可能发生的年份预测[J]. 灾害学,2004,19(4):69-72.

[53] 黄国勤. 江西干旱研究[J]. 灾害学,2001,16(1):65-70.

[54] 刘引鸽. 西北干旱灾害影响因子分析[J]. 灾害学,2003,18(2):18-22.

[55] 王家先. 安徽省旱灾成因分析及对策[J]. 灾害学,2004,19(40:46-50.

[56] 杨鉴初. 运用气象要素历史演变的规律性作一年以上的长期预告[J]. 气象学报,1953,24(2).

[57] 陈菊英. 中国旱涝的分析和长期预报研究[M]. 北京:农业出版社,1991.

[58] 姜芝豪. 包头地区盛夏干旱的分析和预报[M]. 北京:农业出版社,1979.

[59] 徐淑英. 季风和江淮流域的旱涝[C]. 中长期水文气象预报文集. 北京:水利电力出版社,1979.

[60] 周家斌,黄嘉佑. 近年来中国统计气象学的新进展[J]. 气象学报,1997,55(3):297-305.

[61] 黄嘉佑,谢庄. 卡尔曼滤波在天气分析与预报中的应用[J]. 气象,1993,19(4):1-7.

[62] Feddes R A. Modeling and simulation in hydrologic systems related to agricultural development:state of the art. Agric[J]. Water Manage,1988(13):235-248.

[63] 范德新,成励民,仲炳凤,等. 南通市夏季旱情预报服务[J]. 中国农业气象,1998,19(1):53-55.

[64] 赵家良,钞群,毕韬书. 农田土壤墒情监测预报抗旱减灾效益好[J]. 地下水,1999,21(3):118-120.

[65] 王振龙,赵传奇,周其君,等. 土壤墒情监测预报在农业抗旱减灾中的作用[J]. 治淮,2000(3):43-44.

[66] 李保国. 区域土壤水贮量及旱情预报[J]. 水科学进展,1991,2(4):264-270.

[67] 陈万金,信乃诠. 中国北方旱地农业综合发展与对策[M]. 北京:中国农业科技出版社,1994.

[68] 熊见红. 长沙市农业干旱规律分析及旱情预报模型探讨[J]. 湖南水利水电,2003(4):29-31.

[69] 陈木兵. 湘中地区干旱预报模型及应用——以双峰县为例[J]. 湖南水利水电,2003(3):25-26.

[70] 吴厚水. 利用蒸发力进行农田灌溉预报的方法[J]. 水利学报,1981(1):1-9.

[71] 康绍忠,熊运章. 作物缺水状况的判别方法与灌溉指标的研究[J]. 水利学报,1991(1):34-39.

[72] 张正斌,山仑. 作物水分利用效率和蒸发蒸腾估算模型的研究进展[J]. 干旱地区农业研究,1997,15(1):73-76.

[73] 胡彦华,熊运章,孙明勤. 作物需水量预报优化模型[J]. 西北农业大学学报,1993(4),32-34.

[74] Drosdowsky W. Analog(nonlinear)forecasts of the Southern scillation Index time series[J]. Weather and Forecasting,1994,9(1):78-84.

[75] 么枕生. 用于气候分析的线性回归模式[J]. 地理研究,1986,5(3):1-13.

[76] Yan Z,Ye D,Wang C. Climatic jumps in historical flood/drought chronology in central China[J]. Climate Dynamics,1992(6):156-163.

[77] Ye D,Yan Z. Climatic jumps in history,Climate Variability,Ye D,etal(eds.)[J]. China meteorological Press,1993,3-14.

[78] 严中伟. 多变量状态空间预报法在旬雨量预报中的应用[J]. 应用气象学报,1996,7(4):443-451.

[79] 刘式达,郑祖光,林振山. 气候层次理论[C]. LASG 论文集之二. 北京:科学出版社,1992.

[80] 严中伟. 华北旱涝变化的一些混沌性质分析[J]. 气象学报,1995,32(2):234-237.

[81] Drosdowsky W. Analog (nonlinear) forecasts of the Southern Oscillation Index time series[J]. Weather and Forecasting,1994(9):78-84.

[82] 王良健. GM(1,1)模型在湖南严重干旱预报上的应用[J]. 干旱区地理,1995,18(1):83-86.

[83] 程桂福,付日辉,李兴云. 水旱灾害发展趋势的灰色拓扑预测与应用[J]. 海岸工程,2001,20(4):56-62.

[84] 李翠华. 应用自激励门限自回归模式对旱涝游程序列的模拟和预报[J]. 气象学报,1990,48(1):55-62.

[85] 周锁铨,屠其璞. 长期降水量预报途径的探讨[J]. 气象科学,1994,14(3):233-240.

[86] 朱晓华,杨秀春. 水旱灾害时间序列的分形研究方法[J]. 安徽农业科学,2000,28(1):35-38.

[87] 李祚泳,邓新民. 四川旱涝震的分形时间特征及其统计时间特征比较[J]. 自然灾害学报,1997,6(2):65-69.

[88] 张学成,王志毅. 干旱研究中的均值生成函数模型[J]. 水文,1998(2):37-40.

[89] 刘思峰,党耀国,方志耕,等. 灰色系统理论及其应用[M]. 北京:科学出版社,2005. 126-164.

[90] Modarres R. Streamflow drought time series forecasting[J]. Stochastic Environmental Research and Risk Assegment,2007,21(3):223-233.

[91] A. K. Mishra,V. R. Desal. Drought forecasting using stochastic models[J]. Stochastic Environmental Research and Risk Assessment,2005,19(5):326-339.

［92］ Yureldi K. Kurune A,Ozturk F. Application of linear stochastic models to monthly flow data of Kelkit Steam［J］. Ecological Modeling,2005,183:67-75.

［93］ Femando,D A K,Jayawardena,A W. Generation and forecasting of monsoon rainfall data. Proceedings of thc 20th WEDC Confcrence［C］. Colombo:Sri Lanka,1994,310-313.

［94］ 许建国. GM(1,1)模型和马尔柯夫模型在流域旱涝灾害预测中的运用［J］. 南京师大学报:自然科学版,2002,25(4):121-124.

［95］ Lohani V K, Loganathan G V. An eady warning system for drought management using the Palmer drought index［J］. Joumal of the American Whter Resources Association,1997,33(6):1375-1386.

［96］ Lohani V K, Loganathan G V. Mostaghimi S. Long – term analysis and short – term forecasting of dry spells by the Palmer drought severity index［J］. Nordic hydrology,1998,29(1):21-40.

［97］ Paulo A A,Ferreira E,Coelho C,et a1. Drought class transition analysis through Markov and Loglinear models,all approach to early warning［J］. Agricultural Water Management,2005.77(1-3):59-81.

［98］ 孙才志,林学钰. 降水预测的模糊权马尔可夫模型及应用［J］. 系统工程学报,2003,18(4):8-13.

［99］ 孙才志,张戈,林学钰. 加权马尔可夫模型在降水丰枯状况预测中的应用［J］. 系统工程理论与实践,2003(4):101-106.

［100］ 王希娟,唐红玉,张景华. 近40年青海东部春季降水变化特征及小波分析［J］. 干旱地区农业研究,2006,24(3):21-41.

［101］ 汪荣鑫. 随机过程［M］. 西安:西安交通大学出版社,1988.

［102］ 邓聚龙. 灰预测和灰决策［M］. 武汉:华中科技大学出版社,2002.

［103］ 徐国祥. 统计预测和决策［M］. 上海:上海财经大学出版社,2005.

［104］ 冉景江,赵燮京,梁川. 基于加权马尔可夫链的降水预测应用研究［J］. 人民黄河,2006,28(4):34-36.

［105］ 刘引鸽,缪启龙. 西北地区农业旱灾与预测研究［J］. 干旱区地理,2004,27(4):564-569.

［106］ 李正明,刘洪. 甘肃中部春夏干旱气候分析与预测系统［J］. 甘肃气象,2003,21(2):1-3.

［107］ 李凤霞,伏洋,张国胜,等. 青海省干旱预警服务系统设计与建立［J］. 干旱地区农业研究,2004,22(1):4-8.

［108］ 景毅刚,刘安麟,张树誉,等. 陕西省干旱评价和预警系统［J］. 陕西气象,2004(6):23-25.

［109］ Hsu-Yang Kung,Jing-Shiuan Hua,Chaur-TzulmChert. Drought forecast mdel and famework using wireless sensor networks［J］. Journal of Information Science and Engineering,2006,22(4):751-769.

［110］ Kogan F. Droughts of the late 1980s in the United Stares as derived form NOAA polar orbiting satellite data［J］. Bulletin of the American Meteorological Society,1995,76(5):655-668.

［111］ Mendicino G,Scnatore A,Versace P. Drought forecasting monitoring system,Geophysical Research Abstracts［J］. European Geophysical Society,2003,5:60-62.

［112］ Sheffield J,Lno L,Wood E F. High resolution drought monitoring and seasonal forecasting for the USA, Geophysical Research Abstracts［J］. European Geosciences Union,2006,8:89-91.

［113］毕宝贵,徐晶,林建.面雨量计算方法及其在海河流域的应用[J].气象,29(8).

［114］曲红娟.晋中市水资源可持续利用对策探讨[J].山西水利,2009,20-22.

［115］冯平,李绍飞.干旱识别与分析指标综述[J].中国农村水利水电,2002(7).

［116］杨青,李兆元.干旱半干旱地区的干旱指数分析[J].灾害学,1994,9(2):12-16.

［117］马细霞,李艳,王加全,等.基于集对分析的旱情综合评价模型研究[J].人民黄河,2011,33(6):38-39,41.

［118］张文胜,刘锦娣,王建朋,等.复杂多因素影响下区域旱情评价体系研究[J].人民黄河,2013,35(5):41-43.

［119］何友,王国宏,等.信息融合理论及应用[M].北京:电子工业出版社,2010.

［120］王文,寇小华.水文数据同化方法及遥感数据在水文数据同化中的应用进展[J].河海大学学报:自然科学版,2009,37(5):556-562.

［121］杨露菁,余华.多源信息融合理论与应用[M].北京:北京邮电大学出版,2006.

［122］黄国勤.江西干旱灾害研究[J].灾害学,2001,16(1):65-70.

［123］American Meteorological Society. Meteorological DroughtPolicy statement[J]. Bull Amer Meteor Soc, 1997,78:847-849.

［124］陈守煜.工程模糊集理论与应用[M].北京:国防工业出版社,1998.

［125］陈守煜.复杂水资源系统优化模糊识别理论与应用[M].长春:吉林大学出版社,2002.

［126］Heim Jr,Richard R. A review of twentieth-century drought Indices used in the united states [J]. Bulletin of the American Meteorological Society,2002,83(8):1149-1165.

［127］李克让.中国干旱灾害研究及减灾对策[M].郑州:河南科学技术出版社,1999.

［128］李克让,尹思明,沙万英.中国现代干旱灾害的时空特征[J].地理研究,1996,15(3):6-15.

［129］吕跃进.基于模糊一致矩阵的模糊层次分析法的排序[J].模糊系统与数学,2006,16(2):80.

［130］M M Kablan. Decision support for energy conservation promotion:an analytic hierarchy process approach[J]. Energy Policy,2004(32):1151-1158.

［131］潘耀忠,龚道溢,王平.中国近40年旱灾时空格局分析[J].北京师范大学学报:自然科学版,1996,32(1):138-143.

［132］Svoboda Mark. The Drought Monitor[J]. Bull. Amer. Meteor. Soc. ,2002,83:1181-1190.

［133］王劲峰.中国自然灾害区划[M].北京:中国科技出版社,1995.

［134］邢德海,董旭源.AHP法在基于网络的教学质量评价系统中的应用[J].计算机工程与应用,2006(21):207.

［135］中国气象科学研究院,河南省气象科学研究所.QX/T 81—2007 小麦干旱灾害等级[S].北京:中国标准出版社,2007.

［136］中华人民共和国抗旱条例[S/OL]. http://www. gov. cn/zwgk/2009-03106/content-1252625. htm.

［137］吕跃进.基于模糊一致矩阵的模糊层次分析法的排序[J].模糊系统与数学,2006,16(2):80.

［138］晋中市统计局.2010年晋中统计年鉴[M].北京:中国统计出版社,2010.

［139］太原市统计局．2010 年太原统计年鉴［M］．北京：中国统计出版社，2010.

［140］吕梁市统计局．2009 年吕梁统计年鉴［M］．吕梁：吕梁市统计局，2009.

［141］王仰仁，孙小平．山西农业节水理论与作物高效用水模式［M］．北京：中国科学技术出版社，2008.

［142］江西省统计局．江西统计年鉴［R］．北京：中国统计出版社，1999.

［143］吉安市统计局．2010 年吉安统计年鉴［M］．北京：中国统计出版社，2010.

［144］宜春市统计局．2010 年宜春统计年鉴［M］．北京：中国统计出版社，2010.